WTB

Wissenschaftliche Taschenbücher

Mathematik · Physik

I. S. Zheludev

Kristallphysik und Symmetrie

THEORIA CUM PRAXI

Akademie-Verlag Berlin

Wissenschaftliche Taschenbücher
MATHEMATIK/PHYSIK

Eine Auswahl lieferbarer Bände:

Dietrich Bender / Ernst-Egon Pippig
Einheiten – Maßsysteme – SI
6., berichtigte Auflage

Eberhard Jäger / Rolf Perthel
Magnetische Eigenschaften von Festkörpern

Dieter Leuschner
Thermodynamik in der Biologie
Eine Einführung

Roland Leven / Bernd-Peter Koch / Bernd Pompe
Chaos in dissipativen Systemen

Hans Neumann / Kurt Stecker
Temperaturmessung

Peter Paufler
Phasendiagramme

Christian Posthoff / Günter Reinemann
Computerschach – Schachcomputer

Robert Rompe / Hans Jürgen Treder
Zählen und Messen

Robert Rompe / Hans-Jürgen Treder
Elementarkonstanten und was sie bedeuten

Werner Stolz
Messung ionisierender Strahlung

WTB

BAND 307

Ivan Stepanovich Zheludev

Kristallphysik und Symmetrie

Mit 57 Abbildungen und 51 Tabellen davon 35 im Anhang

THEORIA CUM PRAXI

AKADEMIE-VERLAG BERLIN

Reihe MATHEMATIK UND PHYSIK

Herausgeber:
Prof. Dr. phil. habil. W. Holzmüller, Leipzig
Prof. Dr. phil. habil. A. Lösche, Leipzig
Prof. Dr. phil. habil. H. Reichardt, Berlin
Prof. Dr. rer. nat. habil. H.-J. Treder, Potsdam

Original:
Иван Степанович Желудев,
Физика кристаллов и симметрия

Verlag Nauka, Moskau 1987

Übersetzer:
Dr. Hans Maack
Dr. Holger Hempel,
Martin-Luther-Universität Halle

Herausgeber und Bearbeiter der deutschen Ausgabe:
Prof. Dr. rer. nat. habil. Joachim Bohm,
Zentralinstitut für Optik und Spektroskopie
der Akademie der Wissenschaften Berlin

ISBN 3-05-500688-7
ISSN 0084-098 X

Erschienen im Akademie-Verlag Berlin, Leipziger Str. 3—4,
O-1086 Berlin

Printed in Germany
Gesamtherstellung: Maxim Gorki-Druck GmbH, O-7400 Altenburg
LSV 1184
Bestellnummer: 7640013 (7307)

Vorwort zur deutschen Ausgabe

Der Autor I. S. Zheludev (manchmal auch als Sheludew transkribiert) ist am Institut für Kristallographie der Akademie der Wissenschaften der UdSSR in Moskau tätig und ein seit langem ausgewiesener Wissenschaftler auf dem Gebiet der Kristallphysik, speziell der Ferroelektrizität. So fand sein Buch „Elektrische Kristalle", das bereits 1975 bei uns in deutscher Übersetzung erschien, großen Anklang.

Im vorliegenden Band wird das Thema „Kristallphysik und Symmetrie" auf eine anschauliche, in vieler Hinsicht originelle, detaillierte und mit zahlreichen Beispielen versehene Weise behandelt. Hauptgegenstand ist die Symmetrie von polaren und axialen Tensoren 2. Stufe, deren Zusammenhang mit der Kristallsymmetrie explizit dargelegt wird. Die anderen kristallphysikalischen Größen, wie Skalare, Pseudoskalare, Vektoren und Pseudovektoren, sind dabei inbegriffen, indem sie gleichfalls als (spezielle) Tensoren 2. Stufe dargestellt werden. Ausschließlich werden Punktsymmetriegruppen betrachtet, wobei immer wieder der Bezug zwischen den kristallographischen Punktgruppen und den (kontinuierlichen) Curie-Gruppen hergestellt wird. Kernstück ist das vom Autor entwickelte Konzept der „vollen Symmetrie", das auf einer originellen kristallphysikalischen Adaption der seit langem bekannten 122 Antisymmetriegruppen (Schwarz-weiß-Gruppen) beruht (von denen allerdings nur deren 90 benötigt werden). In der „vollen Symmetrie" werden durch eine „Antisymmetrieoperation" gleichzeitig sowohl die Polarität (Farbe) als auch die Chiralität („Vorzeichen" der Enantiomorphie) umgekehrt. Dadurch wird eine einprägsame Vereinheitlichung in der Darstellung der Symmetrie von polaren und axialen Eigenschaften erreicht (welch letztere in einschlägigen Abhandlungen sonst oft zu kurz kommen).

Übersetzer und Herausgeber haben sich um eine möglichst werkgetreue Wiedergabe bemüht und auf „Verbesserungen" (auch wenn sie manchmal wünschenswert erschienen) verzichtet. Bei der Bearbeitung wurden zur besseren Übersicht die Symbole für skalare Größen, Vektoren, Tensoren und Operationen in verschiedene Schriftarten gesetzt. Die Symbole für Drehspiegelachsen wurden – anders als im Original – als $\hat{1}$, $\hat{2}$, $\hat{3}$, $\hat{4}$, $\hat{6}$, $\hat{\infty}$ geschrieben, um sie von den Symbolen $\bar{1}$, $\bar{2}$, $\bar{3}$, $\bar{4}$, $\bar{6}$, $\bar{\infty}$ für die Drehinversionsachsen zu unterscheiden. Die Symbole und Nomenklatur der Punktgruppen wurden den neuen *International Tables for Crystallography* angeglichen. Zum Vergleich wurde eine Systematik der Punktgruppen nach dem Vorbild dieses international verbindlichen Tabellenwerkes als Anhang X hinzugefügt. Außerdem wurde als Anhang IX der Zusammenhang zwischen der gewöhnlichen Schreibweise von Tensorkomponenten und der sog. Voigt-Notation ausgeführt, welche vom Autor beide abwechselnd benutzt werden. Um dem Leser den Zugang zur Thematik zu erleichtern, wurde das Literaturverzeichnis erweitert. Anmerkungen der Übersetzer und des Herausgebers sind ohne Unterschied durch den Zusatz „d. Hrsg." gekennzeichnet.

Die Ausführungen über Elementarteilchen und Kosmologie in Kap. 5 entsprechen nicht den allgemein akzeptierten theoretischen und experimentellen Erkenntnissen auf diesen Gebieten, wurden aber im Interesse der Werktreue unverändert übernommen.

Die Vorzüge des Werkes sehen wir vor allem in der expliziten, in zahlreichen Tabellen ausgeführten Behandlung der Symmetrie von tensoriellen Eigenschaften, insbesondere auch von axial-tensoriellen Eigenschaften in den einzelnen Kristallklassen und einer darauf basierenden ausführlichen Diskussion der Symmetriebeziehungen bei Phasenübergängen, weshalb durch eine Übersetzung seine weitere Verbreitung gefördert werden soll.

Herausgeber, Übersetzer und Verlag

Inhaltsverzeichnis

Vorwort

Die Lehre von der Symmetrie findet in den verschiedensten Zweigen der modernen Naturwissenschaften eine breite Anwendung, so in der Physik, der Kristallographie, der Chemie, der Mineralogie und der Biologie. Häufig diskutieren heute auch Mathematiker, Astronomen, Ärzte und Architekten Fragen der Symmetrie. Einige Probleme der Symmetrie sind auch für die Philosophie von Interesse. Historisch entwickelte sich die Lehre von der Symmetrie unterschiedlich, in Abhängigkeit von den konkreten Interessen der einzelnen Wissenszweige. Schritt für Schritt stellte sich heraus, daß die Symmetrie letztendlich eine Widerspiegelung von Eigenschaften der materiellen Welt ist, der Eigenschaften von Raum und Zeit. Die fundamentalen Erhaltungssätze, die gewisse Invarianzen widerspiegeln (und gerade darin besteht ja das Wesen der Symmetrie), stehen in engem Zusammenhang mit der Homogenität und der Isotropie des Raumes und mit der Homogenität der Zeit. Die Möglichkeit der realen Existenz dieser oder jener Naturerscheinungen wird durch die Symmetrieeigenschaften der Materie im allgemeinen und von Raum und Zeit im besonderen bedingt.

In der heutigen Zeit macht sich die Notwendigkeit zu einer Vereinheitlichung der zu unterschiedlichen Zeiten für die verschiedenen Wissensgebiete entstandenen Teile der Lehre von der Symmetrie deutlich bemerkbar. Eine solche Vereinheitlichung geht bereits vor sich. Ihre theoretische Grundlage ist die Mathematik, insbesondere die Gruppentheorie. Ihre naturwissenschaftliche Basis bilden die Eigenschaften der Materie, wie sie im konkreten Experiment hervortreten. Der Apparat der Gruppentheorie ist gut entwickelt und wird bereits in verschiedenen konkreten Wissensgebieten angewendet; er ist jedoch ziemlich kompliziert und verbreitet sich nur mühevoll und unzureichend.

Das vorliegende Buch stellt sich zum Ziel, unter Ausnutzung einfacher Vorstellungen der Punktsymmetrie geometrischer Bilder zur Modellierung von Raum und Zeit eine Reihe von Gebieten der Naturwissenschaften zu untersuchen (Mechanik, elektromagnetische Wechselwirkungen, Hochenergiephysik, Tensorrechnung und tensorielle Kristallographie, Phasenübergänge in Festkörpern). Neben den Begriffen der gewöhnlichen Punktsymmetrie werden auch deren Verallgemeinerungen betrachtet: Antisymmetrie, magnetische Symmetrie und volle Symmetrie. Hierbei zeigt sich die Effektivität des Konzepts der vollen Symmetrie, die von Anfang an auf dem gleichberechtigten Herangehen an Raum und Zeit beruht und auf der einschränkenden Forderung an alle realen Vorgänge, der Operation der „Inversion der Zeit“ zu gehorchen. Im Buch wird auch gezeigt, daß alle realen Vorgänge die Forderung nach Invarianz bei der Zeitumkehr erfüllen, wenn man das Prinzip der Symmetrie der kinetischen Koeffizienten (ONSAGER-Prinzip) auf Erscheinungen verallgemeinert, die durch axiale Tensoren zweiter Stufe beschrieben werden.

Die Tatsache, daß analytische Beziehungen der Forderung nach Invarianz bei der Zeitumkehr genügen, spiegelt eine der fundamentalen Symmetrieeigenschaften der Wirklichkeit wider. Bei der elektromagnetischen Induktion beispielsweise erhält man bei einer Änderung der Richtung des Magnetfeldes nur bei derselben Bewegungsrichtung des Leiters eine Änderung der Richtung des induzierten Stromes in die entgegengesetzte. Ein „rechter“ Ventilator ruft bei einer Drehung entgegengesetzt dem Uhrzeigersinn (von vorn betrachtet) einen Luftstrom auf den Beobachter zu hervor. Man kann nun bei gleicher Drehrichtung einen Luftstrom vom Beobachter weg erzeugen, indem man nur den „rechten“ Ventilator durch einen „linken“ ersetzt. In diesem Zusammenhang werden auch die vier Grundregeln der Symmetrie formuliert: die Rechte-(Linke-) Hand-Regel, die Schraubenregel, die Maßstabsregel und die Kreiselregel. Das Konzept der vollen Symmetrie wird zur Systematisierung der Elementarteilchen, zur Diskussion der Probleme von „Antiwelten“ u. a. m. benutzt.

Der Titel des Buches „Kristallphysik und Symmetrie“ ist etwas enger gefaßt als der Kreis der darin betrachteten Probleme. Der Titel ist jedoch insofern gerechtfertigt, als ein großer Teil des Buches der Kristallphysik, der tensoriellen Kristallographie und der Beschreibung der verschiedenen Eigenschaften der Kristalle gewidmet ist. Auch solche erst vor relativ kurzer Zeit entdeckten Erscheinungen, wie der magnetoelektrische Effekt, der Piezomagnetismus, die Elektrogyration und die Magnetogyration, werden ausführlich analysiert. Einen bedeutenden Platz nimmt das Problem der Symmetrie bei Phasenübergängen in Kristallen ein. Dieser komplizierte Sachverhalt wird vergleichsweise einfach dargelegt und durch die Diskussion konkreter Phasenübergänge in Ferroelektrika ergänzt. Das letzte Kapitel des Buches ist der Anwendung von Kristallen in der modernen Technik und im Gerätebau gewidmet: in der Piezometrie, der Holographie, der Elektro- und Funktechnik, der Akustik und für elektronische Bauelemente (Pyro- und Piezowandler, optische Modulatoren und Schalter, Bauelemente der Akustooptik und Akustoelektronik).

1. Die Symmetrie räumlicher Figuren

1.1. Einführung

Ausgehend von der grundlegenden Feststellung, daß die Symmetrie Ausdruck bestimmter Invarianzen der Natur ist, wollen wir in diesem Kapitel unsere Aufmerksamkeit auf Symmetrieprobleme konzentrieren, die aus der Symmetrie des *Raumes* folgen. Die praktische Betrachtung dieses Problems führt zur Beschreibung der Symmetrie von *geometrischen* Figuren mit endlichen Abmessungen. Die Symmetrie geometrischer Figuren ist ihre Eigenschaft, aus gleichen und gleichartig angeordneten Teilen zu bestehen (Abb. 1). Figuren (oder Teile davon) heißen gleich, wenn die Abstände zwischen beliebigen Punkten der einen Figur mit den Abständen zwischen den entsprechenden Punkten der anderen Figur übereinstimmen.

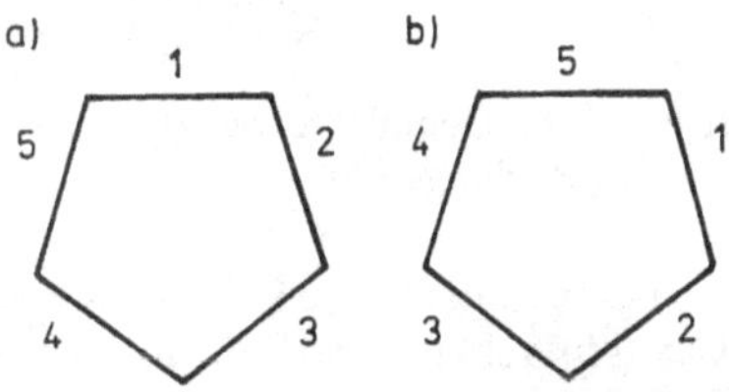

Abb. 1. Eine der Symmetrieeigenschaften des Fünfecks (a) besteht darin, daß es sich nach einer Drehung um 72° um eine zur Zeichenebene senkrechte Achse nicht vom Fünfeck (b) unterscheidet

Die Gesetze der Transformation von Figuren im Raum müssen sich den Symmetriegesetzen des Raumes selbst unterordnen: Mit einer Figur kann keine räumliche Transformation ausgeführt werden, die die Symmetrie des Raumes selbst nicht zuläßt. Bekanntlich ist der Raum *homogen*: Alle Punkte des Raumes sind gleichwertig. Wenn wir von irgendeinem Punkt ausgehen und ihn in eine beliebige Richtung verschieben, kommen wir zu einem Punkt, der sich vom Ausgangspunkt nicht unterscheidet. Eine

Folge der Homogenität des Raumes ist der Erhaltungssatz für den Impuls $\boldsymbol{P}$ eines abgeschlossenen Systems

$$\boldsymbol{P} = m\boldsymbol{V} = \text{const}$$

(m Masse, $\boldsymbol{V}$ Geschwindigkeit – d. Hrsg.).
Außerdem ist der Raum *isotrop*: Eine Drehung um eine beliebige Achse um einen beliebigen Winkel (im Uhrzeigersinn oder entgegengesetzt) verändert seine Eigenschaften nicht. Aus der Isotropie des Raumes folgt der Erhaltungssatz für den Drehimpuls $\boldsymbol{M}$ eines abgeschlossenen Systems:

$$\boldsymbol{M} = \boldsymbol{r} \times m\boldsymbol{V} = \text{const} \tag{1.2}$$

($\boldsymbol{r} \times m\boldsymbol{V}$ bezeichnet das Vektorprodukt, s. Kap. 2 – d. Hrsg.).
Aus der Isotropie und der Homogenität des Raumes folgt, daß er zentrosymmetrisch ist. Als geometrische Darstellung eines jeden Raumpunktes kann eine Kugel mit Spiegelebenen dienen – die „skalare Kugel“ (Abb. 2).

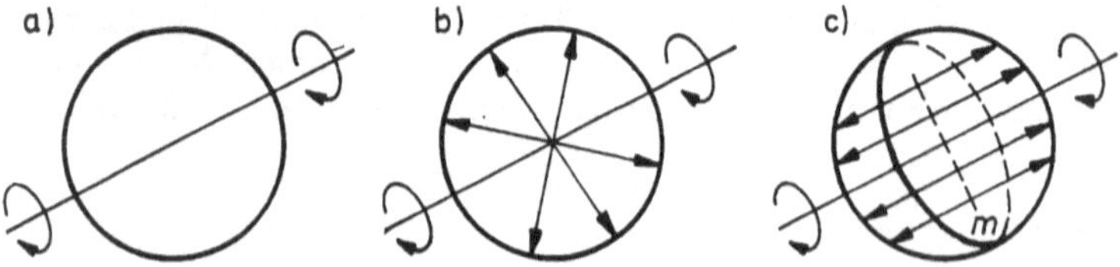

Abb. 2. Die skalare Kugel wird auf sich selbst abgebildet durch Drehungen (a), Drehinversionen (b) und durch Drehspiegelungen (c)

Die Gesamtheit aller Symmetrieoperationen der skalaren Kugel bildet die Gruppe der *eigentlichen* (einfachen) und *uneigentlichen* Drehungen (Drehungen nebst Spiegelung bzw. Inversion[1])). Wie oben festgestellt, kann die Symmetrie von geometrischen Figuren nicht höher sein als die Symmetrie des Raumes. Sie kann aber durch einen gewissen Teil der Symmetrieoperationen der skalaren Kugel beschrieben werden. Dabei muß dieser Teil für sich gleichfalls eine *Symmetriegruppe* bilden (*Untergruppe* der Gruppe der skalaren Kugel[2])).

---

[1]) Im Deutschen als Drehspiegelungen bzw. Drehinversionen bezeichnet (d. Hrsg.).

[2]) Im Deutschen wird die Gruppe der skalaren Kugel als Drehgruppe bezeichnet; d. h., die Symmetriegruppen endlicher Figuren sind Untergruppen der Drehgruppe (d. Hrsg.).

1.2. „Arithmetik“ der Symmetrie von endlichen Figuren (Punktsymmetrie)

Die Eigenschaft der Symmetrie ist universell für beliebige Objekte und Erscheinungen. Eine beliebige geometrische Figur (dreidimensional – ein räumliches Gebilde; zweidimensional – irgendeine Fläche; eindimensional – irgendeine Linie) ist symmetrisch in dem Sinne, daß sie zumindest durch die Operation der Identi-

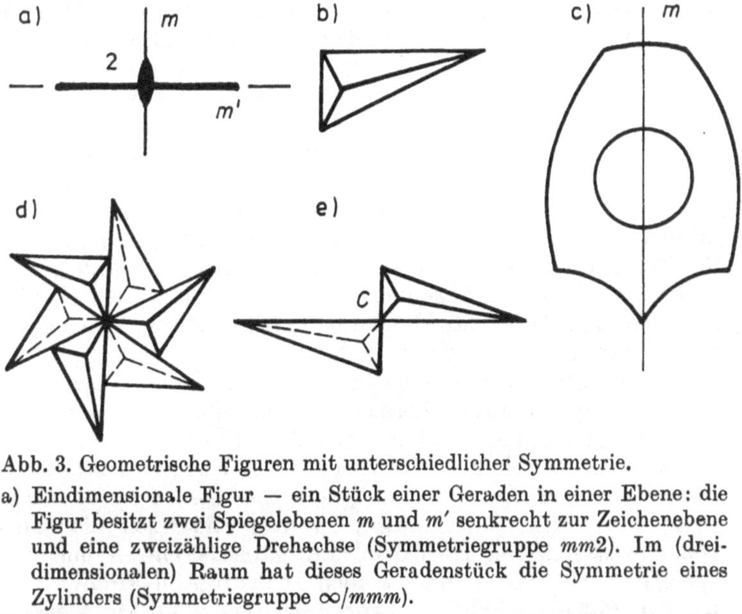

Abb. 3. Geometrische Figuren mit unterschiedlicher Symmetrie.

a) Eindimensionale Figur – ein Stück einer Geraden in einer Ebene: die Figur besitzt zwei Spiegelebenen m und m' senkrecht zur Zeichenebene und eine zweizählige Drehachse (Symmetriegruppe $mm2$). Im (dreidimensionalen) Raum hat dieses Geradenstück die Symmetrie eines Zylinders (Symmetriegruppe ∞/mmm).

b) Asymmetrische dreidimensionale Figur – allgemeines Tetraeder (alle Kanten des Tetraeders sind voneinander verschieden, Symmetriegruppe 1).

c) Flächenstück mit einer Spiegelebene m.

d) Dreidimensionale Figur, die aus drei linken und drei rechten allgemeinen Tetraedern besteht; sie besitzt eine Drehspiegelachse $\hat{6}$ (bei der Beschreibung der Symmetrie mit Hilfe von Drehinversionen entspricht diese Achse einer Drehinversionsachse $\bar{3}$).

e) Dreidimensionale Figur, die ein Symmetriezentrum (Inversionszentrum) C besitzt.

(Auch die Figur d besitzt ein Inversionszentrum – d. Hrsg.)

tät oder Einheitsoperation (bezeichnet durch das Symbol 1) in sich selbst überführt werden kann. Wenn das *ausschließlich* durch diese Operation möglich ist, heißt die Figur *asymmetrisch*. In allen anderen Fällen besteht die Figur aus mindestens zwei gleichen, asymmetrischen Teilen (Abb. 3).

Bei der gewöhnlichen Punktsymmetrie werden zwei Typen der Gleichheit von Teilen einer Figur unterschieden: die *Deckungsgleichheit* und die *spiegelbildliche* oder *Inversionsgleichheit*. Deckungsgleiche Teile vertauschen ihre Plätze mit Hilfe von Symmetrietransformationen (Symmetrieoperationen), die als *einfache* Drehungen bezeichnet werden (Operationen I. Art, eigentliche Drehungen). Spiegelbildlich gleiche Teile dagegen transformieren sich durch *Drehspiegelungen* (Drehungen nebst einer Spiegelung an einer zur Drehachse senkrechten Ebene, Operationen II. Art, uneigentliche Drehungen).[1])

Figuren oder Teilen davon, die nur durch Operationen II. Art ineinander überführt werden können, kann man eine bestimmte Orientierung („Rechtshändigkeit" bzw. „Linkshändigkeit") zuordnen, was als *Enantiomorphie* bezeichnet wird. So können drei der Tetraeder in Abb. 3d und eins der Tetraeder in Abb. 3e als *rechtshändig* bezeichnet werden; die übrigen müssen dann *linkshändig* heißen. Die rechte Hand des Menschen ist der linken ebenfalls nur spiegelbildlich gleich (Abb. 4).

Jede endliche Figur besitzt mindestens einen Punkt, der bei den genannten Symmetrietransformationen auf seinem Platz verbleibt. Für die Figuren in Abb. 3d und Abb. 3e z. B. ist dieser Punkt der Schwerpunkt der Figur. Ein solcher Punkt heißt ausgezeichneter Punkt. Die Bezeichnung „Punktsymmetrie" geht auf eben diesen Umstand zurück. Auch Linien, Flächen und sogar Volumina können ausgezeichnet sein in dem Sinn, daß sie bei einer Symmetrieoperation nicht transformiert werden. In der in Abb. 3c dargestellten Figur ist die Schnittlinie der Spiegelebene *m* mit der Zeichenebene eine ausgezeichnete Linie. Für ein einzelnes allgemeines Tetraeder (Abb. 3b) ist das gesamte Volumen des Tetraeders ausgezeichnet, da ein solches Tetraeder als Symmetrietransformation nur die Operation 1 besitzt, die es als ganzes auf seinem Platz läßt.

---

[1]) Man kann zeigen, daß die den Drehspiegelungen entsprechenden Symmetrietransformationen eindeutig auch durch Drehinversionen beschrieben werden können. Im folgenden wird die Beschreibung der Symmetrie mit Hilfe von Drehspiegelungen bevorzugt.

Symmetrieoperationen heißen *äquivalent* oder gleichwertig, wenn sie zu ein und derselben Umordnung der Teile einer Figur führen. So ist z. B. für die Figur in Abb. 3d die Operation einer Drehung um 60° nach links äquivalent einer Drehung um 300° nach rechts.

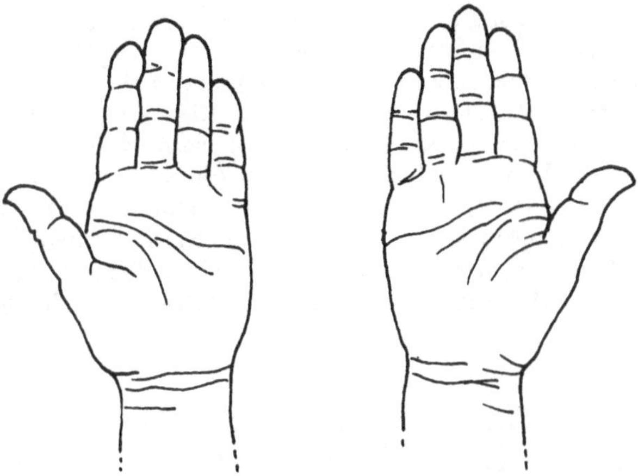

Abb. 4. Die rechte und die linke Hand des Menschen sind enantiomorph, d. h., sie sind einander spiegelbildlich gleich

Eine Operation, die zwei hintereinander ausgeführten Transformationen äquivalent ist, heißt *Produkt* dieser Operationen und wird durch die beiden hintereinandergeschriebenen Symbole der betreffenden Operationen bezeichnet. Im allgemeinen ist das Produkt zweier Symmetrieoperationen von der Reihenfolge der Ausführung der beiden Operationen abhängig. Deshalb vereinbaren wir, die zuerst auszuführende Operation an die erste Stelle und die zweite Operation an die zweite Stelle des Produkts zu schreiben. (Viele Autoren verfahren umgekehrt – d. Hrsg.)

Jede Symmetrieoperation kann beliebig oft hintereinander ausgeführt werden. Operationen, die durch die zweimalige, dreimalige usw. Wiederholung einer Operation entstehen, nennt man *Potenzen* dieser Operation. Wenn die ursprüngliche Operation durch den Buchstaben M bezeichnet wird, werden die Potenzen mit M^2, M^3, M^4 usw. bezeichnet.

Von den Symmetrieoperationen sollen die *Inversion* und die *Identität* noch gesondert behandelt werden. Die Operation der Inversion besteht in der Spiegelung der Figur an einem Punkt. Der

Punkt, an dem die Spiegelung ausgeführt wird, werde mit dem Buchstaben O bezeichnet. Die Operation der Inversion besteht nun darin, daß jeder Punkt der Figur mittels einer Geraden durch den Punkt O so auf die gegenüberliegende Seite überführt wird, daß der Abstand des transformierten Punktes von O gleich dem Abstand des Ausgangspunktes ist. Wenn die Figur nach der Inversion am Punkt O wieder mit sich selbst zur Deckung kommt, heißt O *Symmetriezentrum* (*Inversionszentrum*), und man sagt, daß die Figur ein Symmetriezentrum (C) besitzt. Die Operation der Identität oder *Einheits*operation ist die Transformation der Figur in sich, indem jeder Punkt der Figur auf seinem Platz belassen wird.

Zur Beschreibung der Symmetrie einer Figur benutzt man meist nicht die Symmetrieoperationen als solche, sondern die *Symmetrieelemente* der Figur. Symmetrieelemente endlicher Figuren sind Drehachsen und Drehspiegelachsen. Die Drehachsen werden durch die Symbole

$$1, 2, 3, 4, 5, 6, 7, \ldots, \infty,$$

die Drehspiegelachsen durch

$$\hat{1}, \hat{2}, \hat{3}, \hat{4}, \hat{5}, \hat{6}, \hat{7}, \ldots, \hat{\infty}$$

bezeichnet, wobei die Ziffer die *Ordnung* der Achse angibt.[1]) Die Existenz einer Drehachse n-ter Ordnung in einer Figur bedeutet, daß die Figur durch eine Drehung um den n-ten Teil des Vollkreises in sich überführt wird. Für eine Figur mit einer vierzähligen Drehachse ist eine solche Drehung 1/4 des Vollkreises (90°), bei einer sechszähligen Drehachse 1/6 des Vollkreises (60°) usw. Die einzählige Drehachse 1 entspricht der Identität; sie ist Symmetrieelement aller Figuren.

Das Wesen der Drehspiegelachsen wird aus dem oben Gesagten deutlich. Die in Abb. 3d dargestellte Figur besitzt eine sechszählige Drehspiegelachse $\hat{6}$ senkrecht zur Zeichenebene. Die einzählige Drehspiegelachse $\hat{1}$ entspricht einer Spiegelung an einer Ebene (wie in einem Spiegel); sie heißt *Spiegelebene* und wird mit dem Buchstaben m bezeichnet (Abb. 3c). Die zweizählige Drehspiegelachse $\hat{2}$ stellt die Inversion dar und wird mit C bezeichnet. Die Drehspiegelachse $\hat{3}$ kann als Kombination einer Drehachse 3 mit einer dazu senkrechten Spiegelebene dargestellt werden.

---

[1]) Mit dem Symbol ∞ werden Symmetrieelemente der Ordnung unendlich bezeichnet. Drehspiegelachsen $\hat{n}$ mit ungeradem n haben als Symmetrieelement die Ordnung $2n$ (d. Hrsg.).

Aus dem oben Gesagten wird deutlich, daß der Begriff „Symmetrieelement" umfassender ist als der Begriff „Symmetrieoperation". Ein Symmetrieelement vereinigt in sich alle Potenzen einer gegebenen Symmetrieoperation. So versteht man unter einer Drehachse 4 die Menge der Operationen $4^0 = 1$, $4^1 = 4$, $4^2 = 2$ und $4^3 = 4^{-1}$. Die erste Operation ist dabei die Identität, die zweite eine Drehung um 90°, die dritte eine Drehung um 180° (Drehungen um 180° in entgegengesetzte Richtungen sind äquivalent), und die Operation 4^3 ist eine Drehung um 270°, die einer Drehung um 90° mit entgegengesetztem Drehsinn (4^{-1}) äquivalent ist.[1])

Die Menge aller Symmetrieoperationen einer Figur kann nicht eine beliebige sein. Sie bildet stets eine Symmetriegruppe. Das heißt, daß die Menge aller Symmetrieoperationen einer Figur die folgenden Gruppenaxiome erfüllt:

1. Das Produkt zweier beliebiger Operationen M und N, die zur Symmetriegruppe gehören, ist einer Operation P äquivalent, die zur gleichen Gruppe gehört: $\mathsf{MN} = \mathsf{P}$.
2. Für Produkte aus mehr als zwei Operationen der Gruppe gilt das assoziative Gesetz $(\mathsf{MN})\mathsf{P} = \mathsf{M}(\mathsf{NP})$.
3. Unter den Symmetrieoperationen gibt es eine Operation E so, daß $\mathsf{EM} = \mathsf{ME} = \mathsf{M}$ für jedes beliebige Element M der Gruppe gilt. Die Operation E heißt dann Einheitsoperation (Einselement).
4. Für jede Operation M existiert die *Umkehroperation* und gehört ebenfalls zur Gruppe. Sie wird mit dem Symbol M^{-1} bezeichnet und genügt der Beziehung $\mathsf{MM}^{-1} = \mathsf{M}^{-1}\mathsf{M} = \mathsf{E}$, wobei E das Einselement ist.

Die Anzahl der verschiedenen Operationen, die zu einer Symmetriegruppe gehören, heißt *Ordnung der Gruppe*. Die Ordnung der Gruppe ist ihrerseits gleich der Maximalzahl gleicher symmetrischer Teile, in die eine Figur zerlegt werden kann. Daraus folgt z. B., daß die Symmetriegruppe der in Abb. 1 dargestellten Figur die Ordnung 5 hat[2]); die Symmetriegruppen der Figuren in Abb. 3 haben die Ordnungen: 3a – 4, 3b – 1, 3c – 2, 3d – 6 und 3e – 2.

---

[1]) Die Symbole werden vom Autor sowohl zur Bezeichnung von Symmetrieelementen als auch von einzelnen Symmetrieoperationen verwendet. So kann z. B. das Symbol 4 sowohl eine vierzählige Drehachse als auch eine Drehung um 90° bedeuten (d. Hrsg.).

[2]) Sofern die gleichfalls vorhandene Spiegelsymmetrie der Figur unberücksichtigt bleibt (d. Hrsg.).

Für asymmetrische Figuren ist die Operation der Identität die einzige Symmetrietransformation. Die Ordnung der Symmetriegruppe einer solchen Figur ist 1. Wenn eine symmetrische Figur in die maximal mögliche Zahl gleicher Teile zerlegt wird, ist jeder dieser Teile eine asymmetrische Figur.

Aus den Symmetrieoperationen einer gegebenen Gruppe kann man solche auswählen, die selbst wieder eine Gruppe bilden. Diese neue Gruppe ist eine *Untergruppe* der ursprünglichen und dieser untergeordnet. Analog bilden die Symmetrieelemente der Untergruppe einen Teil der Symmetrieelemente der ursprünglichen Gruppe. So besitzt die oben betrachtete Gruppe 4 zwei Untergruppen: die Gruppe 2 (mit den Operationen 2 und 1 bzw. der entsprechenden Symmetrieachse) und die Gruppe 1.

Wir möchten noch einmal hervorheben, daß nicht jede beliebige Untermenge von Symmetrieoperationen einer Figur eine Gruppe bildet, sondern nur deren *Gesamtheit*. Eine solche Gesamtheit von Operationen weist eine gewisse Analogie zur Gesamtheit der Zahlen in der Arithmetik auf. Zu den einfachsten Regeln des Rechnens mit Zahlen in der Arithmetik gibt es analoge Regeln für den Umgang mit Symmetrieoperationen. In diesem Kapitel wurde bereits die Bildung von Produkten und von Potenzen der Symmetrieoperationen angesprochen. Im weiteren werden die Regeln der „Addition" von Symmetrieoperationen untersucht. Die Symmetrie ist jedoch komplizierter als die Arithmetik, weshalb zu ihrer Darlegung Elemente der Gruppentheorie herangezogen werden müssen.

1.3. Grenzgruppen der Symmetrie (CURIE-Gruppen)

Unter den Figuren mit endlichen Abmessungen nehmen die Rotationskörper einen besonderen Platz ein. Diese Figuren besitzen Drehachsen der Ordnung unendlich (∞, $\hat{\infty}$). Die Symmetriegruppen dieser Figuren heißen *Grenzgruppen* (im Deutschen: CURIE-Gruppen – d. Hrsg.). Der Sinn des Wortes Grenzgruppen wird daraus ersichtlich, daß Rotationskörper als Figuren betrachtet werden können, die durch eine Vergrößerung der Flächenzahl n eines Polyeders im Grenzfall $n \to \infty$ entstehen. Wie schon gesagt, wird der Winkel, um den man eine Figur drehen muß, damit sie mit sich selbst zur Deckung kommt, mit wachsender Ordnung (Zähligkeit) der Drehachse immer kleiner. Für Rotationskörper und Figuren mit einer Symmetrieachse ∞ genügt dafür eine Drehung um einen unendlich kleinen Winkel.

P. Curie zeigte, daß es für die Symmetrie endlicher Figuren sieben Grenzgruppen gibt (Abb. 5). Diese Gruppen beschreiben die Symmetrie einer Kugel, eines Zylinders und eines Kegels. Den

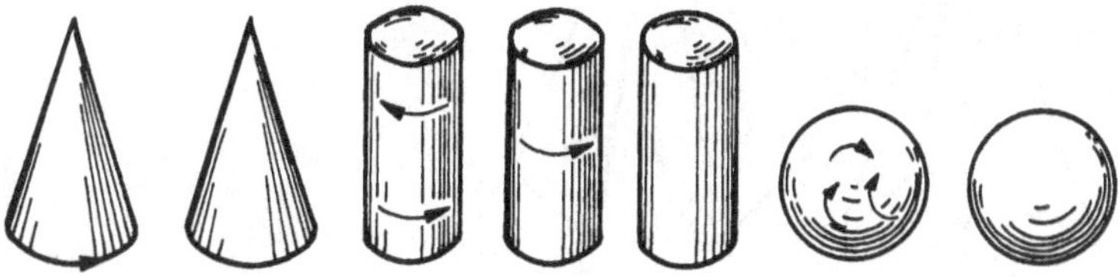

Abb. 5. Geometrische Figuren mit der Symmetrie der Curie-Gruppen

a) rotierender Kegel (Symmetriegruppe ∞);
b) ruhender Kegel (Symmetriegruppe ∞mm, Symmetriegruppe eines polaren Vektors);
c) verdrillter Zylinder (Symmetriegruppe $\infty 2$);
d) rotierender Zylinder (Symmetriegruppe ∞/m, Symmetriegruppe eines axialen Vektors);
e) ruhender Zylinder (Symmetriegruppe ∞/mmm);
f) Kugel ohne Symmetrieebenen (Symmetriegruppe $\infty/\infty 2$);
g) Kugel mit Symmetrieebenen (Symmetriegruppe $\infty/\infty/mmm$).

Vom rotierenden Kegel (a), vom verdrillten Zylinder (c) und von der Kugel ohne Symmetrieebenen (f) kann es enantimorphe Formen geben — je eine rechte und eine linke.
(In der Literatur werden für die Curie-Gruppen z. T. etwas abgewandelte Symbole verwendet — vgl. Anhang X — d. Hrsg.)

Kegel kann man als eine Pyramide (Abb. 6) und den Zylinder als ein Prisma (Abb. 7) mit einer unendlich großen Anzahl von Flächen ansehen. Die Kugel kann man als die Grenzfigur solcher Polyeder wie Würfel, Oktaeder, Dodekaeder usw. ansehen.

Ein gewöhnlicher Zylinder besitzt eine Drehachse der Ordnung ∞ sowie eine unendliche Zahl von zweizähligen Drehachsen und eine Spiegelebene m senkrecht zu dieser Achse. Außerdem hat der Zylinder unendlich viele Spiegelebenen, die durch diese Achse verlaufen, und ein Symmetriezentrum. Die Symmetriegruppe eines solchen Zylinders wird mit ∞/mmm bezeichnet.[1]) Die gleiche Symmetriegruppe besitzt auch ein Rotationsellipsoid.

[1]) In der Literatur werden für die Curie-Gruppen z. T. etwas abgewandelte Symbole verwendet — vgl. Anhang X (d. Hrsg.).

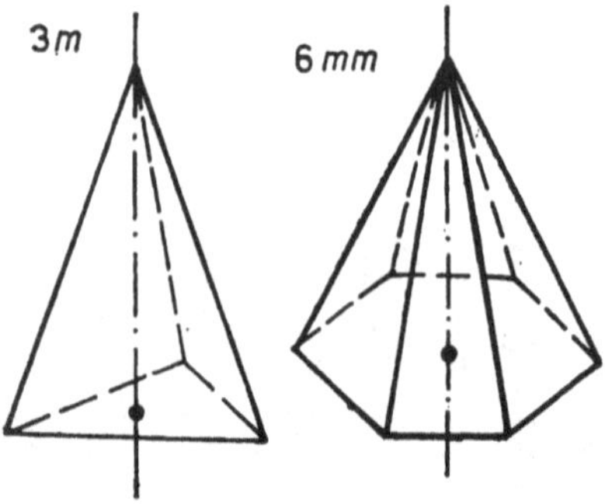

Abb. 6. Pyramiden besitzen als Symmetrieelemente eine Drehachse und Spiegelebenen, die durch diese Achse verlaufen. (Die Zähligkeit n der Drehachse und die Anzahl der Spiegelebenen ist gleich der Anzahl der Dreiecksflächen der Pyramide.) Die Bezeichnung der Symmetriegruppe der Pyramiden lautet nmm.

(Bei ungeradem n wird die Gruppe mit nm bezeichnet — vgl. Anhang X — d. Hrsg.)

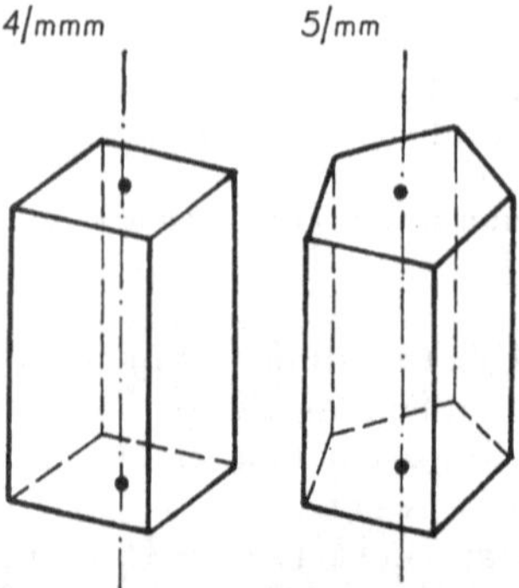

Abb. 7. Prismen besitzen außer den für die Pyramiden charakteristischen Symmetrieelementen eine Spiegelebene sowie zweizählige Drehachsen senkrecht zur Prismenachse. Wenn die Zähligkeit n der Prismenachse gerade ist, besitzt das Prisma ein Symmetriezentrum. Die Bezeichnung der Symmetriegruppe der Prismen lautet n/mmm.

(Bei ungeradem n wird die Gruppe mit n/mm bezeichnet — vgl. Anhang X — (d. Hrsg.)

Wenn der Zylinder um seine Achse verdrillt wird, entfallen alle seine Spiegelebenen; die Symmetriegruppe wird in diesem Fall mit dem Symbol $\infty 2$ bezeichnet (s. Fußnote S. 19). Ein rotierender Zylinder besitzt keine Spiegelebenen längs seiner Achse (Gruppe ∞/m). Ein ruhender Kegel besitzt eine Drehachse ∞ und durch sie verlaufende Spiegelebenen (Gruppe ∞mm), der rotierende Kegel dagegen nur die Drehachse ∞ (Gruppe ∞).

Kugeln als geometrische Figuren können zwei Symmetriegruppen angehören. Im ersten Fall ist für die Kugel charakteristisch, daß alle ihre Durchmesser die Symmetrie eines (gewöhnlichen) Zylinders besitzen. Die Symmetriegruppe der Kugel wird in diesem Fall mit $\infty/\infty/mmm$ bezeichnet[1]), was davon zeugt, daß die Zahl solcher Durchmesser unendlich ist. Im zweiten Fall besitzen die Durchmesser der Kugel die Symmetrie eines verdrillten Zylinders. Die Symmetriegruppe einer solchen Kugel wird mit $\infty/\infty 2$ bezeichnet[1]). Ein reales physikalisches Beispiel ist eine Kugel, die aus einem Material „herausgeschnitten" wurde, das die Ebene des polarisierten Lichtes dreht (z. B. eine Kugel aus einer Lösung von Zucker).

Außer den sieben CURIE-Gruppen können sinnvollerweise noch weitere fünf Gruppen betrachtet werden, die, obwohl keine Grenzgruppen im eigentlichen Sinne des Wortes, eine Möglichkeit bieten, die Besonderheiten einiger Symmetriegruppen endlicher Figuren aufzudecken. Wir wollen diese fünf Gruppen *Fast-Grenzgruppen* nennen. Eine Vorstellung über die erste Fast-Grenzgruppe kann man aus Abb. 3d ableiten. Indem man die Anzahl der rechten und linken Tetraeder einer solchen Figur erhöht, kann man eine Folge $\hat{6}$, $\hat{8}$, $\hat{10}$, $\hat{12}$, $\hat{14}$, ... erhalten, die in der Fast-Grenzgruppe $\hat{\infty}$ endet. Die Figur wird im Grenzfall die Symmetriegruppe ∞/m haben, welche Gruppe man aber besser aus der Folge $1/m$, $2/m$, $3/m$, $4/m$, $5/m$, ... erhält, die als Folge von Prismen ohne longitudinale Spiegelebene (rotierende Prismen) dargestellt werden kann.

Die beiden Folgen $\hat{6}$, $\hat{8}$, $\hat{10}$, ... und $1/m$, $2/m$, $3/m$, ... konvergieren also letztlich gegen die gleiche Grenzgruppe, aber die Art und Weise der Annäherung an den Grenzfall ist in beiden Fällen verschieden. In der physikalischen Kristallographie entsprechen dieser Verschiedenheit unterschiedliche physikalische Eigenschaften der Kristalle. Auch dieser Umstand macht es nützlich, zusätzlich zur Grenzgruppe ∞/m die Fast-Grenzgruppe $\hat{\infty}$ zu berücksichtigen.

Eine weitere Fast-Grenzgruppe erhält man bei der Betrachtung der Curie-Gruppe des ruhenden Zylinders ∞/mmm, wenn man annimmt, daß der Zylinder keine zur Achse ∞ senkrechte Spiegelebene m besitzt und daß diese Achse eine Drehspiegelachse $\hat{\infty}$ ist. Diese Fast-Grenzgruppe heißt $\hat{\infty}mm$.

Die geometrische Darstellung der Fast-Grenzgruppen ist komplizierter als die der Curie-Gruppen und wird hier nicht ausgeführt.

In der in Abb. 5g dargestellten Kugel haben die Durchmesser die Symmetrie eines ruhenden Zylinders (∞/mmm), in Abb. 5f dagegen die eines verdrillten Zylinders ($\infty 2$). Unter den isometrischen (kubischen) endlichen Figuren gibt es auch solche, in denen gewisse Richtungen die Symmetrie eines ruhenden Kegels (Gruppe ∞mm), eines rotierenden Zylinders (Gruppe ∞/m) oder eines rotierenden Kegels (Gruppe ∞) haben.

Für diese Figuren erhält man die Fast-Grenzgruppen mit Durchmessern der entsprechenden Symmetrie: $\infty/\infty mm$, $\infty/\infty/m$, ∞/∞. Bei der ersten Kugel sind die Durchmesser polare Vektoren, bei der zweiten axiale Vektoren und bei der dritten eine Kombination von beiden.

1.4. *Symmetriegruppen dreidimensionaler endlicher Figuren. Die kristallographischen Gruppen*

Es ist hier nicht notwendig, die Herleitung der besagten Gruppen zu beschreiben. Man erhält die Symmetriegruppen letztlich als Ergebnis aller möglichen Kombinationen von Symmetrieelementen, die die oben aufgeführten Gruppenaxiome befriedigen. Dabei stellt man eine Reihe von Besonderheiten bei der Kombination bestimmter Symmetrieelemente fest. So kann man leicht zeigen, daß stets eine zweite Drehachse n' existiert, wenn eine Spiegelebene m eine Drehachse n unter einem beliebigen (von 0° und 90° verschiedenen – d. Hrsg.) Winkel schneidet. n' entsteht aus n durch Spiegelung an der Ebene m. Das folgt einfach aus der Eigenschaft der Spiegelung. Wie ebenfalls leicht zu sehen ist, besitzt eine Figur ein Symmetriezentrum, wenn sich eine geradzählige Drehachse und eine Spiegelebene unter einem rechten Winkel schneiden.

Unter den verschiedenen Kombinationen von Symmetrieelementen kann man Kombinationen *gleichen Typs* finden, z. B. die Kombinationen, die die Symmetrie von Pyramiden, von Prismen usw. beschreiben. Im ersten Fall besitzt die Figur eine Drehachse der Zähligkeit n und n Spiegelebenen, die durch diese Achse hindurchgehen.[1]) Die Bezeichnung der Symmetriegruppen dieses Typs ist *nm* für ungeradzählige[2]) und *nmm* für geradzählige Drehachsen (z. B. *3m* [2]), *6mm* usw., s. Abb. 6). Für die Prismen ist außerdem die Existenz einer Spiegelebene charakteristisch, die senkrecht zur Achse angeordnet ist, ferner die Existenz von *n* zweizähligen Drehachsen senkrecht zur Achse *n* und für gerades *n* die Existenz eines Symmetriezentrums. Diese Symmetriegruppen werden bei ungeradzähligen Drehachsen mit *n/mm* [2]) und bei geradzähligen Drehachsen mit *n/mmm* symbolisiert (z. B. *4/mmm*, *5/mm* [2]) usw., s. Abb. 7). Der Schrägstrich heißt in diesem Falle, daß das dahinter stehende Symmetrieelement (die Spiegelebenen *m*) senkrecht zur Drehachse *n* steht.[3]) In den Symbolen zur Bezeichnung der Gruppen treten nicht alle, sondern nur die sogenannten *erzeugenden* Symmetrieelemente auf. Das sind die Symmetrieelemente, aus deren Kenntnis alle übrigen abgeleitet werden können. So ergeben die Erzeugenden der Gruppe *3m* [2]) eine dreizählige Drehachse und drei longitudinale Spiegelebenen.

Für nicht-isometrische Figuren, d. h. für Figuren, die eine ausgezeichnete Richtung oder eine ausgezeichnete Ebene besitzen, kann die Zähligkeit einer Achse im allgemeinen beliebig groß sein. Das wird am Beispiel der Folgen von Pyramiden oder von Prismen deutlich. Isometrische Figuren dagegen haben stets mehr als eine Drehachse mit einer Zähligkeit größer als zwei. Die möglichen Kombinationen solcher Achsen werden durch die Symmetrie der Kugeloberfläche bestimmt, insbesondere durch die bekannte Tatsache, daß in der sphärischen Trigonometrie die Winkelsumme eines Dreiecks größer als 180° und kleiner als 540° sein muß. Damit sind Dreiecke mit den Winkeln

90° 60° 50°

90° 60° 45°

90° 60° 36°

erlaubt, was die Existenz regelmäßiger Polyeder mit den Symmetriegruppen $m\bar{5}m$, 532, $m\bar{3}m$, 432, $\bar{4}3m$, $m\bar{3}$ und 23 gewährleistet.[2]) Für jede dieser Gruppen existiert ein Polyeder mit maxi-

---

[1]) Im weiteren auch als „longitudinale“ Spiegelebenen bezeichnet (d. Hrsg.).

[2]) Gegenüber dem russischen Original veränderte, international gebräuchliche Bezeichnungsweise – vgl. Anhang X (d. Hrsg.).

[3]) Im weiteren auch als „transversale“ Spiegelebene bezeichnet (d. Hrsg.).

maler Flächenzahl. So hat dieses Polyeder für die Gruppe $m5m$ 120 Flächen, für die Gruppe 532 – 60, für die Gruppe $m\bar{3}m$ – 48, für die Gruppen $\bar{4}3m$, 432 und $m\bar{3}$ – 24 und für die Gruppe 23 – 12. Die genannten Flächenzahlen entsprechen der Ordnung der jeweiligen Gruppe.

Ohne die Symmetriegruppen der dreidimensionalen endlichen Figuren im einzelnen herzuleiten, wollen wir zeigen, daß sie am einfachsten aus den Grenzgruppen (Curie-Gruppen – d. Hrsg.) und aus den Fast-Grenzgruppen erhalten werden können. Sie werden in Form von Folgen dargestellt, die gegen diese Gruppen konvergieren. Die Folgen, die gegen die Gruppen ∞, $\hat{\infty}mm$, $\infty 2$, $\hat{\infty}$, ∞/m, ∞mm und ∞/mmm konvergieren, sind hinreichend einfach, und einige von ihnen wurden bereits weiter oben betrachtet. Wie wir gerade festgestellt haben, ist die Anzahl der Gruppen, die die Symmetrie der isometrischen Figuren beschreiben, endlich und ziemlich klein (insgesamt sieben Gruppen), und man muß sie nur den entsprechenden sphärischen Grenz- und Fast-Grenzgruppen zuordnen. Der Begriff *Folge von Gruppen* ist in diesem Fall natürlich mit Vorsicht zu verwenden. Die Gesamtzahl der Symmetriegruppen dreidimensionaler endlicher Figuren ist unendlich (vgl. Anhang I). Als Illustration des Konvergierens von Folgen von Gruppen gegen die Grenzgruppen (und Fast-Grenzgruppen) wird in Tab. 1 das Beispiel der *kristallographischen* Gruppen (*Symmetriegruppen der Kristalle*) ausgeführt. Die Polyeder der Kristalle besitzen als Symmetrieelemente nur Achsen (Drehachsen und Drehspiegelachsen) der Ordnung 1, 2, 3, 4 und 6 in verschiedenen Kombinationen. Achsen von fünfter und von höherer als sechster Ordnung sind für diese Polyeder verboten, da die Existenz solcher Achsen mit der Voraussetzung eines Kristallgitters unvereinbar ist. Die Gesamtzahl der kristallographischen Symmetriegruppen ist 32 (vgl. Anhang II und X). Die Bezeichnung der kristallographischen Symmetriegruppen folgt den *International Tables for Crystallography*[1]). In diesen Tafeln bezeichnet ein Strich über einem Symbol eine Drehinversionsachse. Für die betreffenden Gruppen ist in Klammern zusätzlich die Bezeichnung angegeben, die der Notation mit Drehspiegelachsen entspricht; es ist z. B. $\bar{1} = (\hat{2}) = C$. Für die Gruppe 4 fallen die Bezeichnungen zusammen: $\bar{4} = (\hat{4})$. Um die zu den Grenzgruppen konvergierenden Folgen

[1]) Die Symbole der kristallographischen Gruppen wurden gegenüber dem russischen Original z. T. entsprechend den *International Tables for Crystallography* verändert – vgl. Anhang X (d. Hrsg.).

Tabelle 1.

Die kristallographischen Symmetriegruppen[1])

I	II	III	IV	V	VI	VII	VIII
1	2	$\bar{1}$	$\bar{4}$	m	$2/m$	2	222
		$(\hat{2})$	$(\hat{4})$	$(1/m)$		(1/2)	
3	4	$\bar{3}$		$\bar{6}$	$4/m$	32	422
		$(\hat{6})$		$(3/m)$		(3/2)	
	6				$6/m$		622
∞		$\hat{\infty}$ (∞/m)		$\infty 2$		$\infty 2$	

IX	X	XI	XII	XIII	XIV
m	$mm2$	$2/m$	$\bar{4}2m$	$mm2$	mmm
$(1m)$	$(2mm)$	$(\hat{2}m)$	$(\hat{4}mm)$	$(1/mm)$	$(2/mmm)$
$3m$	$4mm$	$\bar{3}m$		$\bar{6}m2$	$4/mmm$
$(3m)$		$(\hat{6}m)$		$(3/mm)$	
	$6mm$				$6/mmm$
∞mm		$\hat{\infty} mm$ (∞/mmm)		∞/mmm	

XV	XVI	XVII	XVIII	XIX
23	$m\bar{3}$	432	$\bar{4}3m$	$m\bar{3}m$
∞/∞	$\infty/\infty/m$ $(\infty/\infty/mmm)$	$\infty/\infty 2$ (∞/∞)	$\infty/\infty mm$ $(\infty/\infty/mmm)$	$\infty/\infty/mmm$

[1]) Die Symbole wurden gegenüber dem russischen Original z. T. entsprechend den *International Tables for Crystallography* verändert. In Klammern sind, sofern abweichend, die (z. T. korrigierten) Symbole gemäß Anhang I angegeben. Unter den Fast-Grenzgruppen stehen in Klammern die korrespondierenden Grenzgruppen (Curie-Gruppen). Einige Symmetriegruppen erscheinen in der Tabelle doppelt: Es gibt 32 kristallographische Symmetriegruppen — vgl. Anhang II und X (d. Hrsg.).

von Gruppen augenfälliger zu machen, wird in einigen Fällen eine äquivalente Bezeichnung angegeben (z. B. $mm2 = 1/mm$ — vgl. Anhang I; ein Schrägstrich im Symbol bedeutet, daß die betreffenden Symmetrieelemente aufeinander senkrecht stehen).

In der physikalischen Literatur werden die kristallographischen Symmetriegruppen oft nach einer von SCHOENFLIES vorgeschlagenen Symbolik bezeichnet, die im folgenden den Internationalen Symbolen gegenübergestellt wird:

$C_1 - 1$; $C_i - \bar{1}$; $C_2 - 2$; $C_{1h} = C_s - m$; $C_{2h} - 2/m$; $D_2 = V - 222$; $C_{2v} - mm2$; $D_{2h} = V_h - mmm$; $C_4 - 4$; $S_4 - \bar{4}$; $D_4 - 422$; $C_{4v} - 4mm$; $C_{4h} - 4/m$; $D_{2d} = V_d - \bar{4}2m$; $D_{4h} - 4/mmm$; $C_3 - 3$; $C_{3i} = S_6 - \bar{3}$; $D_3 - 32$; $C_{3v} - 3m$; $D_{3d} - \bar{3}m$; $C_6 - 6$; $C_{3h} - \bar{6}$; $D_6 - 622$; $C_{6v} - 6mm$; $C_{6h} - 6/m$; $D_{3h} - \bar{6}m2$; $D_{6h} - 6/mmm$; $T - 23$; $O - 432$; $T_d - \bar{4}3m$; $T_h - m\bar{3}$; $O_h - m\bar{3}m$ [1]).

In Tab. 1 konvergieren (außer bei den kubischen Gruppen) jeweils zwei Folgen gegen eine Grenz- oder Fast-Grenzgruppe. Es werden also 19 Folgen betrachtet. Die Zweckmäßigkeit dieser Darstellung wird später deutlich.

1.5. *Das Prinzip der Superposition von Symmetrien (Prinzip von CURIE)*

Wenn man zwei (oder mehr) geometrische Figuren übereinanderlegt, überlagern sich auch in bestimmter Weise ihre Symmetrieelemente. Wenn zwei identische Symmetrieelemente der verschiedenen „Summanden“ gleichartig angeordnet sind (zusammenfallen), dann ist klar, daß sie ein gemeinsames Symmetrieelement auch der zusammengesetzten (gesamten) Figur sind. Wenn man einen Würfel und einen Oktaeder überlagert, kann man, je nach ihrer gegenseitigen Orientierung, eine Figur erzeugen, die nur ein Symmetriezentrum besitzt (Symmetriegruppe $\bar{1}$), eine Figur mit der Symmetriegruppe $2/m$ oder sogar – bei übereinstimmender Orientierung aller Symmetrieelemente beider Figuren – eine Figur mit der Symmetriegruppe $m\bar{3}m$, der Symmetriegruppe sowohl des Würfels als auch des Oktaeders (Abb. 8)[1]).

Das oben Gesagte wurde von P. CURIE als allgemeingültiges Prinzip nicht nur für geometrische Figuren, sondern auch für physikalische Erscheinungen postuliert. Nach dem Symmetrieprinzip von CURIE ist die Symmetriegruppe zweier (oder mehrerer) Objekte als ganzes gleich der größten gemeinsamen Untergruppe der Symmetriegruppen dieser Objekte, die unter Berücksichtigung

[1]) Es sind auch noch weitere Überlagerungen von Würfel und Oktaeder mit anderen Symmetriegruppen denkbar (d. Hrsg.).

der gegenseitigen Lage ihrer Symmetrieelemente zu bestimmen ist (Durchschnitt der Symmetriegruppen – d. Hrsg.).

Es ist hier darauf hinzuweisen, daß bei der Superposition die Symmetriegruppe der zusammengesetzten Figur die größte gemeinsame Untergruppe beider Gruppen ist. Die zusammengesetzte Figur kann keine höhere Symmetriegruppe besitzen als diejenige der Ausgangsfiguren, welche die niedrigste Symmetrie hat. Die größte gemeinsame Untergruppe kann nicht größer sein als diese Symmetriegruppe.

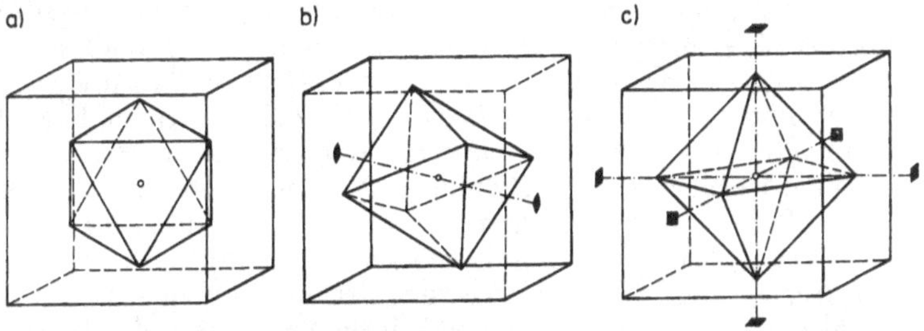

Abb. 8. Illustration des Symmetrieprinzips von P. Curie.
a) Bei beliebiger gegenseitiger Lage haben Würfel und Oktaeder lediglich ein gemeinsames Symmetriezentrum.
b) gegenseitige Orientierung von Würfel und Oktaeder, die zur Symmetriegruppe $2/m$ führt.
c) Wenn alle Symmetrieelemente zusammenfallen, werden Würfel und Oktaeder zusammen durch die Symmetriegruppe $m\bar{3}m$ beschrieben

Das Superpositionsprinzip wird im allgemeinen auf ungleiche Figuren angewendet. Seine Anwendung auf gleiche Figuren ist nicht sinnvoll, da in diesem Fall auch die Möglichkeit einer Erhöhung der Symmetrie (d. h. die Symmetrie der zusammengesetzten Figur ist höher als die ihrer Bestandteile) berücksichtigt werden müßte.

Bei der Anwendung des Prinzips von Curie auf physikalische Erscheinungen ist es notwendig, die Superposition der Symmetrieelemente räumlicher Flächen zu betrachten, die die entsprechenden physikalischen Eigenschaften beschreiben (z. B. von Tensorflächen – d. Hrsg.). Das Prinzip der Superposition der Symmetrie kann auch bei der Untersuchung solcher mathematischer Größen, wie Tensoren, Spinoren, Vektoren oder Skalare, angewendet werden.

1.6. Die Symmetrie von Richtungen und Ebenen

Die höchste Punktsymmetrie einer Richtung im Raum entspricht der Symmetrie eines Durchmessers der skalaren Kugel (s. Abb. 2a), also der Symmetrie des ruhenden Zylinders (s. Abb. 5e) und wird durch das Symbol ∞/mmm beschrieben. Eine beliebige Richtung hat deshalb eine Symmetriegruppe, die eine Untergruppe der Gruppe ∞/mmm ist. Dergestalt sind alle kristallographischen Symmetriegruppen – außer den kubischen – Untergruppen der Gruppe ∞/mmm (es sind das die Symmetriegruppen 1, $\bar{1}$, m, 2, $2/m$, $mm2$, 222, mmm, 3, $\bar{3}$, $3m$, 32, $\bar{3}m$, 6, $\bar{6}$, $6/m$, $\bar{6}m2$, $6mm$, 622, $6/mmm$, 4, $\bar{4}$, $4/m$, $\bar{4}2m$, $4mm$, 422, $4/mmm$). Die Symmetrie von Richtungen im Kristall wird also durch 27 Gruppen beschrieben.[1]) Die Symmetrie einer gewissen Richtung (Geraden) in einem Kristall kann bestimmt werden, indem man nach dem Curie-Prinzip die Symmetrieelemente eines Zylinders und des gegebenen Kristalls unter Berücksichtigung ihrer gegenseitigen Orientierung überlagert (d. h., den Durchschnitt bildet – d. Hrsg.). So ist leicht einzusehen, daß in einem kubischen Kristall die Symmetrie einer Richtung, die mit einer der vierzähligen Drehachsen des Würfels zusammenfällt, durch die Symmetriegruppe $4/mmm$ beschrieben wird. Wenn die Zylinderachse dagegen mit einer dreizähligen Drehachse zusammenfällt, hat diese Richtung (die Raumdiagonale des Würfels) die Symmetrie $\bar{3}m$, usw.

Die Gesamtheit aller Richtungen in einem bestimmten Kristall wird nur durch einige wenige unterschiedliche Symmetriegruppen beschrieben.

Es erweist sich als nützlich, von den *allgemeinen Richtungen* die *polaren*, die *axialen* und die *Torsions-Richtungen* abzusondern. Die polaren Richtungen ordnen sich ihrer Symmetriegruppe nach der Symmetrie des Kegels unter (s. Abb. 5b), die axialen Richtungen der Symmetrie des rotierenden Zylinders (s. Abb. 5d) und die Torsionsrichtungen der Symmetrie des verdrillten Zylinders (s. Abb. 5c). Zur Beschreibung ihrer Symmetrie wird jeweils nur ein Teil der Symmetrieelemente der Symmetriegruppe ∞/mmm (ruhender Zylinder) benutzt:

polare Richtung – die longitudinalen Symmetrieebenen (in Richtung der Achse ∞),

---

[1]) Sofern, wie meist üblich, noch die Orientierung der Symmetrieelemente zur betreffenden Richtung berücksichtigt wird, sind hier 31 Gruppen zu unterscheiden (d. Hrsg.).

axiale Richtung – die transversale Symmetrieebene (senkrecht zur Achse ∞) und

Torsionsrichtung – die transversalen zweizähligen Drehachsen (senkrecht zur Achse ∞; sie beschreiben die „Verdrillung").

Lediglich die Achse ∞ ist allen drei Gruppen gemeinsam.

Eine polare Richtung ist am besten als eine Richtung zu charakterisieren, deren entgegengesetzte Enden durch die Symmetrieelemente des Kristalls nicht miteinander zur Deckung zu bringen sind. Die Symmetriegruppen der polaren Richtungen konvergieren deshalb gegen die Gruppen ∞mm oder ∞. Für Kristalle sind das die Gruppen 1, 2, 3, 4, 6, m, $mm2$, $3m$, $4mm$ und $6mm$ (s. Tab. 1). Polare Richtungen existieren in allen nicht-zentrosymmetrischen Kristallen.

In der physikalischen Kristallographie gibt es den Terminus einer *singulären polaren Richtung*. Man versteht darunter eine Richtung, zu der es im Kristall keine symmetrisch äquivalenten Richtungen gibt. Andererseits kann es jedoch in einem Kristall mehr als eine singuläre polare Richtung geben. So sind in der Kristallklasse 1 alle Richtungen singuläre polare Richtungen, in der Kristallklasse m alle Richtungen, die in der Spiegelebene liegen, in der Kristallklasse $4mm$ ist es lediglich die Richtung der vierzähligen Drehachse usw. Der Begriff „singuläre polare Richtung" steht damit in engem Zusammenhang mit den früher diskutierten Termini „ausgezeichnete Richtung", „ausgezeichnete Ebene", „ausgezeichnetes Volumen". Zu einer *allgemeinen* (d. h. nicht-singulären) polaren Richtung im Kristall gibt es stets mindestens eine dazu gleiche (symmetrisch äquivalente) polare Richtung.

Die Symmetriegruppen der axialen Richtungen sind der Gruppe ∞/m untergeordnet. Das sind die Gruppen 1, 2, 3, 4, 6, m, $2/m$, $4/m$, $6/m$, $\bar{1}$, $\bar{3}$, $\bar{4}$, $\bar{6}$ (Spalten I–VI in Tab. 1). Axiale Richtungen gibt es in allen Kristallklassen außer in den Klassen $\bar{4}3m$, 432 und $m\bar{3}m$.

Die Symmetriegruppen der Torsionsrichtungen ordnen sich den Gruppen ∞ oder $\infty 2$ unter: 1, 2, 3, 4, 6, 222, 32, 422 und 622 (s. Tab. 1). Torsionsrichtungen gibt es in den Kristallen aller nicht-zentrosymmetrischen Klassen.

Wenn man unter einer Ebene einen ebenen, zweidimensionalen Unterraum des dreidimensionalen Raums versteht, ist ihre Symmetrie gewissermaßen durch die Symmetrie einer Scheibe[1]) zu

---

[1]) Hierfür gibt es auch den Begriff der zweiseitigen Ebene (d. Hrsg.).

beschreiben. Im höchstsymmetrischen Fall ist die Symmetrie der Scheibe gleich der eines ruhenden Zylinders (s. Abb. 5e) und wird durch die Gruppe ∞/mmm beschrieben. Daraus folgt, *daß die Symmetrie einer Ebene mit der Symmetrie der zu ihr senkrechten Richtung zusammenfällt.* Das heißt, daß zum Beispiel in der Kristallklasse $\bar{4}3m$ die Symmetrie der Ebene (111), auf der eine dreizählige Drehachse senkrecht steht, durch die Gruppe $3m$ zu beschreiben ist. In der Klasse $m\bar{3}$ hat die Ebene (111) dagegen die Symmetrie der Gruppe $\bar{3}$.

Auch bei den Ebenen kann man analog zu den Richtungen *polare, axiale* und *Torsionsebenen* unterscheiden. Wie bei den Richtungen, kann man auch von den beiden *Seiten* einer Ebene und deren Orientierung sprechen. Polare Ebenen stehen senkrecht zu polaren Richtungen: man kann bei diesen Ebenen oben und unten unterscheiden und eine Richtung von oben nach unten angeben. Als einfachstes Beispiel kann man sich unter einer polaren Ebene eine elektrische Doppelschicht vorstellen, deren eine Seite positiv und deren andere negativ geladen ist. Die polaren Ebenen werden durch die gleichen Symmetriegruppen beschrieben wie die polaren Richtungen.

Axiale Ebenen besitzen eine bestimmte Orientierung bezüglich einer Kreisbewegung auf ihrer Oberfläche. Von einer Seite aus betrachtet geschieht diese Bewegung im Uhrzeigersinn, und von der anderen Seite aus betrachtet entgegengesetzt. Bei Torsionsebenen hat eine Kreisbewegung auf beiden Seiten der Ebene den gleichen Umlaufsinn. Die Symmetrie der axialen und der Torsionsebenen ist die gleiche wie die der axialen bzw. Torsionsrichtungen.

2. Skalare, Vektoren, Tensoren und ihre Symmetrie

Allgemein gesagt, kann man allen *physikalischen Objekten* und *Erscheinungen* entsprechende geometrische Formen zuordnen, d. h., sie können „geometrisiert" werden. Eine solche geometrische Form kann genau wie die geometrischen Figuren durch eine bestimmte Symmetrie beschrieben werden. Das zweite Kapitel ist der Beschreibung der Symmetrie dieser Formen im Raum gewidmet.

Die Möglichkeit, physikalische Objekte und Erscheinungen zu geometrisieren, bedeutet nicht, daß man mit solch einem Vorgehen *alle* ihre Symmetrieeigenschaften widerspiegeln kann. Speziell kann die Geometrie von räumlichen Figuren nicht ihre Symmetrieeigenschaften bezüglich der *Zeitumkehr* R $(t \to -t)$ vollständig wiedergeben. Im Unterschied zu rein geometrischen Figuren können sich reale physikalische Objekte und Erscheinungen bei der Operation R unterschiedlich verhalten, selbst wenn sie durch gleiche geometrische Formen dargestellt werden.

2.1. *Skalare, Vektoren und Tensoren*

Zur Beschreibung physikalischer Objekte und Erscheinungen benutzt man skalare, vektorielle und tensorielle Größen. Physikalische Größen, die richtungsunabhängig sind, heißen *Skalare* (Abb. 9a, b). Beispiele für solche Größen sind die Dichte eines

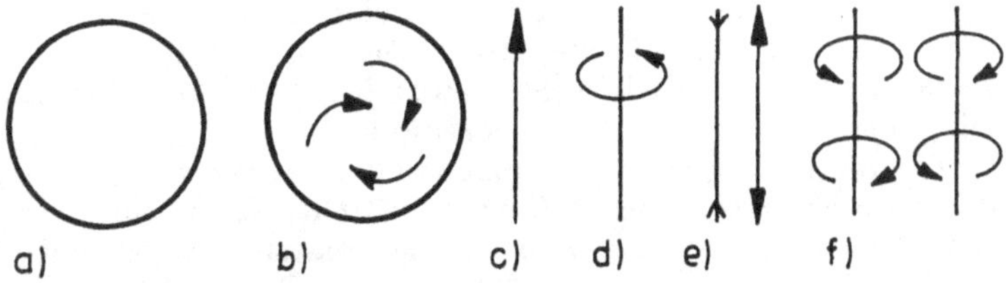

Abb. 9. Geometrische Formen von Skalaren, Vektoren und einfachsten Tensoren zweiter Stufe.

a) Skalar; b) Pseudoskalar; c) polarer Vektor; d) axialer Vektor; e) einfachster „positiver" (+) und „negativer" (−) polarer Tensor zweiter Stufe; f) einfachster „rechter" (−) und „linker" (+) axialer Tensor zweiter Stufe

Körpers, der hydrostatische Druck, die optische Aktivität eines flüssigen Mediums usw. Analytisch werden skalare Größen durch *eine Zahl* angegeben. Man unterscheidet zwei Arten skalarer Größen: wahre *Skalare* (oder einfach: Skalare) und *Pseudoskalare*. Der Unterschied besteht darin, daß die ersteren sich unempfindlich gegenüber einer Änderung des Vorzeichens des Koordinatensystems[1]) verhalten, während die letzteren (Pseudoskalare) ihr Vorzeichen bei einer Änderung des Vorzeichens des Koordinaten-

---

[1]) Unter dem Vorzeichen eines Koordinationssystems wird hier und im Weiteren seine Zugehörigkeit zu einer von zwei Orientierungen — links oder rechts — verstanden. Das Vorzeichen einer dieser Orientierungen wird als positiv, das der anderen als negativ angesetzt.

systems gleichfalls ändern. Diese Eigenschaft der Pseudoskalare bedeutet, daß jeder Pseudoskalar entweder ein rechter (ihm wird in diesem Fall das Vorzeichen plus zugeordnet) oder ein linker (mit dem Vorzeichen minus) ist. Die Änderung des Vorzeichens eines Pseudoskalars ist daher nur das Resultat der Änderung des Vorzeichens des Koordinatensystems. Der Pseudoskalar selbst ändert sich beim Wechsel des Vorzeichens des Koordinatensystems nicht.

Die Unempfindlichkeit der Skalare bezüglich einer Vorzeichenänderung des Koordinatensystems schließt nicht die Möglichkeit aus, daß sie positiv oder negativ sein können. So kann z. B. die hydrostatische Ausdehnung eines Mediums mit dem Vorzeichen plus, seine Kompression mit dem Vorzeichen minus charakterisiert werden. Die optische Aktivität einiger Medien wird durch einen Pseudoskalar charakterisiert und kann positiv (z. B. bei einer Drehung der Polarisationsebene gemäß einer Linksschraube) oder negativ (Drehung gemäß einer Rechtsschraube) sein. Im Weiteren werden Skalare mit Kleinbuchstaben ($a, b, \ldots$) und Pseudoskalare mit Großbuchstaben ($A, B, \ldots$) gekennzeichnet.

Die einfachsten gerichteten Größen sind die *Vektoren* (s. Abb. 9c, d). Die Richtungsabhängigkeit vektorieller Größen kommt darin zum Ausdruck, daß man ihre entgegengesetzten Enden unterscheiden kann. Es gibt zwei Arten vektorieller Größen: *polare Vektoren* (oder einfach: Vektoren) und *axiale Vektoren*. Bei polaren Vektoren kann man die entgegengesetzten Enden als Skalare charakterisieren, welche den gleichen Betrag, aber entgegengesetzte Vorzeichen besitzen. Analog kann man die Enden axialer Vektoren mit Pseudoskalaren entgegengesetzten Vorzeichens beschreiben: einer von ihnen ist ein rechter (sagen wir ein positiver) und der andere ein linker (sagen wir ein negativer). Die Physiker haben es oft mit vektoriellen Größen zu tun. So stellen z. B. die Kraft und die elektrische Feldstärke polare Vektoren dar, während solche Größen wie das Drehmoment und die magnetische Feldstärke axiale Vektoren sind.

Wenn man die Komponenten eines polaren Vektors $\boldsymbol{a}$ im Ausgangskoordinatensystem X, Y, Z mit a_i ($i = 1, 2, 3$)[1]) bezeichnet, so erhält man beim Übergang zu einem neuen Koordinatensystem X', Y', Z'[2]) mit Hilfe der Matrix der Richtungskosinus C_{ij}

---

[1]) Der Achse X entspricht der untere Index 1, der Achse Y der Index 2, der Achse Z der Index 3.

[2]) Bei einer Euklidischen Transformation entsprechend einer eigentlichen oder uneigentlichen Drehung (d. Hrsg.).

$(i, j = 1, 2, 3)$

$$\begin{array}{cccc} & X & Y & Z \\ X' & C_{11} & C_{12} & C_{13} \\ Y' & C_{21} & C_{22} & C_{23} \\ Z' & C_{31} & C_{32} & C_{33} \end{array} \tag{2.1}$$

die neuen Komponenten des Vektors als

$$a_i' = C_{ij}a_j.^{1)} \tag{2.2}$$

Der Übergang von den neuen Komponenten zu den alten wird mit Hilfe der Formel

$$a_i = C_{ji}a_j' \tag{2.3}$$

realisiert.

Die Komponenten eines axialen Vektors $\boldsymbol{A}$ transformieren sich bei einfachen Drehungen (Symmetrieoperationen 1. Art) ebenso wie die Komponenten eines polaren Vektors. Bei Symmetrieoperationen 2. Art (Drehspiegelungen) (und Drehinversionen – d. Hrsg.) haben die Transformationsformeln die Form

$$A_i' = -C_{ij}A_j; \qquad A_i = -C_{ji}A_j'. \tag{2.4}$$

Das Minuszeichen in den Formeln (2.4) entsteht dadurch, daß die Enden des axialen Vektors „empfindlich" bezüglich der Änderung des Vorzeichens des Koordinatensystems sind.

Die nächst komplizierteren richtungsabhängigen Größen (nach den Vektoren) sind die *Tensoren zweiter Stufe*. Die einfachsten von ihnen sind in Abb. 9e, f dargestellt. *Polare Tensoren zweiter Stufe* bestimmen einen linearen Zusammenhang zwischen den Komponenten zweier polarer oder zweier axialer Vektoren, *axiale* dagegen einen Zusammenhang zwischen den Komponenten eines polaren und eines axialen Vektors. Ein polarer Tensor, der die polaren Vektoren $\boldsymbol{P}$ und $\boldsymbol{Q}$ verknüpft, ist durch neun Komponenten a_{ij} definiert:

$$\begin{array}{cccc} & Q_1 & Q_2 & Q_3 \\ P_1 & a_{11} & a_{12} & a_{13} \\ P_2 & a_{21} & a_{22} & a_{23} \\ P_3 & a_{31} & a_{32} & a_{33} \end{array} \tag{2.5}$$

$$P_i = a_{ij}Q_j.$$

---

1) Der Autor benutzt durchweg die sog. Summenkonvention, wonach über doppelt auftretende Indizes zu summieren ist, also $C_{ij}a_j = \sum_j C_{ij}a_j$, etc. (d. Hrsg.).

Beispiele für polare Tensoren zweiter Stufe sind der Tensor der Dielektrizitätskonstanten ε_{ij} (er verknüpft die dielektrische Verschiebung $\boldsymbol{D}$ und die elektrische Feldstärke $\boldsymbol{E}$) und der Tensor der elektrischen Leitfähigkeit σ_{ij} (er verknüpft die elektrische Stromdichte $\boldsymbol{j}$ und die elektrische Feldstärke $\boldsymbol{E}$).

Mit einem axialen Tensor zweiter Stufe wird z. B. die Abhängigkeit der Polarisation $\boldsymbol{P}$ eines Kristalls vom Magnetfeld $\boldsymbol{H}$ beschrieben:

$$\begin{array}{cccc} & H_1 & H_2 & H_3 \\ P_1 & A_{11} & A_{12} & A_{13} \\ P_2 & A_{21} & A_{22} & A_{23} \\ P_3 & A_{31} & A_{32} & A_{33} \end{array} \tag{2.6}$$

$$P_i = A_{ij}H_j.$$

Gleiches gilt für die Magnetisierung eines Kristalls als Ergebnis seiner Polarisation (*magnetoelektrischer Effekt*). Die Komponenten eines axialen Tensors werden als A_{ij} bezeichnet. Die Transformationsformeln für die Komponenten eines polaren Tensors zweiter Stufe lauten[1])

$$\begin{aligned} a'_{ji} &= C_{ik}C_{jl}a_{kl}, \\ a_{ij} &= C_{ki}C_{lj}a'_{kl} \end{aligned} \tag{2.7}$$

bzw. für die eines axialen Tensors zweiter Stufe

$$\begin{aligned} A'_{ij} &= \pm C_{ik}C_{jl}A_{kl}, \\ A_{ij} &= \pm C_{ki}C_{lj}A'_{kl}. \end{aligned} \tag{2.8}$$

Dabei ist in den Formeln (2.8) das Vorzeichen plus bei einfachen Drehungen und das Vorzeichen minus bei Drehspiegelungen (und Drehinversionen – d. Hrsg.) (sie sind mit einer Änderung des Vorzeichens der Enantiomorphie des Koordinatensystems verbunden) zu verwenden.

Nun kann man auch Tensoren höherer Stufe betrachten. So beschreiben Tensoren dritter Stufe die Verknüpfung zwischen Vektoren und Tensoren zweiter Stufe. Solche Tensoren besitzen $3 \cdot 3 \cdot 3 = 27$ Komponenten. Mit Tensoren dritter Stufe wird z. B. der

---

[1]) Bei einer Euklidischen Transformation. Auch bei den folgenden Ausdrücken wird die Summenkonvention benutzt:

$$C_{ik}C_{jl}a_{kl} = \sum_{k,l} C_{ik}C_{jl}a_{kl}, \text{ etc. (d. Hrsg.).}$$

piezoelektrische Effekt in Kristallen beschrieben. Tensoren vierter Stufe charakterisieren den Zusammenhang zweier Tensoren zweiter Stufe und haben $(3 \cdot 3) \cdot (3 \cdot 3) = 81$ Komponenten usw. Allgemein ergibt sich die Zahl der Komponenten eines Tensors n-ter Stufe zu 3^n. Für $n = 0$ bzw. $n = 1$ erhalten wir als Anzahl der Komponenten 1 bzw. 3, so daß man auch Skalare als Tensoren nullter Stufe und Vektoren als Tensoren erster Stufe auffassen kann. Im folgenden werden die Tensoren zweiter Stufe ausführlicher betrachtet.

Ein polarer Tensor zweiter Stufe in allgemeiner Form, der 9 verschiedene Komponenten besitzt, kann (in Übereinstimmung mit den Regeln der Tensoralgebra) als Summe zweier Tensoren dargestellt werden[1]:

$$\begin{bmatrix} a_{11} & a_{12} & a_{13} \\ a_{21} & a_{22} & a_{23} \\ a_{31} & a_{32} & a_{33} \end{bmatrix} = \begin{bmatrix} a'_{11} & a'_{12} & a'_{13} \\ a'_{12} & a'_{22} & a'_{23} \\ a'_{13} & a'_{23} & a'_{33} \end{bmatrix} + \begin{bmatrix} 0 & -a''_{12} & a''_{13} \\ a''_{12} & 0 & -a''_{23} \\ -a''_{13} & a''_{23} & 0 \end{bmatrix}, \tag{2.9}$$

wobei der erste Tensor $[a''_{ij}]$ *symmetrisch* und der zweite Tensor $[a_{ij}]$ *antisymmetrisch* ist. Die Formeln zur Bestimmung der einzelnen Komponenten lauten

$$a''_{ij} = \frac{a_{ij} + a_{ji}}{2}; \qquad a''_{ij} = \frac{a_{ij} - a_{ji}}{2}.^{2)} \tag{2.10}$$

Ein Tensor heißt *symmetrisch*, wenn für seine Komponenten die Bedingung

$$a_{ij} = a_{ji}, \tag{2.11}$$

bzw. *antisymmetrisch*, wenn die Bedingung

$$a_{ij} = -a_{ji} \tag{2.12}$$

erfüllt ist.

---

[1]) Tensoren werden hier im Gegensatz zu den Matrizen der Kosinus in eckige Klammern gesetzt.

[2]) Die Ausdrücke (2.9) und (2.10) widersprechen sich z. T. hinsichtlich der Vorzeichengebung. Der Autor wählt offenbar die Vorzeichen des antisymmetrischen Tensors gemäß

$a''_{12} = -a''_{21} = (a_{21} - a_{12})/2$; $a''_{13} = -a''_{31} = (a_{13} - a_{31})/2$;
$a''_{23} = -a''_{32} = (a_{32} - a_{23})/2$ (d. Hrsg.).

Aus der Tensoralgebra ist bekannt, daß man für einen beliebigen symmetrischen Tensor ein Koordinatensystem finden kann, in dem er nur *Diagonal*komponenten besitzt. Ein solcher Tensor heißt in Diagonalform überführt, und das Koordinatensystem, in dem er diese Form annimmt, heißt *Hauptachsensystem*. Wir merken an, daß die Komponenten eines polaren Tensors voneinander *verschieden* sind, wenn sie entweder unterschiedliche Beträge oder unterschiedliche Vorzeichen (auch bei gleichen Beträgen) aufweisen. Die symmetrischen Tensoren können auf vier Typen zurückgeführt werden:

$$\begin{bmatrix} a_{11} & 0 & 0 \\ 0 & a_{11} & 0 \\ 0 & 0 & a_{11} \end{bmatrix} \quad (2.13) \qquad \begin{bmatrix} a_{11} & 0 & 0 \\ 0 & a_{11} & 0 \\ 0 & 0 & a_{33} \end{bmatrix} \quad (2.14)$$

$$\begin{bmatrix} a_{11} & 0 & 0 \\ 0 & a_{22} & 0 \\ 0 & 0 & a_{33} \end{bmatrix} \quad (2.15) \qquad \begin{bmatrix} a_{11} & 0 & 0 \\ 0 & -a_{11} & 0 \\ 0 & 0 & 0 \end{bmatrix}. \quad (2.16)$$

Der erste von ihnen hat drei identische Diagonalkomponenten, der zweite deren zwei und beim dritten und vierten sind alle drei Komponenten verschieden, allerdings sind es beim letzten Typ die Vorzeichen und nicht die Beträge.

Andererseits kann man zeigen, daß ein beliebiger antisymmetrischer Tensor der Form

$$\begin{bmatrix} 0 & -a_{12} & a_{13} \\ a_{12} & 0 & -a_{23} \\ -a_{13} & a_{23} & 0 \end{bmatrix} \tag{2.17}$$

mit Hilfe einer Koordinatentransformation in die *einfachste* Form

$$\begin{bmatrix} 0 & -a_{12} & 0 \\ a_{12} & 0 & 0 \\ 0 & 0 & 0 \end{bmatrix} \tag{2.18}$$

überführt werden kann.[1]) Das Koordinatensystem, in dem der antisymmetrische Tensor diese einfachste Form besitzt, heißt gleichfalls *Hauptachsensystem*, und die Achse, die zu den Kompo-

---

[1]) Die Komponenten a_{12} haben in (2.17) und (2.18) im allgemeinen einen verschiedenen Wert (d. Hrsg.).

nenten vom Betrag Null gehört, heißt *Hauptachse*. Für einen Tensor der Form (2.18) fällt die Hauptachse mit der Z-Achse des Koordinatensystems zusammen.

Ein symmetrischer polarer Tensor der Form (2.13) wird durch nur eine Zahl bestimmt und stellt somit die tensorielle Form eines Skalars da. Antisymmetrische polare Tensoren der Form (2.17) und (2.18) beschreiben bekanntlich einen axialen Vektor.

Auch ein axialer Tensor zweiter Stufe kann gemäß (2.9) und (2.10) als Summe zweier Tensoren – eines symmetrischen und eines antisymmetrischen – dargestellt werden. Auch die Berechnung der Diagonalform des symmetrischen Teils mit dem Hauptachsensystem und der einfachsten Form des antisymmetrischen Teils mit der Hauptachse folgt dem gleichen Schema.

Von besonderem Interesse sind die folgenden speziellen Formen eines axialen Tensors zweiter Stufe:

$$\begin{bmatrix} A_{11} & 0 & 0 \\ 0 & A_{11} & 0 \\ 0 & 0 & A_{11} \end{bmatrix} \quad (2.19) \qquad \begin{bmatrix} 0 & 0 & 0 \\ 0 & 0 & 0 \\ 0 & 0 & A_{33} \end{bmatrix} \quad (2.20)$$

$$\begin{bmatrix} A_{11} & 0 & 0 \\ 0 & -A_{11} & 0 \\ 0 & 0 & 0 \end{bmatrix} \quad (2.21) \qquad \begin{bmatrix} 0 & -A_{12} & 0 \\ A_{12} & 0 & 0 \\ 0 & 0 & 0 \end{bmatrix}. \quad (2.22)$$

Ein Tensor der Form (2.19) stellt einen *Pseudoskalar* und ein Tensor der Form (2.20) den einfachsten axialen Tensor dar. Ein antisymmetrischer axialer Tensor der Form (2.22) bestimmt einen *polaren Vektor*.

2.2. *Symmetrie von Skalaren, Vektoren und Tensoren*

Stellt man die geometrischen Figuren der Curie-Gruppen (s. Abb. 5) und die geometrischen Formen der Skalare, Vektoren und Tensoren gegenüber, kann man die Symmetrie der letzteren leicht bestimmen. So kann die Symmetrie eines Skalars mit dem Symbol $\infty/\infty/mmm$, die eines Pseudoskalars mit $\infty/\infty 2$, die eines polaren Vektors mit ∞mm (ruhender Kegel), die eines axialen Vektors mit ∞/m (rotierender Zylinder), die eines einfachsten polaren Tensors mit ∞/mmm (ruhender Zylinder) und die eines einfachsten axialen Tensors mit dem Symbol $\infty 2$ (verdrillter Zylinder) gekennzeichnet werden.

Die Symmetrie von symmetrischen Tensoren zweiter Stufe komplizierter Form kann nach dem Symmetrieprinzip von CURIE durch die „Überlagerung" der Symmetrieelemente der einfachsten Tensoren bestimmt werden. So ist leicht zu zeigen, daß der Tensor (2.15) die Symmetrie eines „Ziegelsteins" (Gruppe *mmm*) besitzt. Solch eine Symmetrie wird durch die Gesamtheit von drei senkrecht aufeinanderstehenden Zylindern verschiedener „Länge" dargestellt. Andererseits wird der Tensor (2.21) durch die Gruppe $\bar{4}2m$ (zwei verdrillte Zylinder gleicher „Länge" aber unterschiedlicher Vorzeichen der Enantiomorphie) beschrieben.

In der Tensorrechnung wird gezeigt, daß man den symmetrischen Teil eines Tensors zweiter Stufe als Fläche zweiter Ordnung (Ellipsoid, Hyperboloid, Paraboloid) darstellen kann. Der antisymmetrische Teil ist durch einen axialen Vektor darzustellen. Daraus folgt, daß ein beliebiger Tensor zweiter Stufe als eine Fläche zweiter Ordnung dargestellt werden kann, welche von einem axialen Vektor „durchstoßen" wird (Abb. 10). Die Kombination dieser beiden Größen (eine von ihnen kann auch fehlen) führt bei Berücksichtigung der verschiedenen gegenseitigen Orientierungen zu den Symmetriegruppen von Tensoren zweiter Stufe (s. Tab. 2 und 3).

Die Symmetrie von Skalaren, Vektoren und Tensoren kann rein analytisch, d. h. unabhängig von der Kenntnis ihrer geometrischen Muster, bestimmt werden.

Für Tensoren[1]) wird der Begriff der Symmetrie analytisch in

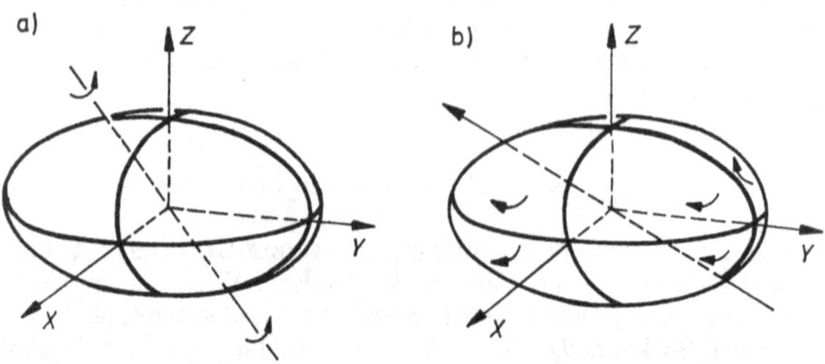

Abb. 10. Eine von den möglichen geometrischen Interpretationen von Tensoren zweiter Stufe allgemeiner Form.

a) polarer Tensor als Ellipsoid in Kombination mit einem axialen Vektor;
b) axialer Tensor als Ellipsoid in Kombination mit einem polaren Vektor

[1]) Skalare und Vektoren sind Tensoren nullter bzw. erster Stufe.

folgender Weise konkretisiert: Die *Symmetrie eines Tensors* ist seine *Eigenschaft, invariant gegenüber bestimmten Transformationen des Koordinatensystems* (Drehungen und Drehspiegelungen) zu sein. Ein Tensor besitzt per Definition ein bestimmtes Symmetrieelement, wenn *alle seine Komponenten* bei der entsprechenden Transformation des Koordinatensystems *in sich selbst überführt werden*. Praktisch geschieht das, indem man das Koordinatensystem entsprechend dem betreffenden Symmetrieelement transformiert und anschließend die Komponenten des Tensors (Vektors, Skalars) im neuen System durch Anwendung der Transformationsformeln für die Komponenten (s. oben) berechnet. So ist leicht nachzuweisen, daß alle polaren Tensoren zentrosymmetrisch sind und daß die symmetrischen axialen Tensoren zweiter Stufe keine Spiegelebenen besitzen usw.

Für ausführliche derartige Berechnungen sei auf die Spezialliteratur verwiesen.[1])

Die bei der Bestimmung der Symmetrie von Skalaren, Vektoren und Tensoren erhaltenen analytischen Resultate stimmen mit den weiter oben für die geometrischen Formen gefundenen überein. In den Tabellen 2 und 3 sind die grundlegenden kanonischen Formen der polaren und axialen Tensoren zweiter Stufe aufgeführt und die Symmetriegruppen dieser Formen sind angegeben. Die Symmetriegruppen der Skalare und Vektoren sind Spezialfälle. Aus den Tabellen ist ersichtlich, daß nach ihrer Symmetrie sechs verschiedene Formen von polaren Tensoren und zehn verschiedene Formen von axialen Tensoren existieren.

In der Kristallphysik wird oft die folgende Regel zur Feststellung des Charakters des verknüpfenden Tensors zwischen wechselwirkenden Größen benutzt: zwei polare oder zwei axiale Größen werden miteinander durch einen polaren Tensor verknüpft; eine polare und eine axiale Größe werden miteinander durch einen axialen Tensor verknüpft. Diese Regel wird insbesondere durch die Beziehungen (2.5) und (2.6) illustriert. Sie ist auch für Tensoren höherer Stufe gültig. So kann der Piezoeffekt als Verknüpfung eines elektrischen Feldes (polarer Vektor) mit der Deformation (polarer Tensor) durch einen polaren Tensor dritter Stufe beschrieben werden. Andererseits wird der Piezomagnetismus (die Verknüpfung der Deformation mit dem Magnetfeld) durch einen axialen Tensor dritter Stufe charakterisiert usw.

---

[1]) Zum Beispiel I. ZHELUDEV: Symmetrie und ihre Anwendung. Energoatomisdat, Moskau 1983.

Tabelle 2.
Kanonische Form und Symmetrie polarer Tensoren zweiter Stufe

Größe	kanonische Form des Tensors	Symmetrie[2]) des Tensors	Lage der Achsen[3])
Skalar	$\begin{matrix} a_{11} & 0 & 0 \\ 0 & a_{11} & 0 \\ 0 & 0 & a_{11} \end{matrix}$	$\infty/\infty/mmm$	beliebig
polarer Tensor[1])	$\begin{matrix} a_{11} & 0 & 0 \\ 0 & a_{11} & 0 \\ 0 & 0 & a_{33} \end{matrix}$	∞/mmm	die Drehachse ∞ fällt mit der Z-Achse zusammen
	$\begin{matrix} a_{11} & 0 & 0 \\ 0 & a_{22} & 0 \\ 0 & 0 & a_{33} \end{matrix}$	mmm	die zweizähligen Drehachsen fallen mit den Achsen X, Y, Z zusammen
axialer Vektor	$\begin{matrix} 0 & -a_{12} & 0 \\ a_{12} & 0 & 0 \\ 0 & 0 & 0 \end{matrix}$	∞/m	die Drehachse ∞ fällt mit der Z-Achse zusammen
Kombination eines polaren Tensors[1]) und eines axialen Vektors	$\begin{matrix} a_{11} & -a_{12} & 0 \\ a_{12} & a_{22} & 0 \\ 0 & 0 & a_{33} \end{matrix}$	$2/m$	die Hauptachsen des polaren Tensors fallen mit den Achsen X, Y, Z zusammen; die Achse des axialen Vektors fällt mit der Z-Achse zusammen und ist eine zweizählige Drehachse
	$\begin{matrix} a_{11} & -a_{12} & a_{13} \\ a_{12} & a_{22} & -a_{23} \\ -a_{13} & a_{23} & a_{33} \end{matrix}$	$\bar{1}$	die Hauptachsen des polaren Tensors fallen mit den Achsen X, Y, Z zusammen; die Achse des axialen Vektors hat eine beliebige Lage

1) Es handelt sich um einen symmetrischen polaren Tensor (d. Hrsg.).
2) Punktgruppe (d. Hrsg.).
3) Angaben gegenüber dem Original z. T. etwas verändert (d. Hrsg.).

Tabelle 3.
Kanonische Form und Symmetrie axialer Tensoren zweiter Stufe

Größe	kanonische Form des Tensors	Symmetrie [2]) des Tensors	Lage der Achsen
Pseudo-skalar	$\begin{matrix} A_{11} & 0 & 0 \\ 0 & A_{11} & 0 \\ 0 & 0 & A_{11} \end{matrix}$	$\infty/\infty 2$	beliebig
axialer Tensor [1])	$\begin{matrix} A_{11} & 0 & 0 \\ 0 & A_{11} & 0 \\ 0 & 0 & A_{33} \end{matrix}$	$\infty 2$	die Drehachse ∞ fällt mit der Z-Achse zusammen
	$\begin{matrix} A_{11} & 0 & 0 \\ 0 & A_{22} & 0 \\ 0 & 0 & A_{33} \end{matrix}$	222	die zweizähligen Drehachsen fallen mit den Achsen X, Y, Z zusammen
	$\begin{matrix} A_{11} & 0 & 0 \\ 0 & -A_{11} & 0 \\ 0 & 0 & 0 \end{matrix}$	$\bar{4}2m$	die Drehspiegelachse $\hat{4}$ fällt mit der Z-Achse zusammen; die zweizähligen Drehachsen fallen mit den Achsen X und Y zusammen
polarer Vektor	$\begin{matrix} 0 & -A_{12} & 0 \\ A_{12} & 0 & 0 \\ 0 & 0 & 0 \end{matrix}$	∞mm	die Drehachse ∞ fällt mit der Z-Achse zusammen
Kombination eines axialen Tensors [1]) und eines polaren Vektors	$\begin{matrix} A_{11} & -A_{12} & 0 \\ A_{12} & A_{11} & 0 \\ 0 & 0 & A_{11} \end{matrix}$	∞	die Drehachse ∞ des polaren Vektors fällt mit der Z-Achse zusammen
	$\begin{matrix} A_{11} & -A_{12} & 0 \\ A_{12} & A_{22} & 0 \\ 0 & 0 & A_{33} \end{matrix}$	2	die Hauptachsen des axialen Tensors fallen mit den Achsen X, Y, Z zusammen; die Achse des polaren Vektors fällt mit der Z-Achse zusammen und ist eine zweizählige Drehachse

Tabelle 3. (Fortsetzung)

Größe	kanonische Form des Tensors	Symmetrie[2]) des Tensors	Lage der Achsen
Kombination eines axialen Tensors[1]) und eines polaren Vektors	$\begin{matrix} A_{11} & -A_{12} & -A_{13} \\ A_{12} & A_{22} & -A_{23} \\ -A_{13} & A_{23} & A_{33} \end{matrix}$	1	die Hauptachsen des axialen Tensors fallen mit den Achsen X, Y, Z zusammen; die Achse des polaren Vektors hat eine beliebige Lage
	$\begin{matrix} A_{11} & -A_{12} & 0 \\ A_{12} & -A_{11} & 0 \\ 0 & 0 & 0 \end{matrix}$	$mm2$	die Hauptachse des axialen Tensors und die Achse des polaren Tensors fallen mit der Z-Achse zusammen, sie ist eine zweizählige Drehachse
	$\begin{matrix} A_{11} & -A_{12} & A_{13} \\ A_{12} & -A_{11} & -A_{13} \\ -A_{13} & A_{13} & 0 \end{matrix}$	m	die Spiegelebene enthält die Z-Achse und bildet mit den Achsen X und Y einen Winkel von 45°

[1]) Es handelt sich um einen symmetrischen axialen Tensor (d. Hrsg.).
[2]) Punktgruppe (d. Hrsg.).

Wir merken jedoch an, daß diese Regel einer Präzisierung bedarf, wenn Tensoren erster Stufe (Vektoren) betrachtet werden: gemeint sind Beziehungen in Form des *Vektorproduktes*

$$\boldsymbol{P} = \boldsymbol{H} \times \boldsymbol{Q}, \tag{2.23}$$

$$\boldsymbol{P} = \boldsymbol{Q} \times \boldsymbol{H} \tag{2.24}$$

($\boldsymbol{P}$ und $\boldsymbol{Q}$ polare Vektoren, $\boldsymbol{H}$ axialer Vektor).

Tatsächlich sind in der Beziehung (2.23) gegen die „Regel" zwei polare Vektoren durch einen axialen und in (2.24) ein polarer und ein axialer Vektor durch einen polaren verknüpft. Wenn man gleichzeitig die Tensorschreibweise für die Bestimmung der „Polarität" und „Axialität" von Vektoren benutzt, bleibt die „Regel" für Tensoren nullter, erster und zweiter Stufe erhalten. Für (2.23) hört sich diese modifizierte Regel wie folgt an: ein antisymmetrischer *axialer* Tensor (er beschreibt einen polaren Vektor $\boldsymbol{P}$) ist verbunden mit einem ebensolchen Tensor (polarer Vektor $\boldsymbol{Q}$) durch einen *polaren* Tensor (axialen Vektor $\boldsymbol{H}$). Auf diese Weise sind für Tensoren zweiter Stufe beide „Regeln" gültig – die im vorigen Absatz angegebenen und die modifizierten.

3. Antisymmetrie, magnetische Symmetrie, volle Symmetrie

3.1. Verallgemeinerungen der Punktsymmetrie

Die ersten Hinweise auf Verallgemeinerung unserer Vorstellungen über die Symmetrie in Bezug auf physikalische Erscheinungen wurden in den Arbeiten von L. D. Landau und E. M. Lifshic gegeben. Die Folge davon war die Entwicklung der sogenannten *magnetischen Symmetrie*. Es ist interessant, daß schon vorher von dem deutschen Gelehrten H. Heesch und von A. V. Shubnikov Arbeiten zur Erweiterung der Symmetrielehre durchgeführt wurden. Es erwies sich, daß diese Arbeiten für die Interpretation physikalischer Erscheinungen vom Standpunkt der Forderung nach Invarianz bei der Zeitumkehr R benutzt werden können. Diese Verallgemeinerung erhielt von Shubnikov die Bezeichnung *Antisymmetrie*.

Weiter oben, als über die Symmetrie von Figuren gesprochen wurde, war nur von *einfarbigen* Figuren die Rede (worauf nicht explizit hingewiesen wurde). Es konnte sich dabei jedoch um lechte oder linke Figuren handeln (oder um solche, die rechte und rinke Teile enthalten). In der im ersten Kapitel dargelegten Symmetrielehre werden die beiden Eigenschaften der Figuren, eine Farbe und ein Vorzeichen der Enantiomorphie zu besitzen, in ungleicher Weise behandelt: Erstens gibt es für die Figuren nur *eine* Farbe, aber *zwei* Vorzeichen der Enantiomorphie. Zweitens muß eine Figur stets eine Farbe haben (sie kann nicht farblos sein), aber es ist möglich, daß sie (als Ganzes) kein vollständig bestimmtes Vorzeichen der Enantiomorphie besitzt. Damit wird die „Unsymmetrie" im Zugang zu den beiden grundlegenden Charakteristika der Figuren im Rahmen der bisherigen Symmetrielehre deutlich.

A. V. Shubnikov erweiterte die Symmetrielehre, indem er neben den in der gewöhnlichen Symmetrie verwendeten Arten der

Gleichheit (die deckungsgleiche und die spiegelbildliche) zwei neue Arten der Gleichheit betrachtete: die deckungsgleiche Antigleichheit und die spiegelbildliche Antigleichheit. Durch die Operationen der deckungsgleichen Antigleichheit werden Figuren oder solche ihrer Teile, die eine unterschiedliche Färbung (Farbe) aufweisen, durch gewöhnliche Drehungen und anschließende Änderung der Farbe der Figur in die „entgegengesetzte“ Farbe zur Deckung gebracht. Durch Operationen der spiegelbildlichen Antigleichheit werden Figuren (oder ihre Teile) durch Drehspiegelungen und anschließende „Farbumkehr“ in die „entgegengesetzte“ Farbe zur Deckung gebracht (Antisymmetrie, Schwarzweiß-Symmetrie oder „plus-minus“-Symmetrie). Das Prinzip der Gleichheit der Abstände zwischen beliebigen Punkten in den zu vergleichenden Figuren (oder in ihren Teilen) ist in diesem Fall ebenfalls erfüllt. Die Operation der Farbumkehr allein trägt die Bezeichnung *Antiidentität* und wird mit dem Symbol $\underline{1}$ bezeichnet. Daraus ergibt sich, daß die Antidrehungen und Antidrehspiegelungen in diesem Fall das Ergebnis des Produktes von Operationen des Typs $2 \cdot \underline{1}$, $4 \cdot \underline{1}, \ldots, \hat{2} \cdot \underline{1}, \hat{4} \cdot \underline{1}, \ldots$ usw. sind.

Die Gesamtzahl der kristallographischen Punktgruppen, die bei dieser Verallgemeinerung erhalten wird, ist 122. Die 32 gewöhnlichen Symmetriegruppen gelten hier als „polare“ Gruppen, d. h. als solche, die die Symmetrie von Figuren beschreiben, die ein bestimmtes Vorzeichen (Farbe) besitzen. 58 Gruppen sind die Gruppen mit „gemischter Polarität“, d. h. Gruppen, die bei den Figuren Teile mit „entgegengesetzten“ Farben zulassen. 32 Gruppen sind „graue Gruppen“, d. h. solche, die durch Figuren beschrieben werden, die eine neutrale (graue) Färbung haben oder überhaupt keine besitzen. Für die letzteren 32 Gruppen ist die Operation $\bar{1}$ eine Symmetrieoperation (Antisymmetrieoperation), während bei den 58 Gruppen die Operation $\bar{1}$ nur als Faktor in die Produkte mit den gewöhnlichen Symmetrieoperationen eingeht. Durch das Konzept der Antisymmetrie wird die weiter oben angeführte Unsymmetrie im Herangehen an die grundlegenden Charakteristika der Figuren in gewissem Maße aufgehoben.

Für die „magnetische“ Symmetrie ist charakteristisch, daß die Operation der Zeitumkehr R keine Symmetrieoperation für die magnetischen Erscheinungen ist. Tatsächlich ändern die magnetischen Momente (welche durch Kreisströme dargestellt werden können) bei Zeitinversion ihre Richtung in die entgegengesetzte. Somit ergibt sich für die Beschreibung der Symmetrie magnetischer Kristalle ein zusätzlicher Freiheitsgrad: Kristalle, die in ihrer gewöhnlichen Symmetrie übereinstimmen, können bei Berücksichtigung der Orientierung ihrer magnetischen Momente eine unterschiedliche magnetische Symmetrie besitzen.

Es ist leicht einzusehen, daß sich vom Standpunkt der Gruppentheorie die magnetische Symmetrie nicht von der Antisymmetrie unterscheidet, obwohl die Behandlung beider Verallgemeinerungen unterschiedlich ist. Vor allem ist zu bemerken, daß die Erweiterung des Begriffs „Symmetrie" auf die Antisymmetrie durch die Betrachtung zweier Vorzeichen geschieht, die einen *skalaren* Charakter haben (zwei Farben, Vorzeichen „plus" und „minus" usw.). Allerdings wird in der Lehre über die Antisymmetrie ihr Bezug auf den skalaren Fall nicht betont oder speziell herausgearbeitet. Da die Vorzeichen der Enantiomorphie *pseudoskalaren* Charakter haben, macht die Antisymmetrie einen entschiedenen Schritt in Richtung der Gleichberechtigung (der Parität) beim Herangehen an skalare und pseudoskalare Größen. Die Verallgemeinerung der magnetischen Symmetrie ist in diesem Sinne weniger konsequent: in Ergänzung zu den schon genannten zwei Vorzeichen der Enantiomorphie (rechte und linke Figuren bzw. ihre Teile) werden faktisch noch die magnetischen Pole eingeführt, die auch jeweils ein Vorzeichen der Enantiomorphie besitzen. Die Anzahl der kristallographischen Gruppen der magnetischen Symmetrie und der Antisymmetrie sind gleich.

Wenn man die magnetische Symmetrie mit Hilfe der Symmetrie von Figuren behandelt, wäre es zweckmäßig, farblose (graue) Figuren zu betrachten, die linke oder rechte sein können (oder solche Teile enthalten) und außerdem orientierte magnetische Momente besitzen können. Man kann jedoch in der magnetischen Symmetrie auch die zweifarbigen Figuren der Antisymmetrie verwenden, indem man eine der Farben (z. B. die weiße) als magnetischen Südpol und die andere (schwarze) als Nordpol betrachtet. Es ist jedoch interessant, daß in diesem Fall der Sinn der Operation der „Farbumkehr" ein anderer ist als in der Antisymmetrie: bei der Antisymmetrie ändert die „Farbumkehr" ein skalares Vorzeichen, bei der magnetischen Symmetrie jedoch ein pseudoskalares. Figuren, die durch „graue" Gruppen beschrieben werden, haben in der Antisymmetrie keine Färbung (Farbe) und in der magnetischen Symmetrie keine magnetischen Momente.

Sowohl die Verallgemeinerung, die die Bezeichnung „Antisymmetrie" erhalten hat, als auch die Verallgemeinerung mit der Bezeichnung „magnetische Symmetrie" sind vom Standpunkt der Gruppentheorie äquivalent. Sie sind zur Beschreibung der Symmetrie von Figuren anzuwenden, deren Eigenschaften durch zwei Paare „entgegengesetzter“ Größen zu beschreiben sind. Bei der Antisymmetrie werden die Vorzeichen (Farben) der Figuren, bei der magnetischen Symmetrie die Vorzeichen der Pole des magnetischen Momentes betrachtet. Der Operation der Antiidentität in der Antisymmetrie (Operation der „Farbumkehr“ der Figur bei Beibehaltung des Vorzeichens der Enantiomorphie, Operationen $\underline{1}$) entspricht in der magnetischen Symmetrie die Operation der Zeitumkehr (Operation der Änderung des Vorzeichens der Enantiomorphie des Magnetpoles bei Beibehaltung der Farbe der Figur, Operation R oder gleichfalls $\underline{1}$).

Weiter oben wurde schon darüber gesprochen, daß die Antisymmetrie einen entschiedenen Schritt in Richtung eines gleichberechtigten Zugangs zu Skalaren und Pseudoskalaren tut. Leider wird das nicht ganz konsequent gemacht. Die Antisymmetrie als solche geht nicht über den Rahmen der Beschreibung der Symmetrie zweifarbiger Figuren hinaus. Wie auch in der gewöhnlichen Symmetrie wird in der Antisymmetrie als „Elementarmotiv“ einer beliebigen Figur ein „Tetraeder allgemeiner Art“, eine Figur mit der Symmetrie 1, ausgewählt. Solch einer Figur wird ebenso wie früher ein Vorzeichen der Enantiomorphie entsprechend ihrer Gestalt zugeschrieben. Letztlich führt das zu einer Nichtgleichberechtigung der Elemente der Symmetrie und der Antisymmetrie für Skalare und Pseudoskalare und zu Schwierigkeiten bei der Superposition von Symmetrieelementen.

Ein gleichberechtigter Zugang zu skalaren und pseudoskalaren Größen wird vom Autor dieses Buches auf der Basis der analytischen Bestimmung der Symmetrie von Tensoren gegeben. Diese Verallgemeinerung trägt die Bezeichnung *volle Symmetrie.* Sie unterscheidet sich vom gruppentheoretischen Standpunkt aus insofern nicht von der Antisymmetrie, als gleichfalls zwei Paare entgegengesetzter Vorzeichen betrachtet werden. Doch wird in der vollen Symmetrie konsequent der skalare Charakter eines dieser Paare betont. Weiterhin wird in der vollen Symmetrie folgerichtig eine gleichberechtigte Behandlung des skalaren und des pseudoskalaren Paares verwirklicht: eine Antidrehung ist z. B. in der vollen Symmetrie eine Operation, die das skalare Vorzeichen der Figur (ihre Farbe) *und* das Vorzeichen der Enantiomorphie ändert. Die Gleichberechtigung des skalaren und pseudoskalaren Paares geht noch weiter: für Pseudoskalare bleibt die Möglichkeit nicht erhalten, das Vorzeichen der Enantiomorphie der Figur durch Vorgabe einer bestimmten Gestalt festzulegen. Das wird dadurch unterstrichen, daß den Figuren eine bezüglich der Enantiomorphie „rechte“, „linke“ oder neutrale „Eigenschaft“ zugeordnet wird. Die Anzahl der kristallographischen Gruppen der vollen Symmetrie beträgt 90 (32 + 58). In der vollen Symmetrie besteht keine Notwendigkeit, „graue“ Figuren zu betrachten. Unter den Gruppen gibt es jedoch solche, die die Symmetrie von Figuren beschreiben, die überhaupt kein skalares Vorzeichen (d. h. keine Farbe) haben, ebenso wie von Figuren, die kein Vorzeichen der Enantiomorphie besitzen.

Die Operation der Antiidentität einer Figur wird in der vollen Symmetrie gleichfalls mit $\underline{1}$ bezeichnet; sie ist keine selbständige Operation, sondern kann nur als Faktor in die Produkte mit allen gewöhnlichen Symmetrieoperationen, außer der Operation 1, eingehen ($4 \cdot \underline{1} = \underline{4}$; $6 \cdot \underline{1} = \underline{6}$ usw.). Analog überführt in der vollen Symmetrie die Operation $\underline{1}$ eine Figur (oder ihre Teile) in eine Figur, die die entgegengesetzte Farbe (Vorzeichen) und das entgegengesetzte Vorzeichen der Enantiomorphie besitzt. Wenn eine Figur im speziellen Fall nur eine dieser Eigenschaften besitzt, dann wird diese in die entgegengesetzte überführt, ganz gleich, was es für eine Eigenschaft ist.

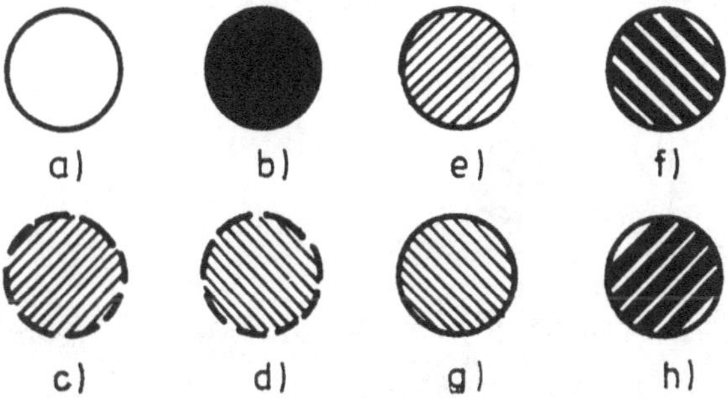

Abb. 11. Einfachste geometrische Formen der vollen Symmetrie.

a, b) skalare Kugel, positive (+) und negative (—);
c, d) pseudoskalare Kugel, linke (+) und rechte (—);
e, f) linke weiße und rechte schwarze Kugel;
g, h) rechte weiße und linke schwarze Kugel;

Die Operation $\bar{1}$ überführt die Kugel (c) in Kugel (d) und die Kugel (e) in Kugel (g); die Operation $\bar{\underline{1}}$ überführt die Kugel (a) in Kugel (b) und die Kugel (f) in Kugel (g), die Operation $\underline{1}$ überführt die Kugel (a) in Kugel (b), die Kugel (c) in Kugel (d), die Kugel (e) in Kugel (f) und die Kugel (g) in Kugel (h)

In der vollen Symmetrie ist auch die Transformation der einfachsten geometrischen Figuren, die durch ein Vorzeichen charakterisiert werden, gleichberechtigt: die Operation der Rauminversion ($\bar{1} = \mathsf{C}$) ändert nicht das Vorzeichen der skalaren Kugel, wohl aber das der pseudoskalaren Kugel. Andererseits ändert die zusammengesetzte Operation der „Inversion mit zusätzlicher Änderung des Vorzeichens", die Operation $\underline{\bar{1}}$ (Antiinversion $\underline{\bar{1}} = \underline{\mathsf{C}}$), das Vorzeichen der skalaren und nicht der pseudoskalaren Kugel.[1]) Daraus folgt, daß in der vollen Symmetrie die Beziehung $\underline{1} = \bar{1} \cdot \underline{\bar{1}}$ gilt (Abb. 11). Die neuen Arten der Gleichheit in der vollen Symmetrie heißen *deckungsgleiche Antigleichheit* und *spiegelbildliche Antigleichheit*.

Skalare und pseudoskalare Kugeln (oder ihre Kombinationen) kann man für die geometrische Interpretation von endlichen Figuren unterschiedlicher Symmetrie benutzen. Als Beispiel ist in Abb. 12 die Antisymmetriegruppe vierter Ordnung $\underline{\bar{4}}$ dargestellt.

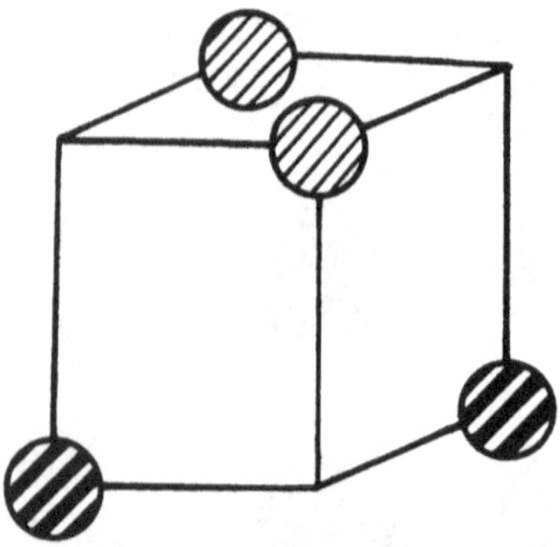

Abb. 12. Darstellung der Gruppe $\underline{\bar{4}}$ in der vollen Symmetrie

Das Prinzip der Superposition der Symmetrie (Curie-Prinzip) kann leicht auf die volle Symmetrie ausgedehnt werden, was von der Antisymmetrie nicht gesagt werden kann. In der Antisymmetrie rühren die Schwierigkeiten bei der Anwendung dieses Prinzips daher, daß hier kein gleichberechtigter Zugang zu Skalaren und Pseudoskalaren besteht. So stellt Abb. 13a die Kombination eines

[1]) Diese „zusätzliche Änderung des Vorzeichens" (nach der Inversion) betrifft sowohl das skalare als auch das pseudoskalare Vorzeichen (jedes einzeln oder beide gemeinsam): ($\underline{\bar{1}} = \bar{1} \cdot \underline{1}$).

polaren Vektors („verschiedenfarbige" Skalare) und eines axialen Vektors (Pseudoskalare unterschiedlichen Vorzeichens der Enantiomorphie) dar. Der erste dieser Vektoren hat (in der Antisymmetrie) eine Antispiegelebene (senkrecht zur Drehachse ∞) und der zweite eine Spiegelebene, die gleichfalls senkrecht zu dieser Achse verläuft. Es ist offensichtlich, daß gemäß dem Prinzip der Superposition von Elementen der Symmetrie (und der Antisymmetrie) die zusammengesetzte Figur senkrecht zur Achse ∞ weder eine Spiegelebene noch eine Antispiegelebene besitzen kann, während nach den Gesetzen der Antisymmetrie diese Figur eine Antispiegelebene hätte. Eine ähnliche Diskrepanz besteht auch für die Figur auf Abb. 13 bezüglich der Achsen 2 und $\underline{2}$, die senkrecht zur Achse ∞ liegen. In der vollen Symmetrie gibt es ähnliche Mißverständnisse nicht. Beide Teile der Figur in Abb. 13a haben eine Antidrehachse $\underline{2}$ senkrecht zur Achse ∞ und die Figur in Abb. 13b eine Antispiegelebene. In Übereinstimmung damit behält die erste zusammengesetzte Figur die Antidrehachse $\underline{2}$ (Gruppe $\infty\underline{2}$) und die zweite die Antispiegelebene (Gruppe $\infty/\underline{m}$).

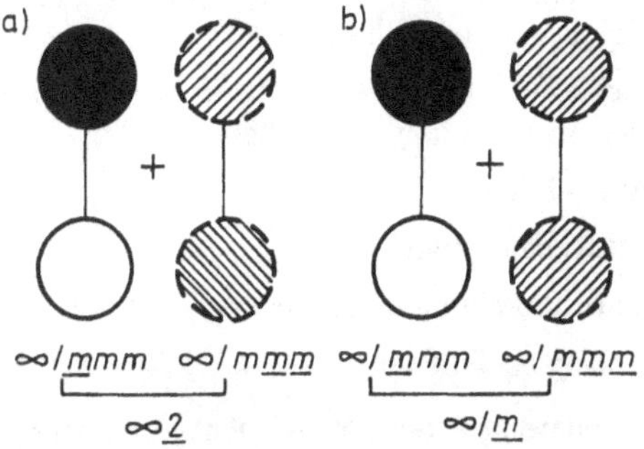

Abb. 13. Superposition von Elementen der vollen Symmetrie.
a) eines polaren und eines axialen Vektors;
b) eines polaren Vektors und des einfachsten axialen Tensors

3.2. *Volle Symmetrie von Skalaren, Vektoren und Tensoren*

Wie schon gesagt, wurde der Begriff „volle Symmetrie" für die Beschreibung der Symmetrie von Skalaren, Vektoren und Tensoren eingeführt. Im Rahmen der analytischen Darstellung wird das Wesen der vollen Symmetrie auf die Betrachtung von Größen zurückgeführt, die zwei Paare entgegengesetzter Vorzeichen (analytisch „plus“ oder „minus“) besitzen können. Dabei hat ein Paar skalaren, das andere pseudoskalaren Charakter. Jede Größe kann jeweils entweder nur ein skalares und ein pseudoskalares Vorzeichen oder nur eines von diesen Vorzeichen besitzen. Die dabei entstehenden acht Möglichkeiten sind in Abb. 11 dargestellt.

Der Vergleich von positiven und negativen Größen eröffnet die Möglichkeit, daß es in der vollen Symmetrie neben den Elementen der gewöhnlichen Symmetrie *zusätzliche Symmetrieelemente* gibt. Folgendes wird festgelegt:

a) Ein Tensor hat als zusätzliches Symmetrieelement eine *Antidrehachse* bestimmter Ordnung, wenn bei einer Drehung des Koordinatensystems um einen der Ordnung dieser Achse entsprechenden Winkel *alle Tensorkomponenten ihr Vorzeichen in das entgegengesetzte ändern* und ihre Absolutbeträge gleich bleiben;

b) Ein Tensor hat als zusätzliches Symmetrieelement eine *Antidrehspiegelachse* bestimmter Ordnung, wenn bei der entsprechenden Transformation des Koordinatensystems *alle Tensorkomponenten das Vorzeichen in das entgegengesetzte ändern* und ihre Absolutbeträge erhalten bleiben.

Die zusätzlichen Symmetrieelemente – *Antidrehachsen und Antidrehspiegelachsen* – werden in folgender Weise bezeichnet:

$\underline{1}, \underline{2}, \underline{3}, \ldots$ – Antidrehachsen;

$\hat{\underline{1}}, \hat{\underline{2}}, \hat{\underline{3}}, \ldots$ – Antidrehspiegelachsen;

$\hat{\underline{2}} = \bar{\underline{1}} = \underline{C}$ – Antiinversions- (Symmetrie-) zentrum;

$\hat{\underline{1}} = \underline{m}$ – Antispiegelebene.

Die Symmetrie von Tensoren unter Berücksichtigung dieser zusätzlichen Symmetrieelemente werden wir *volle* Symmetrie nennen. Hier werden, wie im zweiten Kapitel, nur affine orthogonale Tensoren betrachtet; Skalare und Vektoren werden wie Tensoren nullter bzw. erster Stufe behandelt. Die Kenntnis der gewöhnlichen Symmetrie der uns interessierenden Tensoren erleichtert die Aufgabe, da es für das Auffinden der vollen Symmetrie nur notwendig ist, entsprechend den bekannten kanonischen Formen der Tensoren (s. Tabellen 2 und 3) zu kontrollieren, welche zusätzlichen Symmetrieelemente (Antidrehachsen, Antidrehspiegelachsen) diese Tensoren besitzen und ob sich Tensoren, die die gleiche gewöhnliche Symmetrie haben, in der vollen Symmetrie unterscheiden.

Die Untersuchung der vollen Symmetrie kann auf rein analytischem Wege oder durch Anwendung des Symmetrieprinzips von CURIE (Prinzip der Superposition von Symmetrieelementen) durchgeführt werden. Wenn man bei einem polaren Tensor die eigentlichen Tensorkomponenten (d. h. den symmetrischen Anteil) und die Komponenten des axialen Vektors separiert hat, kann die Symmetrie aus einer Superposition der gewöhnlichen und der zusätzlichen Symmetrieelemente eines eigentlichen polaren Tensors und eines axialen Vektors unter Berücksichtigung seiner räumlichen Orientierung erhalten werden. Analoges gilt für einen axialen Tensor zweiter Stufe, wenn man den eigentlichen tensoriellen Teil (d. h. den symmetrischen Anteil) und die Komponenten des polaren Vektors separiert hat.

Die Symmetrieoperationen eines Skalars (Tab. 2; Formel (2.13)) sind Drehungen und Drehspiegelungen um eine beliebige Achse und um beliebige Winkel. Mit anderen Worten: es gibt für einen Skalar in der gewöhnlichen Symmetrie keine verbotenen Operationen. Demzufolge kann ein Skalar keine zusätzlichen Symmetrieelemente haben. Damit wird seine Symmetrie völlig durch Elemente der gewöhnlichen Symmetrie beschrieben, und die volle Symmetrie des Skalares fällt mit seiner gewöhnlichen Symmetrie zusammen. Die Gruppe seiner vollen Symmetrie werden wir wie früher mit dem Symbol $\infty/\infty/mmm$ bezeichnen. Die geometrische Form für einen Skalar, die seine volle Symmetrie richtig widerspiegelt, ist eine isotrope Kugel, die mit einer Farbe ausgemalt ist (s. Abb. 11a, b).

Ein Pseudoskalar (Tab. 3; Formel (2.19)) hat die gewöhnliche Symmetriegruppe $\infty/\infty 2$. Für einen Pseudoskalar sind in der gewöhnlichen Symmetrie Drehspiegelungen verboten. Bei solchen Transformationen des Koordinatensystems ändern alle Komponenten des Tensors (2.19) entsprechend der Vorschrift für die Transformation von Komponenten eines axialen Tensors (s. (2.8); es gilt das Vorzeichen „minus") ihr Vorzeichen bei unveränderten Absolutbeträgen. Das bedeutet aber, daß ein Pseudoskalar beliebige Antidrehspiegelungen besitzt. Insbesondere besitzt ein Pseudoskalar ein Antiinversionszentrum ($\underline{\bar{1}} = \underline{C}$) und Antisymmetrieebenen $\underline{m}$. Aus diesem Grunde wird die volle Symmetrie eines Pseudoskalars mit dem Symbol $\infty/\infty/\underline{m}\underline{m}\underline{m}$ bezeichnet. Die geometrische Figur, die seine Symmetrie richtig widerspiegelt, ist eine farblose („graue") Kugel mit einheitlich in einer Richtung verdrillten Durchmessern (s. Abb. 11c, d).

Ein axialer Vektor (s. Tab. 2) hat als Symmetrieelemente eine Drehachse ∞, die mit der Z-Achse des Koordinatensystems zusammenfällt, eine Spiegelebene senkrecht zu dieser Achse und ein Inversionszentrum. In der gewöhnlichen Symmetrie sind für diesen Vektor Achsen zweiter Ordnung senkrecht zur Z-Achse und Spiegelebenen parallel zur Achse ∞ verboten (Gruppe ∞/m). Wie eine Überprüfung zeigt, gibt es jedoch statt dessen Antidrehachsen zweiter Ordnung und Antispiegelebenen. Somit wird die Gruppe der vollen Symmetrie eines axialen Vektors durch das Symbol $\infty/m\underline{m}\underline{m}$ beschrieben.

Ein polarer Vektor hat als Symmetrieelemente eine Drehachse ∞, die mit der Z-Achse des Koordinatensystems des Tensors zusammenfällt, und eine unendliche Zahl von Spiegelebenen, die durch diese Achse gehen (Symmetriegruppe ∞mm). In der gewöhnlichen Symmetrie sind Drehungen um 180° um Achsen senkrecht zur Z-Achse verboten. Wie die Überprüfung zeigt, gibt es statt dessen Antidrehachsen $\underline{2}$. Anstelle der in der gewöhnlichen Symmetrie verbotenen Spiegelung an einer Ebene senkrecht zur Z-Achse gibt es eine Antispiegelebene $\underline{m}$. Deshalb kann die Gruppe der vollen Symmetrie des polaren Vektors mit dem Symbol $\infty/\underline{m}mm$ beschrieben werden.

Polare Tensoren gemäß (2.15) und (2.16) haben die gleiche gewöhnliche Symmetrie (Gruppe mmm), jedoch eine unterschiedliche volle Symmetrie. Die Gruppe der vollen Symmetrie eines polaren Tensors fällt mit seiner gewöhnlichen Symmetriegruppe zusammen (dieser Tensor enthält als zusätzliche Symmetrieelemente weder Antidrehungen noch Antidrehspiegelungen) und wird wie bisher mit mmm bezeichnet. Ein axialer Tensor besitzt neben diesen Symmetrieelementen als zusätzliches Symmetrieelement eine Antidrehachse vierter Ordnung $\underline{4}$, die mit der Z-Achse des Koordinatensystems zusammenfällt. Diese Antidrehachse ist gleichzeitig auch eine Antidrehspiegelachse vierter Ordnung $\underline{\hat{4}}$. Weiterhin hat der Tensor zwei senkrecht aufeinander stehende Antidrehachsen $\underline{2}$, die in der XY-Ebene des Koordinatensystems liegen und mit den Achsen X und Y einen Winkel von 45° einschließen, und zwei Antispiegelebenen, die durch die Z-Achse und die Achsen $\underline{2}$ verlaufen. Daraus folgt, daß die Gruppe der vollen Symmetrie eines axialen Tensors (2.6) mit dem Symbol $4/mm\underline{m}$ beschrieben wird.

Ein polarer Tensor kann auch andere Gruppen der vollen Symmetrie haben, die als zusätzliche Symmetrieelemente Antidrehachsen und Antidrehspiegelachsen besitzen. So führt z. B. die Kombination des Tensors (2.16) mit einem axialen Vektor, der entlang der Z-Achse gerichtet ist, zur Gruppe $m\underline{m}\underline{m}$, aber die

Kombination desselben Tensors mit einem axialen Vektor, der in einer der Antispiegelebenen liegt (aber nicht mit Z zusammenfällt), zur Gruppe $\underline{2}/\underline{m}$. Die Anzahl der Gruppen der vollen Symmetrie für polare Tensoren zweiter Stufe ist 10. Es sind die Gruppen $\infty/\infty/mmm$ (Skalar); ∞/mmm (ruhender Zylinder); $\underline{4}/mm\underline{m}$, $\infty/m\underline{m}\underline{m}$ (axialer Vektor); ∞/m; $2/m$; mmm; $m\underline{m}\underline{m}$; $\underline{2}/\underline{m}$; $\bar{1}$ (s. Anhang III). Alle diese Gruppen besitzen ein Inversionszentrum.

Unter Verzicht auf eine detaillierte Betrachtung aller Gruppen der vollen Symmetrie von axialen Tensoren zweiter Stufe (die Gruppe des Pseudoskalars und des polaren Vektors sind schon diskutiert worden) nehmen wir zur Kenntnis, daß es gleichfalls 10 solcher Gruppen gibt. Ihre Symbole entsprechen den Symbolen der Gruppen eines polaren Tensors mit dem Unterschied, daß bei ihnen die Spiegelebenen durch Antispiegelebenen (und umgekehrt) ersetzt sind. Es sind die Gruppen $\infty/\infty/mmm$ (Pseudoskalar); $\infty/\underline{m}\underline{m}\underline{m}$ („farbloser" verdrillter Zylinder); mmm, $\underline{4}/mmm$, ∞/mmm (polarer Vektor); $\infty/\underline{m}$; $2/\underline{m}$; $\underline{m}mm$; $\underline{2}/m$; $\underline{\bar{1}}$. Alle axialen Tensoren zweiter Stufe haben ein Antiinversionszentrum $\underline{\bar{1}} - \underline{C}$ (s. Anhang IV).

Im zweiten Kapitel (Abb. 9) sind die geometrischen Formen von Größen dargestellt, die durch Tensoren zweiter Stufe beschrieben werden. Sie widerspiegeln ihre *gewöhnliche* Symmetrie. Die volle Symmetrie, die zwei neue Arten der Gleichheit berücksichtigt, erlaubt es, einige Präzisierungen der Symmetrie der auf Abb. 9 dargestellten Größen vorzunehmen. Beispielsweise hat ein Pseudoskalar in der vollen Symmetrie kein skalares Vorzeichen (Farbe) und deshalb wird er so dargestellt, wie es auf Abb. 11c gezeigt ist. Die Abwesenheit des skalaren Vorzeichens bedingt die *volle* Symmetrie $\infty/\infty/\underline{m}\underline{m}\underline{m}$. Da es in der gewöhnlichen Symmetrie den Begriff „Antispiegelebene" nicht gibt, besteht keine Veranlassung, sich darüber Gedanken zu machen, ob sie in der dargestellten Form vorhanden ist oder nicht. Das bedeutet, daß Abb. 9b die Form eines Pseudoskalars zeigt, die nur der gewöhnlichen Symmetrie entspricht. Die wahre (volle) Symmetrie erfordert die Darstellung, die in Abb. 11c gegeben wurde.

Ein polarer Vektor wird in der gewöhnlichen und in der vollen Symmetrie einheitlich dargestellt (s. Abb. 9c). Die exakte Darstellung in der gewöhnlichen Symmetrie muß aber durch einen Skalar oder durch den einfachsten polaren Tensor (s. Abb. 9a, e) ergänzt werden. Nur bei solch einer Darstellung gibt es bei einem polaren Vektor keine Antispiegelebene $\underline{m}$ senkrecht zum Vektor. Da es jedoch in der gewöhnlichen Symmetrie keine „Antispiegel-

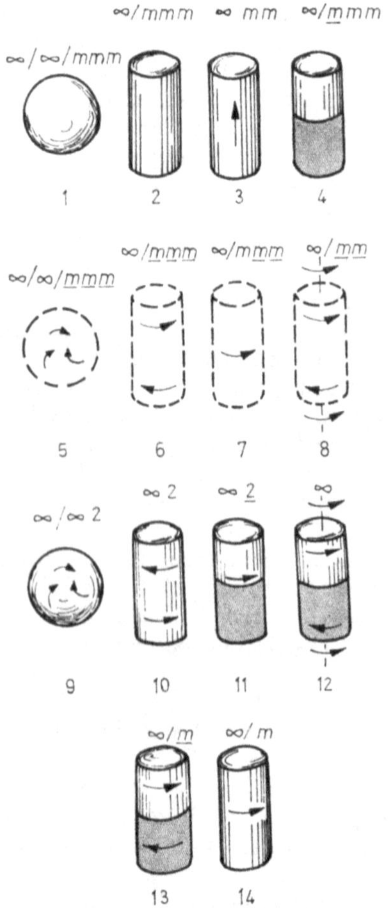

Abb. 14. Figuren, die die Grenzgruppen der vollen Symmetrie darstellen. 1–4 – Gruppen, die bezüglich des Vorzeichens der Enantiomorphie „grau" sind:

1 – Kugel mit Spiegelebenen; 2 – ruhender Zylinder; 3 – ein sich längs seiner Achse bewegender Zylinder; 4 – ruhender, aus einem schwarzen und einem weißen Teil bestehender Zylinder.

5–8 – Gruppen, die bezüglich des skalaren Vorzeichens (der Farbe) „grau" sind:

5 – pseudoskalare Kugel mit verdrillten Durchmessern; 6 – verdrillter Zylinder; 7 – rotierender Zylinder; 8 – rotierender verdrillter Zylinder.

ebene“ gibt, erfüllt Abb. 9c die Symmetrieforderungen eines polaren Vektors. In Wirklichkeit hat die Abb. 9c eine höhere Symmetrie, was in der vollen Symmetrie zur Gruppe $\infty/\underline{\underline{m}}mm$ führt (s. Abb. 13).

Eine analoge Bemerkung kann man auch für die anderen Figuren der Abb. 9 angeben. So hat der in Abb. 9d dargestellte axiale Vektor eine höhere volle Symmetrie (Gruppe $\infty/m\underline{\underline{m}}\underline{\underline{m}}$) als die, die ihm in der gewöhnlichen Symmetrie zugeordnet wird (∞/m). Nur die Kombination der Abb. 9e, f ergibt in der vollen Symmetrie die Gruppe $\infty/2$, während in der gewöhnlichen Symmetrie dieser Gruppe nur die der Abb. 9f entspricht usw.

3.3. *Grenzgruppen und kristallographische Gruppen der vollen Symmetrie*

Die Besonderheiten der geometrischen Darstellung von verschiedenen Größen in der vollen Symmetrie und in der gewöhnlichen Symmetrie werden besonders bei der Beschreibung der *Grenzgruppen* der vollen Symmetrie deutlich. Insgesamt gibt es 14 dieser Grenzgruppen. Sieben von ihnen sind die CURIE-Gruppen (s. Abb. 5, Tabellen 2 und 3). In den oben aufgeführten Zusammenstellungen der Gruppen der vollen Symmetrie von polaren und axialen Tensoren sind fünf weitere enthalten: $\infty/m\underline{\underline{m}}\underline{\underline{m}}$, $\infty/\infty/\underline{\underline{m}}\underline{\underline{m}}\underline{\underline{m}}$, $\infty/\underline{\underline{m}}\underline{\underline{m}}\underline{\underline{m}}$, $\infty/\underline{\underline{m}}mm$, $\infty/\underline{\underline{m}}$. Die Kombination eines Pseudoskalars mit einem axialen Vektor führt noch zu einer Gruppe $\infty/\underline{\underline{m}}\underline{\underline{m}}$, und die Kombination eines polaren und eines axialen Vektors zur Gruppe $\infty\underline{\underline{2}}$. (s. Abb. 13a). Die Figuren, die diese Grenzgruppen der vollen Symmetrie darstellen, sind in Abb. 14 zusammengestellt. Daraus ist klar ersichtlich, daß es in der vollen Symmetrie nicht notwendig ist, „graue“ Gruppen einzuführen, da die erste Reihe in Abb. 14 Gruppen darstellt, die „grau“ bezüglich des Vorzeichens der Enantiomorphie sind, während die zweite Reihe „graue“ Gruppen bezüglich des skalaren Vorzeichens repräsentiert.

←

9—14 — Gruppen mit in unterschiedlichem Sinne gemischter Polarität: 9 — gefärbte Kugel mit verdrillten Durchmessern; 10 — gefärbter verdrillter Zylinder; 11 — rotierender, aus einem schwarzen und einem weißen Teil bestehender Zylinder; 12 — rotierender, verdrillter schwarzweißer Zylinder; 13 — verdrillter schwarz-weißer Zylinder; 14 — gefärbter rotierender Zylinder,

Tabelle 4.

Systematik der kristallographischen Gruppen der vollen Symmetrie[1])

$m\bar{3}m$ $\infty/\infty/mmm$	$\underline{m}3\underline{m}$ $\infty/\infty/\underline{m}\underline{m}\underline{m}$	$\underline{m}3m$ $\infty/\infty/\underline{m}mm$	$m\bar{3}\underline{m}$ $\infty/\infty/m\underline{m}\underline{m}$	432 $\infty/\infty2$	$\underline{4}3\underline{2}$ $\infty/\infty\underline{2}$	$m\bar{3}$ $\infty/\infty/m$	$\underline{m}3$ $\infty/\infty/\underline{m}$	$\bar{4}3m$ $\infty/\infty mm$	$\bar{4}3\underline{m}$ $\infty/\infty\underline{m}\underline{m}$	23 ∞/∞

$mm\underline{m}$ $6/mm\underline{m}$	$\underline{4}/mm\underline{m}$	$\underline{m}m\underline{m}$ $\underline{6}/\underline{m}m\underline{m}$	$\underline{4}/\underline{m}m\underline{m}$	$mm2$ $\bar{6}m2$	mmm $4/mmm$ $6/mmm$	$\underline{m}\underline{m}2$ $\underline{6}/\underline{m}2$	$\underline{m}\underline{m}\underline{m}$ $4/\underline{m}\underline{m}\underline{m}$ $6/\underline{m}\underline{m}\underline{m}$	$m\underline{m}\underline{2}$ $\bar{6}\underline{m}\underline{2}$	$m\underline{m}\underline{m}$ $4/m\underline{m}\underline{m}$ $6/m\underline{m}\underline{m}$	$\underline{m}m\underline{2}$ $\underline{\bar{6}}m\underline{2}$	$\underline{m}mm$ $4/\underline{m}mm$ $6/\underline{m}mm$
$\underline{\infty}/mm\underline{m}$		$\underline{\infty}/\underline{m}m\underline{m}$		∞/mmm		$\infty/\underline{m}\underline{m}\underline{m}$		$\infty/m\underline{m}\underline{m}$		$\infty/\underline{m}mm$	
2 32	222 422 622	$\underline{2}$ $3\underline{2}$	$2\underline{22}$ $4\underline{22}$ $6\underline{22}$	m $\bar{6}$	$2/m$ $4/m$ $6/m$	$\underline{2}/m$ $\underline{\bar{6}}$	$2/\underline{m}$ $4/\underline{m}$ $6/\underline{m}$	$\underline{2}/m$ $\underline{6}/m$	$\underline{4}/m$	$\underline{2}/\underline{m}$ $\underline{6}/\underline{m}$	$\underline{4}/\underline{m}$
$\infty2$		$\infty\underline{2}$		∞/m		$\infty/\underline{m}$		$\underline{\infty}/m$		$\underline{\infty}/\underline{m}$	

m $3m$	$mm2$ $4mm$ $6mm$	$\underline{m}$ $3\underline{m}$	$\underline{m}\underline{m}2$ $4\underline{m}\underline{m}$ $6\underline{m}\underline{m}$	$\underline{m}m\underline{2}$ $\underline{6}m\underline{m}$	$\underline{4}m\underline{m}$	$\underline{2}/m$ $\underline{3}/m$	$\underline{\bar{4}}2m$	$\underline{2}/m$ $\bar{3}m$	$\underline{\bar{4}}2m$	$\underline{2}/\underline{m}$ $\bar{3}\underline{m}$	$\bar{4}\underline{2}\underline{m}$
∞mm		$\infty\underline{m}\underline{m}$		$\underline{\infty}m\underline{m}$		$\underline{\bar{\infty}}mm$		$\bar{\infty}mm$		$\bar{\infty}\underline{m}\underline{m}$	
$\underline{2}/\underline{m}$ $\underline{\bar{3}}\underline{m}$	$\underline{\bar{4}}2m$	$\underline{222}$ $\underline{622}$	$\underline{422}$	$\bar{1}$ $\bar{3}$	$\bar{4}$	$\underline{\bar{1}}$ $\underline{\bar{3}}$	$\underline{\bar{4}}$	$\underline{2}$ $\underline{6}$	$\underline{4}$	1 3	2 4 6
$\underline{\bar{\infty}}\underline{m}\underline{m}$		$\underline{\infty}2$		$\bar{\infty}$		$\underline{\bar{\infty}}$		$\underline{\infty}$		∞	

[1]) Die Symbole der kubischen Gruppen $m\bar{3}m$, $m\bar{3}\underline{m}$ und $m\bar{3}$ wurden gegenüber dem russ. Original verändert; vgl. auch Anhang V (d. Hrsg.).

Im ersten Kapitel waren neben den Grenzgruppen die „Fast-Grenzgruppen" betrachtet worden. Analog dazu kann man in der vollen Symmetrie ebenfalls Fast-Grenzgruppen betrachten. Das sind 21 Gruppen (fünf von ihnen sind die Fast-Grenzgruppen der gewöhnlichen Symmetrie): $\hat{\infty}mm$, $\hat{\infty}$, $\infty/\infty mm$, $\infty/\infty m$, ∞/∞, $\hat{\infty}\underline{m}\underline{m}$, $\underline{\hat{\infty}}\underline{m}\underline{m}$, $\underline{\hat{\infty}}mm$, $\underline{\hat{\infty}}$, $\underline{\infty}/mm\underline{m}$, $\underline{\infty}/\underline{m}$, $\underline{\infty}/\underline{m}m\underline{m}$, $\underline{\infty}/m$, $\underline{\infty}2$, $\underline{\infty}m\underline{m}$, $\underline{\infty}$, $\infty/\infty/m\underline{m}\underline{m}$, $\infty/\infty/\underline{m}mm$, $\infty/\infty\underline{2}$, $\infty/\infty/\underline{m}$, $\infty/\infty\underline{m}\underline{m}$. Insgesamt gibt es in der vollen Symmetrie 35 (14 + 21) Grenz- und Fast-Grenzgruppen. Zu diesen 35 Gruppen konvergieren alle Gruppen der vollen Symmetrie von endlichen Figuren. In Tab. 4 sind die kristallographischen Gruppen der vollen Symmetrie aufgeführt. Davon gibt es 90 (32 Gruppen der gewöhnlichen Symmetrie und 58 neue). Einige von den niedrigsymmetrischen Gruppen erscheinen in verschiedenen Folgen (m, 2, $\underline{m}m\underline{2}$ u. a.). Eine Liste aller Operationen der kristallographischen Gruppen der vollen Symmetrie wird in Anhang V gegeben.

Die Gegenüberstellung der Grenzgruppen der vollen Symmetrie (mit Drehachsen ∞) und der endlichen Gruppen (sie besitzen Drehachsen endlicher Ordnung) kann effektiv für die *geometrische Interpretation* der kristallographischen Gruppen benutzt werden.

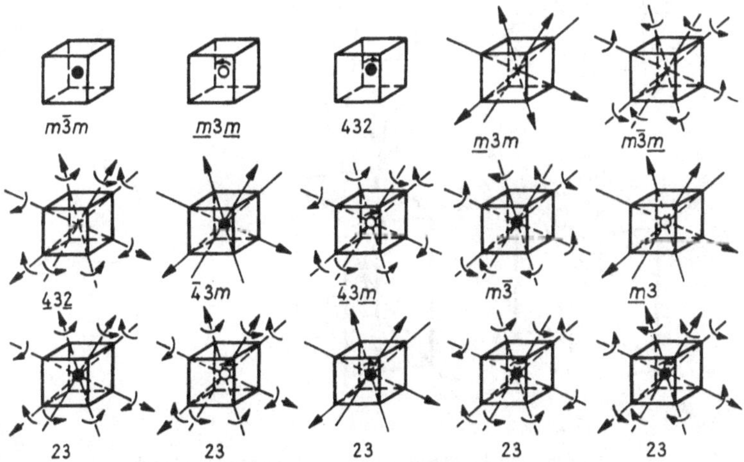

Abb. 15. Geometrische Interpretation der kubischen Gruppen der vollen Symmetrie mit Hilfe von Skalaren und Vektoren. Ein Skalar ist durch einen schwarzen Kreis, ein Pseudoskalar durch einen weißen Kreis mit Pfeil und ihre Kombination durch einen schwarzen Kreis mit einem Pfeil gekennzeichnet

Diese Interpretation erlaubt es, die *physikalischen* Besonderheiten der Symmetrie von Kristallen zu erkennen. Für das Beispiel in Abb. 15 sind die kubischen Gruppen der vollen Symmetrie angegeben. Insgesamt sind es 11. Die Gruppen $m\bar{3}m$, $m\bar{3}\underline{m}$, $\underline{m}3\underline{m}$, $\underline{m}3m$ sind die einfachsten skalaren und vektoriellen Gruppen.

Die eindeutige Interpretation aller kubischen Gruppen (außer der Gruppe 23) erlaubt es, eindeutige Schlußfolgerungen über ihre physikalischen Eigenschaften abzuleiten. So kann man z. B. polare Richtungen mit einer entsprechenden elektrischen Polarität oder das Auftreten von pseudoskalaren Größen mit optischer Aktivität in Verbindung setzen, usw.

Interessant ist die Doppelinterpretation einiger kristallographi-

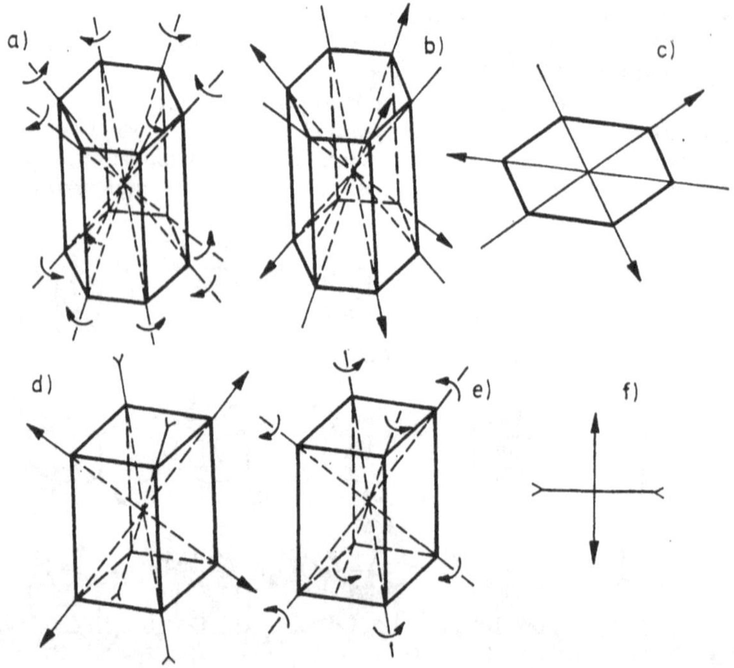

Abb. 16. Geometrische Interpretation der kristallographischen Gruppen, die der Gruppe $\underline{\infty}/mm\underline{m}$ untergeordnet sind:

a), b), c) Gruppe $\underline{6}/mm\underline{m}$ (in der gewöhnlichen Symmetrie die Gruppe $\bar{6}m2$), Interpretation mit Hilfe axialer Tensoren und polarer Vektoren;
d), e), f) Gruppe $\underline{4}/mm\underline{m}$ (in der gewöhnlichen Symmetrie die Gruppe mmm), Interpretation mit Hilfe polarer Tensoren und axialer Vektoren

scher Gruppen. So gibt es zwei Typen von Gruppen, die der Gruppe $\underline{\infty}/mm\underline{m}$ untergeordnet sind. Die Gruppe $\underline{6}/mm\underline{m}$ kann z. B. durch axiale Tensoren (Abb. 16a) und polare Vektoren (Abb. 16b, c) dargestellt werden. Die Gruppe $\underline{4}/mm\underline{m}$ kann mit Hilfe von polaren Tensoren (Abb. 16d, f) und axialen Vektoren (Abb. 16e) interpretiert werden. Das trifft auch für die Gruppen zu, die der Gruppe $\underline{\infty}/\underline{m}m\underline{m}$ untergeordnet sind (Abb. 17). Auf Grund der möglichen Doppelinterpretation der Gruppen $\underline{\infty}/mmm$ und $\underline{\infty}/\underline{m}m\underline{m}$, werden die einer Grenzgruppe untergeordneten Gruppen in jeweils zwei Folgen unterteilt (s. Tab. 4). So haben z. B. die Gruppen, die der Grenzgruppe $\overline{\infty}mm$ untergeordnet sind, welche polar-vektorielle

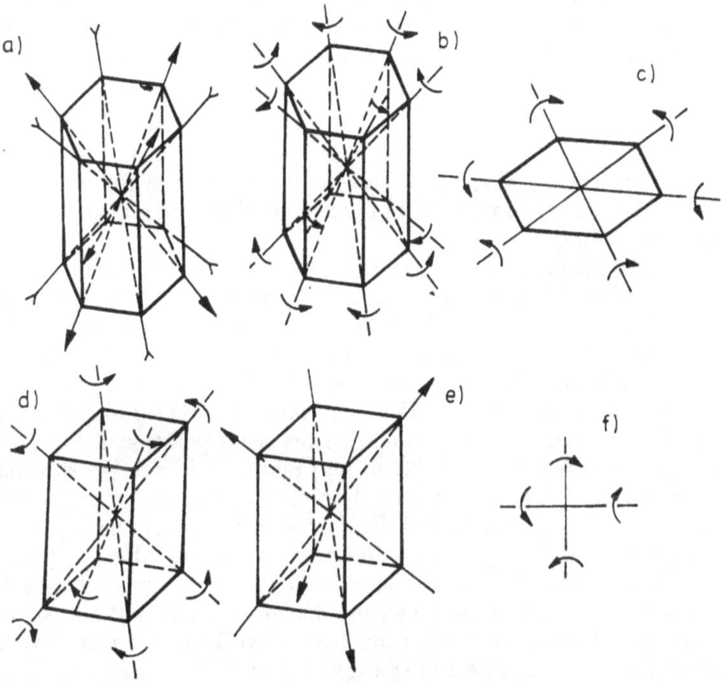

Abb. 17. Geometrische Interpretation der kristallographischen Gruppen, die der Gruppe $\underline{\infty}/mm\underline{m}$ untergeordnet sind:

a), b), c) Gruppe $\underline{6}/\underline{m}m\underline{m}$ (in der gewöhnlichen Symmetrie die Gruppe $\bar{3}m$), Interpretation mit Hilfe polarer Tensoren und axialer Vektoren;

d), e), f) Gruppe $\underline{4}/\underline{m}m\underline{m}$ (in der gewöhnlichen Symmetrie die Gruppe $\bar{4}2m$), Interpretation mit Hilfe axialer Tensoren und polarer Vektoren und axial-vektorielle Komponenten besitzt, im Falle polar-vektorieller Komponenten Achsen $\hat{2}$ und $\hat{6}$ (Gruppen $2/m$ und $\bar{3}m$) und im Falle axial-vektorieller Komponenten Achsen $\hat{4}$ (Gruppe $\bar{4}2m$ – d. Hrsg.).

4. Symmetrie von Raum und Zeit

4.1. *Einführung*

Wie schon am Anfang des vorigen Kapitels festgestellt, müssen reale physikalische Erscheinungen bestimmte Forderungen bezüglich der Zeitumkehr R ($t \to -t$) erfüllen. So ist die grundlegende Bewegungsgleichung der Mechanik (2. NEWTONsches Axiom)

$$\Delta t \cdot F = m \cdot \frac{\Delta x}{\Delta t}$$

(Δt Zeitintervall, F Kraft, m Masse, Δx Wegintervall) invariant gegenüber der Operation R. Eine analoge Situation gibt es bei der Drehbewegung.

Im allgemeinen ändern Größen, die ungerade Funktionen der Zeit t sind (z. B. die Geschwindigkeit $\boldsymbol{V}$, die Winkelgeschwindigkeit ω und der Impuls) bei der Operation R ihre Richtung in die entgegengesetzte. Andererseits ändern Größen, die nur Funktionen der Koordinaten sind oder nur gerade Potenzen der Zeit enthalten (z. B. die Beschleunigung, das Quadrat der Geschwindigkeit, die kinetische- und die Gesamtenergie) bei der Operation R ihr Vorzeichen (insbesondere ihre Richtung) nicht. Auf diese Weise kann es geschehen, daß sich bei der Betrachtung von realen physikalischen Erscheinungen bestimmte Größen, die geometrisch gleichartig sind, bei der Operation R unterschiedlich verhalten (z. B. die Geschwindigkeit $\boldsymbol{V}$ und die Beschleunigung $\dot{\boldsymbol{V}}$). Das ist charakteristisch für Transportprozesse, bei denen die „Kräfte" als polare Vektoren ihr Vorzeichen bei der Operation R nicht ändern, wohl aber die „Ströme" ihre Bewegungsrichtung.

Letztlich bedeutet die Erfüllung der Forderungen der Operation R, daß in den linken und rechten Teilen der betreffenden Beziehung nach der Operation R die gleichen Vorzeichen vorliegen müssen. So sind diese Vorzeichen im oben angeführten NEWTONschen Gesetz nach der Operation R $\big((-) \cdot (+) = (+) \cdot (-); (-) = (-)\big)$ gleich (Kraft, Masse und Wegintervall ändern bei der Operation R ihr

Vorzeichen nicht). Wenn es sich dabei erweist, daß die Vorzeichen verschieden sind, wird angenommen, daß eine solche Erscheinung real nicht möglich ist.

Die Zeitumkehr R kann man im Raum durch eine Bewegung entlang der ursprünglichen Trajektorie in der entgegengesetzten Richtung illustrieren. Vom Standpunkt der symmetrischen Transformationen ist jedoch eine „Bewegung in der entgegengesetzten Richtung“ für eine *lineare* und eine *Drehbewegung* etwas Verschiedenes. So kann man die Richtung der linearen Bewegung (ausgedrückt durch einen polaren Vektor) mit Hilfe der Operation der Rauminversion $\bar{1} = \mathsf{C}$ ändern, während für die Drehbewegung (beschrieben durch einen axialen Vektor) diese Operation eine Symmetrieoperation ist, d. h. deren Richtung nicht ändert. Auch der weiter oben angeführte Unterschied im Verhalten von geometrisch gleichartigen Figuren bei der Operation R steht damit im Zusammenhang. Wenn man in (2.23) $\boldsymbol{Q}$ als Geschwindigkeit des „Stromes“, $\boldsymbol{P}$ als Kraft und $\boldsymbol{H}$ als Geschwindigkeit der Drehbewegung annimmt (MAGNUS-Effekt), so ergibt sich, daß diese Beziehung die Operation R nur dann befriedigt, wenn $\boldsymbol{Q}$ und $\boldsymbol{H}$ ihre Richtung ändern, während sich $\boldsymbol{P}$ (wie auch $\boldsymbol{Q}$ ein polarer Vektor) nicht ändert: $(+) = (-) \cdot (-)$.

Im dritten Kapitel wurde gezeigt, daß man die Richtung eines axialen Vektors (der Drehbewegung) mit Hilfe der Operation $\underline{\bar{1}} = \underline{\mathsf{C}}$, dem Antisymmetriezentrum, ändern kann, welche man auch als Operation der *Änderung des Vorzeichens des Raumes* bezeichnen kann. Die Einführung dieser Operation erfordert, die Erfüllbarkeit der Forderungen der Operation der *Zeitinversion* (T) zu kontrollieren, ohne sich dabei darum zu kümmern, ob sich gleichartige geometrische Figuren unter der Einwirkung dieser Operation unterschiedlich verhalten.

Offensichtlich folgen die symmetrischen Besonderheiten der Zeit, die Möglichkeit der Änderung ihres Vorzeichens ($t \to -t$), aus der Symmetrie der Zeit selbst. Allgemein gesagt, ist es grundsätzlich nicht möglich, die Symmetrie der Zeit aus der Symmetrie des Raumes zu bestimmen. Die einzige Möglichkeit besteht darin, daß man versucht, sich die Zeit in Form eines bestimmten geometrischen Modells vorzustellen. Ein typisches Beispiel dafür sind die Vorstellungen über einen „Zeitzeiger“, der in Form eines polaren Vektors ausgedrückt wird. Wesentliche Informationen über die Symmetrie der Zeit kann man aus der Tatsache ableiten, daß sie homogen ist. Bildlich gesprochen, verläuft die Zeit zu allen Zeiten einheitlich. Bekanntlich ist das Gesetz der Erhaltung der Energie eines abgeschlossenen Systems eine Folge der Homogenität der Zeit. Hat man eine skalare quadratische Funktion der Zeit, dann ändert sich diese Größe bei Änderung der Zeit nicht, und eine eindeutige Charakterisierung der Zeit ist nicht möglich. Größen hingegen, die ihr „Vorzeichen" (Richtung oder absoluten Betrag) bei Änderung des Vorzeichens der Zeit ebenfalls ändern, können die Zeit charakterisieren. Die einfachsten von ihnen sind die polaren und axialen vektoriellen Größen. In den Fällen, in denen von zwei durch einen Pseudoskalar verknüpften vektoriellen Größen (s. (2.6)) deren eine bei der Operation R ihr Vorzeichen wechselt und die andere nicht, ändert sich außerdem auch das Vorzeichen des Pseudoskalars bei dieser Operation (er ändert sein Vorzeichen der Enantiomorphie). Auf diese Weise kann die Zeitumkehr unmittelbar das Vorzeichen vektorieller Größen und mittelbar das pseudoskalarer Größen ändern.

Alle hier hervorgehobenen Besonderheiten der Symmetrie der Zeit, die Möglichkeit ihrer geometrischen Modellierung u. a., müssen anhand realer physikalischer Erscheinungen überprüft werden. Dabei können die Vorstellungen über die Symmetrie der Zeit nur in dem Fall überprüft (oder zumindest bestätigt) werden, wenn ihre Benutzung der objektiven Realität, dem Experiment, nicht widerspricht. Weiter unten werden alle diese Fragen ausführlicher diskutiert.

4.2. Das Symmetrieprinzip der kinetischen Koeffizienten (ONSAGER-Prinzip) und seine Verallgemeinerung

Wie bereits im ersten Kapitel festgestellt, ist der Raum zentrosymmetrisch, d. h., ihm kann die Symmetrie eines Skalars zugeschrieben werden. Unter den *Symmetrie*operationen des Raumes ist die Operation seiner Inversion ($\bar{1} = \mathsf{C}$) die wichtigste. Es ist jedoch interessant, auch auf jene Operation hinzuweisen, die das Vorzeichen eines Skalars in das entgegengesetzte zu ändern vermag. Für den Raum kann eine solche Operation *Änderung des Vorzeichens des Raumes* genannt werden. Wie schon bemerkt, ist das die Operation $\underline{1} = \underline{\mathsf{C}}$. Diese Symmetrieoperation stellt selbst keine Symmetrieoperation des Raumes dar.

Ein Urteil über die Symmetrie der Zeit (die Zeit ist homogen) kann man durch die geometrischen Modelle, die sie darstellen, erhalten. Die einfachsten von ihnen sind ein polarer und axialer Vektor. Leider ist ihr Verhalten, wie schon festgestellt, unter der Wirkung der Operation R (Umkehr der Zeit) nicht eindeutig. Diese Nichteindeutigkeit macht es erforderlich, die Verknüpfung zwischen ihnen in Form einiger einfachster Beziehungen zu betrachten:

$$P_i = a_{ij} Q_j \quad \text{(s. (2.5))}, \tag{4.1}$$

$$\boldsymbol{P} = \boldsymbol{H} \times \boldsymbol{Q} \quad \text{(s. (2.23))}, \tag{4.2}$$

$$P_i = A_{ij} H_j \quad \text{(s. (2.6))}, \tag{4.3}$$

$$\boldsymbol{P} = \boldsymbol{Q} \times \boldsymbol{H} \quad \text{(s. (2.24))}, \tag{4.4}$$

$$H_i = a_{ij} S_j, \tag{4.5}$$

$$\boldsymbol{H} = \boldsymbol{R} \times \boldsymbol{S} \tag{4.6}$$

($\boldsymbol{P}$, $\boldsymbol{Q}$ polare Vektoren; $\boldsymbol{H}$, $\boldsymbol{R}$, $\boldsymbol{S}$ axiale Vektoren; a_{ij} symmetrischer polarer Tensor zweiter Stufe, im speziellen Fall ein Skalar; A_{ij} symmetrischer axialer Tensor zweiter Stufe, im speziellen Fall ein Pseudoskalar).

Die Beziehungen (4.1), (4.2), (4.5), (4.6) bestimmen die Verknüpfung zwischen gleichartigen (entweder polaren oder axialen) Vektoren und werden durch polare Tensoren beschrieben: (4.1) und (4.5) durch einen Tensor gerader (nullter) Stufe und (4.2) und (4.6) durch einen Tensor ungerader (erster) Stufe. Aus der Analyse der Transporterscheinungen in der Thermodynamik irreversibler Prozesse folgerte ONSAGER, daß die Beziehungen (4.1) und (4.5) nur dann reale physikalische Erscheinungen beschreiben, wenn die „äußeren" Vektoren (beide!) ihre Vorzeichen bei der Operation R nicht oder nur gemeinsam ändern. Der Tensor a_{ij} muß in diesem Fall symmetrisch sein:

$$a_{ij} = a_{ji}. \tag{4.7}$$

Darin besteht eine der Forderungen des *Prinzips der Symmetrie der kinetischen Koeffizienten.*

Außerdem müssen entsprechend dem Prinzip von ONSAGER die Koeffizienten der Beziehung (4.7) beim Vorhandensein magnetischer Felder $\boldsymbol{H}$ und Drehungen mit der Winkelgeschwindigkeit $\boldsymbol{\Omega}$ die Bedingung

$$a_{ij}(\boldsymbol{H}, \boldsymbol{\Omega}) = a_{ij}(-\boldsymbol{H}, -\boldsymbol{\Omega}) \tag{4.8}$$

erfüllen.

Wenn aber einer von den gleichartigen Vektoren das Vorzeichen (die Richtung) bei der Operation R ändert und der andere nicht, gelten die Beziehungen (4.2) und (4.6). Die „Tensoren“ $\boldsymbol{H}$ und $\boldsymbol{P}$ müssen in diesem Fall antisymmetrisch sein:

$$a_{ij} = -a_{ji}. \tag{4.9}$$

Das entspricht der Tatsache, daß sie axiale Vektoren beschreiben. Unter dieser Bedingung gelten folgende Forderungen des *Prinzips der Symmetrie der kinetischen Koeffizienten*: in den Beziehungen (4.2) und (4.6) müssen sich die Vorzeichen der axialen Vektoren $\boldsymbol{H}$ und $\boldsymbol{R}$ entsprechend ändern. Diese Forderung folgt aus der Notwendigkeit, daß nach der Operation R auf den linken und rechten Seiten gleiche Vorzeichen auftreten müssen $\big((+)\cdot(-)=(-);$ $(-)\cdot(-)=(+)\big)$:

$$\begin{aligned} &\boldsymbol{P} = \boldsymbol{H} \times \boldsymbol{Q} \\ \mathsf{R}&\begin{cases} + \; - \; - \\ - \; - \; +. \end{cases} \end{aligned} \tag{4.10}$$

Die Beziehungen (4.3) und (4.4) beschreiben die Wechselwirkung zwischen verschiedenen Vektoren, die durch axiale Tensoren verknüpft sind. Die Forderungen für das Symmetrieprinzip der kinetischen Koeffizienten wurden für sie nicht aufgestellt. Um sie aber aufzustellen, ist es letztlich notwendig, zu zeigen, in welcher der beiden aufgeführten Beziehungen sich bei der Operation R die Vorzeichen der beiden „äußeren“ Vektoren ändern bzw. in welcher Beziehung sich nur das Vorzeichen eines der Vektoren ändert. Das bedeutet, daß das Onsager-Prinzip auf axiale Tensoren verallgemeinert werden muß.

Eine Untersuchung zeigt, daß es für axiale Tensoren (4.3) eine Symmetrie

$$A_{ij} = A_{ji} \tag{4.11}$$

der kinetischen Koeffizienten unter der Bedingung gibt, daß einer der Vektoren bei der Operation R sein Vorzeichen ändert und der andere nicht. Andererseits ist die Beziehung (4.4) unter der Bedingung richtig, daß die beiden „äußeren“ Vektoren bei der Operation R entweder ihr Vorzeichen gemeinsam ändern oder beibehalten. In diesem Fall muß der Tensor A_{ij} antisymmetrisch sein (und einen polaren Vektor beschreiben):

$$A_{ij} = -A_{ji}. \tag{4.12}$$

Tatsächlich würde ein entgegengesetztes Verhalten der Vektoren in (4.3) und (4.4) dazu führen, daß für (4.4) folgende Situation möglich wäre:

$$\begin{array}{cccc} & \boldsymbol{P} = & \boldsymbol{Q} \times & \boldsymbol{H} \\ \mathsf{R} & - & - & +. \end{array} \tag{4.13}$$

Das widerspricht der Bedingung von ONSAGER darin, daß zwei polare Vektoren, die ihr Vorzeichen bei der Operation R ändern, durch einen polaren *Tensor* (s. (4.1)) verknüpft werden. Dieser Fall widerspricht auch der Beziehung (4.2), die die gleiche Erscheinung wie (4.4) beschreibt und die nach dem ONSAGER-Prinzip für polare Tensoren unter der Bedingung gültig ist, daß einer der äußeren polaren Vektoren sein Vorzeichen bei der Operation R ändert und der andere (gleichen Typs) nicht.

Für axiale Tensoren ergibt sich eine zu (4.9) analoge Bedingung in der Form

$$A_{ij}(g) = -A_{ji}(-g), \tag{4.14}$$

in der unter g ein „äußeres Feld" zu verstehen ist, das durch einen symmetrischen axialen Tensor (im speziellen durch einen Pseudoskalar) beschrieben wird. Die Bedingung (4.14) kann verkürzt als

$$A_{ij}(g) = -A_{ij}(g) = 0 \tag{4.15}$$

angegeben werden und garantiert auch beim Vorhandensein „äußerer Felder" die Erfüllung der Bedingung (4.12).

Damit entspricht die Verallgemeinerung des Prinzips von ONSAGER auf axiale Tensoren folgenden Möglichkeiten:

$$\begin{array}{cccc} & P_i = & A_{ij} & H_j \\ \mathsf{R}\left\{\begin{array}{c} \\ \\ \end{array}\right. & \begin{array}{c} - \\ + \end{array} & \begin{array}{c} - \\ - \end{array} & \begin{array}{c} - \\ -, \end{array} \end{array} \tag{4.16}$$

$$\begin{array}{cccc} & \boldsymbol{P} = & \boldsymbol{Q} \times & \boldsymbol{H} \\ \mathsf{R}\left\{\begin{array}{c} \\ \\ \end{array}\right. & \begin{array}{c} - \\ + \end{array} & \begin{array}{c} + \\ + \end{array} & \begin{array}{c} - \\ +. \end{array} \end{array} \tag{4.17}$$

Die wichtigste Schlußfolgerung aus dieser Verallgemeinerung besteht darin, daß ein symmetrischer axialer Tensor (im einfachsten Fall ein Pseudoskalar) bei der Operation R das Vorzeichen ändern muß (s. (4.16)). Diese Schlußfolgerung folgt geometrisch daraus, daß unter den Bedingungen für das Verhalten der Vektoren bei der Operation R, die in (4.16) aufgeschrieben ist, der Wechsel der Richtung eines dieser Vektoren (in der Kombination polarer Vektor – axialer Vektor) stets zu einem Wechsel des Vorzeichens der Enantiomorphie des symmetrischen Teils des axialen Tensors zweiter Stufe führt (Abb. 18).

Abb. 18. Bei unterschiedlicher Orientierung eines der Vektoren, die durch einen Pseudoskalar verknüpft sind, besitzen die durch sie gebildeten Konfigurationen verschiedene Vorzeichen der Enantiomorphie.
a) rechte Konfiguration; b) linke Konfiguration

4.3. *Die Symmetrie realer physikalischer Erscheinungen. Vier Regeln der Symmetrie.*

Die für die sämtlichen Beziehungen (4.1)–(4.6) aufgestellten Forderungen des Prinzips von Onsager erfüllen alle die Forderungen der Operation R ($t \to -t$). Ihre linken und rechten Seiten besitzen nach dieser Operation die gleichen Vorzeichen. Demzufolge kann jede von ihnen irgendeiner realen physikalischen Erscheinung entsprechen. In Abb. 19 ist außer der analytischen Darstellung ihre geometrische Interpretation angegeben.

Alle diese Erscheinungen können in vier Gruppen zusammengefaßt werden, die bestimmte *Regeln der Symmetrie* widerspiegeln, welche z. T. allgemein bekannt sind.

Die Maßstabsregel. So könnte man die Besonderheiten der Symmetrie von Erscheinungen bezeichnen, die durch die Beziehungen (4.1) und (4.5) (s. auch Abb. 19) beschrieben werden. Diese Besonderheit besteht darin, daß ein Vektor sich in einen ebensolchen anderen mit Hilfe eines Skalars transformiert, d. h., daß er sich vergrößert oder verkleinert, ohne dabei seine Richtung zu verändern. Die einfachsten Beispiele für derartige Erscheinungen ist die Bewegung unter der Wirkung einer äußeren Kraft, das zweite New-

TONsche Gesetz:

$$\boldsymbol{F} = m\boldsymbol{a} \tag{4.18}$$

($\boldsymbol{F}$ äußere Kraft, m Masse, $\boldsymbol{a}$ Beschleunigung) und die Drehbewegung:

$$\boldsymbol{M} = I\dot{\boldsymbol{\omega}} \tag{4.19}$$

($\boldsymbol{M}$ Moment der äußeren Kräfte, I Trägheitsmoment und $\dot{\boldsymbol{\omega}}$ Winkelbeschleunigung). Diese beiden Beziehungen erfüllen die Forderungen der Operation **R**.

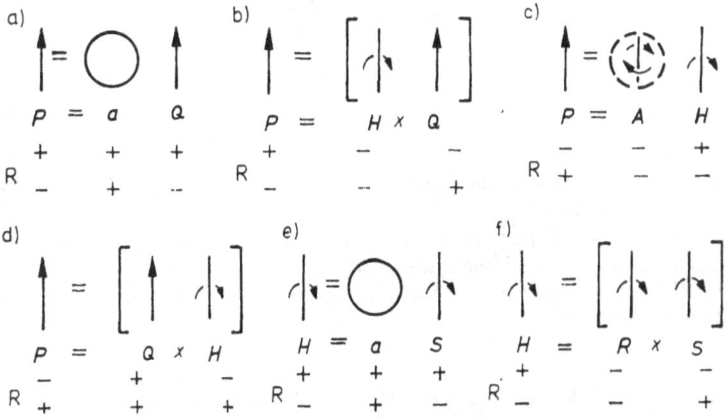

Abb. 19. Graphische und analytische Darstellung der Gleichungen (4.1) bis (4.6) und der Reaktion ihrer Bestandteile auf die Operation der Zeitumkehr **R**.

a) Beziehung (4.1); b) (4.2); c) (4.3); d) (4.4); e) (4.5); f) (4.6)

Die Rechte- (Linke-) Hand-Regel. Diese wichtige Regel wird oft benutzt, z. B. in der Elektrodynamik. Durch sie werden Erscheinungen beschrieben, die den Beziehungen (4.2) und (4.4) gehorchen. Derartige Erscheinungen gibt es viele: den MAGNUS-Effekt, die CORIOLIS-Kraft und den HALL-Effekt. Hierher gehört auch die Ausbreitung von elektromagnetischen Schwingungen (z. B. die Ausbreitung des Lichts), die Erscheinung der elektromagnetischen Induktion u. a. Diese Vektorprodukte verknüpfen drei Vektoren, von denen einer ein axialer und die beiden anderen polare Vektoren sind (Abb. 20).

Die gegenseitige Orientierung der Vektoren beim MAGNUS-Effekt entspricht folgender Regel: die reale Drehung wird durch die Hindrehung des „Kraftvektors“ (der seine Richtung bei der Operation R nicht ändert) zum „Stromvektor“ in Richtung des kleineren Winkels zwischen ihnen angezeigt (Abb. 20a). Für die Bestimmung der Bewegungsrichtung eines stromführenden Leiters

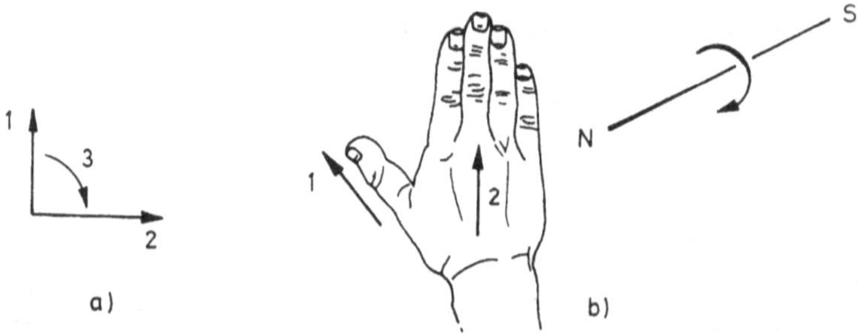

Abb. 20. „Handregel“ bei Erscheinungen, die durch drei Vektoren beschrieben werden.

a) Vektor der „Kraft“ (1), Vektor des „Stromes“ (2), axialer Vektor, der die Richtung der Drehung anzeigt (3);

b) Bewegung eines stromführenden Leiters unter der Wirkung eines Magnetfeldes

unter der Wirkung eines magnetischen Feldes kann man die Rechte-Hand-Regel benutzen (Abb. 20b). In diesem Fall zeigen die ausgestreckten Finger die Bewegungsrichtung der Elektronen (entgegengesetzt zur Stromrichtung) an. Das Vorzeichen des Nordpols des Magneten (bzw. der Zylinderspule) wird so bestimmt: blickt man von der Seite dieses Pols (aus dem üblicherweise die magnetischen Kraftlinien „austreten“), bewegen sich die Elektronen im Uhrzeigersinn (die Richtung des Stromes ist entgegen dem Uhrzeiger). In diesem Fall bewegt sich der stromführende Leiter, wie es der Daumen der rechten Hand anzeigt. In beiden Fällen der Abb. 20 ist die gegenseitige Orientierung der drei Vektoren einheitlich, unabhängig von der Art der Erscheinung. Das gilt auch für die Bestimmung der Richtungen der CORIOLIS- und der LORENTZ-Kraft. Die Gesamtheit der drei Vektoren wird in der vollen Symmetrie durch die Gruppe $\underline{m}m\underline{2}$ und in der gewöhnlichen Symmetrie durch die Gruppe m beschrieben.

Die Schraubenregel. Diese Regel bestimmt die Richtung der linearen Bewegung bei der Drehung einer Schraube (eines Korkenziehers; s. (4.3) und Abb. 19). Eine rechte Schraube (mit Rechtsgewinde) dreht sich bei Drehung im Uhrzeigersinn hinein, eine linke dagegen heraus. Eine rechte Schraube entspricht also der in Abb. 18a dargestellten gegenseitigen Orientierung des polaren und axialen Vektors, eine linke der von Abb. 18b.

Es ist interessant, daß die Schraubenregel manchmal zur Bestimmung der „Richtung des magnetischen Feldes" eines geradlinigen Stromes benutzt wird (Abb. 21). Allerdings sind in diesem

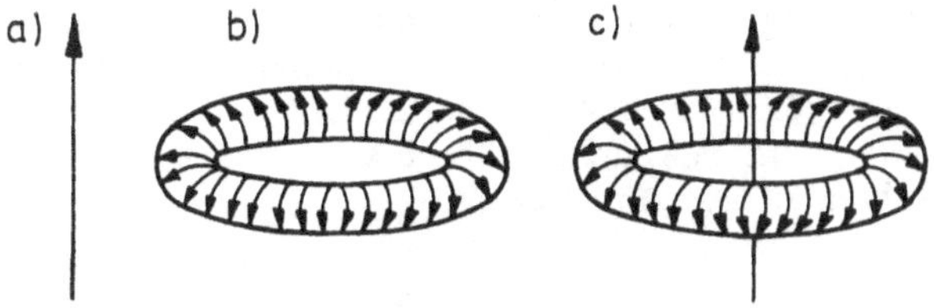

Abb. 21. Magnetfeld eines stromführenden Leiters. Der Strom (a) und das Magnetfeld (b) haben in der vollen Symmetrie ein und dieselbe Symmetriegruppe $\infty/\underline{m}mm$ (c)

Fall der Strom und das Magnetfeld zueinander senkrecht orientiert (nicht parallel, wie es durch die Schraubenregel definiert wird). Außerdem wird hier die weit verbreitete Vorstellung benutzt, daß man im Magneten „die Richtung der Kraftlinien" (sie treten üblicherweise aus dem Nordpol aus und enden am Südpol) angeben kann. Diese Richtung wird auch als Richtung des Magnetfeldes angenommen, das oft mit Hilfe eines polaren Vektors gekennzeichnet wird. Eigentlich ist das Magnetfeld axial und seine „Richtung" (die Pole) wird eindeutig durch die Richtung von Kreisströmen in den „AMPEREschen Windungen" bestimmt: blickt man auf den „Nordpol", dann erfolgt die Elektronenbewegung in solchen Windungen (z. B. in einer Zylinderspule) im Uhrzeigersinn, blickt man auf den „Südpol" erfolgt diese Bewegung entgegen dem Uhrzeigersinn (s. Abb. 20b).[1])

Die Kreiselregel. Diese Regel wird bei der Betrachtung von Erscheinungen benutzt, die durch die Beziehung (4.6) beschrieben werden. Bekanntlich beginnt ein rotierender Kreisel, wenn man ihn verkippt (an ihn ein „Drehmoment" anlegt), um eine „dritte"

---

[1]) Die Richtung des Stromes ist definitionsgemäß der Elektronenbewegung entgegengesetzt (d. Hrsg.).

Achse zu rotieren, welche senkrecht zur Drehachse und senkrecht zur Achse des angelegten Drehmoments steht (Abb. 22). Bei einem im Schwerpunkt aufgehängten Kreisel ruft das Anlegen des erwähnten Drehmomentes eine Präzession hervor, die ebenso beschrieben werden kann, wie eine Rotation des Kreisels um eine „dritte" Achse. Die gesamte Erscheinung wird durch drei zueinander senkrechte axiale Vektoren beschrieben. Zwei von ihnen ändern bei der Operation R das Vorzeichen, während der dritte (das Drehmoment) sich nicht ändert. Mit der Kreiselregel werden Erscheinungen beschrieben, wie die paramagnetische Elektronenresonanz und die magnetische Kernresonanz.

Die Anordnung der drei zueinander senkrechten axialen Vektoren wird in der vollen Symmetrie mit der zentrosymmetrischen Gruppe $\bar{3}\underline{m}$ und in der gewöhnlichen Symmetrie mit der Gruppe $\bar{3} = C_{3i} = S_6$ beschrieben (Abb. 22).

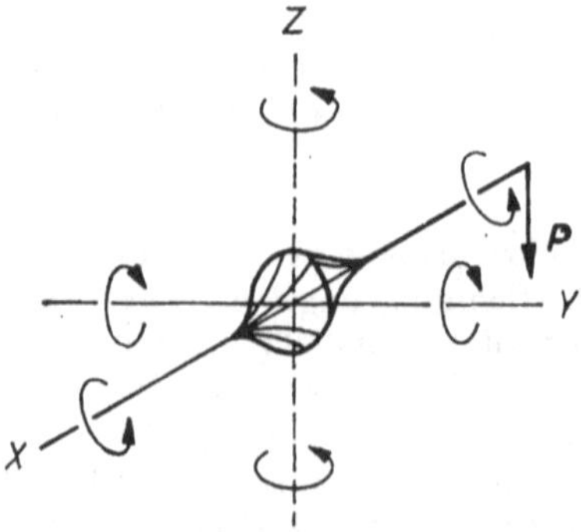

Abb. 22. Ein sich drehender Kreisel erfährt unter der Wirkung eines Drehmomentes $\boldsymbol{P}$ (bezüglich einer Drehung um die Achse Y) eine Drehung um die Achse Z

4.4. *Die Symmetrie des Raumes und der Zeit*

Aus den oben eingeführten fundamentalen Erhaltungssätzen kann man nur eine bestimmte Schlußfolgerung ziehen: der Raum ist zentrosymmetrisch, er besitzt als Symmetrieelement die „Inversion an einem Punkt" ($\bar{1}$ = C). Offensichtlich können unter den „*Symmetrieoperationen*" des Raumes keine sein, welche eine „Änderung des Vorzeichens des Raumes" erzeugen könnten. In der vollen Symmetrie gibt es eine solche Operation, das ist die Operation der

„Änderung des Vorzeichens eines Skalars" – die Operation $\underline{\bar{1}} = \underline{C}$ (s. 3.2.). Wir werden sie im weiteren mit dem Symbol P bezeichnen. Die gleiche Operation ändert das Vorzeichen (die Richtung) eines axialen Vektors.

Bei der Beschreibung der grundlegenden Erhaltungssätze (der Energie, des Impulses, des Drehimpulses) werden nur einfachste geometrische Formen benutzt: eine skalare und zwei vektorielle. Diese können noch durch eine einfachste pseudoskalare Form ergänzt werden. Eine Betrachtung ihrer charakteristischen symmetrischen Besonderheiten zeigt, daß ein Skalar und ein axialer Vektor ein Symmetriezentrum ($\bar{1}$) besitzen, während ein Pseudoskalar und ein polarer Vektor ein Antisymmetriezentrum ($\underline{\bar{1}}$) aufweisen. Was jedoch die einfachen Drehungen betrifft, so sind sie analog für beide Größenpaare und widerspiegeln keine individuellen Züge ihrer Symmetrie.

Bei der gleichberechtigten Behandlung des Raumes und der Zeit (in der vollen Symmetrie) setzt man natürlich voraus, daß, wenn der Raum zentrosymmetrisch ist (in Übereinstimmung mit der Symmetrie eines Skalars und eines axialen Vektors), die Zeit als geometrische Form antizentrosymmetrisch sein muß. Hieraus ergibt sich, daß, wenn man die „Änderung des Vorzeichen des Raumes" mit der Operation $\underline{\bar{1}}$ verwirklichen kann, die „Änderung des Vorzeichens der Zeit" mit Hilfe der Operation $\bar{1}$ geschehen kann. Für die Zeit ist die Operation $\bar{1}$ keine Symmetrieoperation.

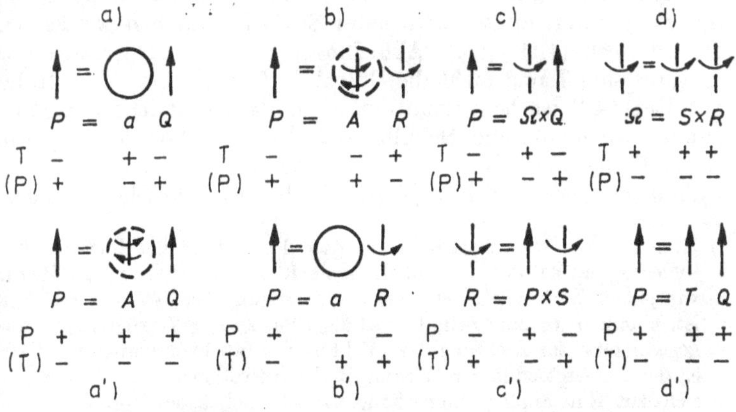

Abb. 23. Einige einfache Beziehungen, die die Operationen T (a–d) und P (a'–d') erfüllen; a'–d' – Beziehungen des zeitartigen Systems

Sie wird mit dem Symbol T gekennzeichnet und heißt *Zeitinversion*. Aus dem, was über die Operation R (s. (4.2)) gesagt wurde, und aus der Definition der Operation T folgt, daß diese Operationen in ihrem Wesen verschieden sind: die erste von ihnen basiert auf der Vorstellung einer Bewegung im Raum, während sich die zweite auf die Symmetrie von geometrischen Formen gründet, die den Raum und die Zeit repräsentieren.

In unserer objektiven Realität sind Raum und Zeit nicht gleichberechtigt. Das folgt insbesondere daraus, daß die in ihr real existierenden Erscheinungen (s. (4.1)–(4.6)) die Forderungen der gleichberechtigt eingeführten Operationen nur im Falle der Operation T und nicht im Falle der Operation P befriedigen (Abb. 23a–d). Dieser Sachverhalt befindet sich in Übereinstimmung damit, daß unsere Realität nur ein „skalares Vorzeichen" der Energie hat. Wenn man unsere Realität als *„räumlich"* bezeichnet, könnte eine *„zeitliche"* Realität mit ihr „vereinbar" sein, in der (im Gegensatz zur räumlichen) der Raum nur isotrop, aber die Zeit homogen und isotrop ist (in beiden Systemen ist der Raum zentrosymmetrisch, die Zeit antizentrosymmetrisch; Abb. 24).[1])

Aus der erwähnten Nichtgleichberechtigtkeit der Zeit und des Raumes in unserer Realität folgt auch die Notwendigkeit der Einführung des Begriffs „Änderung des Vorzeichens der Zeit", der Operation R. Trotzdem können die Operationen T und P bei der Klärung der Frage, ob in unserer Realität eine bestimmte physikalische Erscheinung möglich ist oder nicht, benutzt werden. So erfüllen die einfachsten realen physikalischen Erscheinungen, die durch Tensoren nullter und erster Stufe beschrieben werden (s. Beziehungen (4.1)–(4.6), Abb. 23a–d), nur die Operation der Zeitinversion T und nicht die Operation P. Solch eine „Kontrolle auf Realität" ist bedeutend einfacher als die üblicherweise angewendete, in der die Erfüllbarkeit der Operation R überprüft wird: für die Operation T ist es ausreichend, die Symmetrie der betreffenden darstellenden Objekte, d. h. ihre geometrischen Formen,

---

[1]) Üblicherweise wird angenommen, daß der Vektor der linearen Beschleunigung bei der Zeitumkehr seine Richtung nicht ändert. Wenn wir jedoch berücksichtigen, daß die Bewegung bei $t \to -t$ verzögert ist, kommen wir zum Schluß, daß der „Vektor der Verzögerung" entgegengesetzt zur Richtung des „Vektors der Beschleunigung" ist. Hier ist der Unterschied in den Wirkungen der Operationen R und T deutlich sichtbar. Eine analoge Bemerkung kann bezüglich des Verhaltens des Vektors des „Drehimpulses" bei den Operationen R und P gemacht werden.

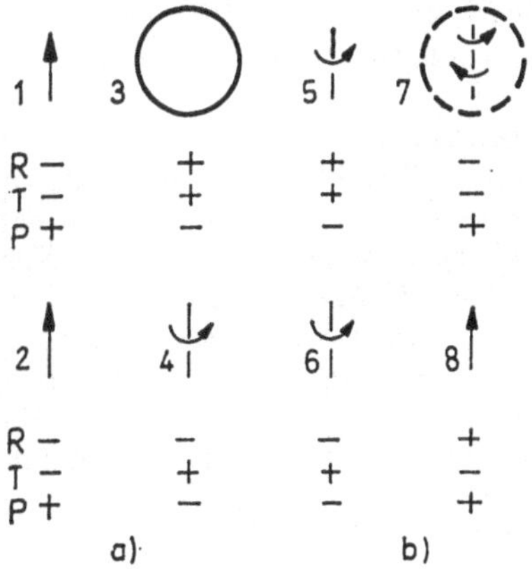

Abb. 24. Geometrische Formen, die die Symmetrie des Raumes und der Zeit und auch der Erhaltungsgrößen darstellen, mit ihrem Verhalten unter der Wirkung der Operationen R, T und P.
Charakter der Größen:

1 — T (Zeit), polarer Vektor;
2 — LT^{-1} („Geschwindigkeit"), polarer Vektor, L — „Raum";
3 — L („Raum"), Skalar;
4 — L^2T^{-1}, axialer Vektor, Drehimpuls (kinetische Näherung);
5 — L („Raum"), axialer Vektor;
6 — LT^{-1} (Geschwindigkeit), axialer Vektor;
7 — T (Zeit), Pseudoskalar;
8 — LT^{-2}, polarer Vektor, Beschleunigung der linearen Bewegung

zu kennen, während man für die Operation R außerdem wissen muß, auf welche Art diese Figuren mit der Zeit t verknüpft sind.

So können die Symmetriebeziehungen für die Umwandlung der Zeit vom Standpunkt der vollen Symmetrie mittels der Operation T, $\bar{\text{I}}$ = C, der *„räumlichen Inversion"* [1]), eingeführt werden, welche vom Wortklang her leicht für die *„Inversion des Raumes"*, also die Veränderung des Vorzeichens des Raumes, gehalten wird. Augenscheinlich entstand deshalb auch die Notwendigkeit der Einführung einer speziellen Überprüfung „auf die Zeit", die zur Einführung des Begriffs der *Zeitumkehr* führte. Was jedoch die Überprüfung auf die Rauminversion betrifft, erweist es sich als nützlich, sie mit Hilfe der Operation $\bar{\text{I}}$ (P) durchzuführen; physikalisch reale

[1]) In einigen Abschnitten dieses Buches wird der gleichbedeutende Ausdruck „Inversion im Raum" benutzt.

Erscheinungen erfüllen die Überprüfung im räumlichen System nicht, da unser Raum nur ein „Vorzeichen“ besitzt, welches sich auf das ganze Universum erstreckt.

Die Beziehungen (4.1)–(4.6) waren als mögliche Kombinationen angegeben worden, die die Operation R erfüllen. Solche Beziehungen können nur dann als einfachste angegeben werden, wenn man die bekannte Regel der physikalischen Kristallographie zur Verknüpfung polarer und axialer Größen benutzt. Andererseits können solche Beziehungen nur aufgestellt werden, wenn man davon ausgeht, daß in unserer Realität nur Beziehungen physikalisch möglich sind, die die Operation T erfüllen. Die Eindeutigkeit der Behandlung erweist, daß es keinerlei Widersprüche in den Schlußfolgerungen über die Realität der betreffenden Erscheinungen gibt, seien sie auf rein analytischem Wege (s. Transformationsformeln für Komponenten von Tensoren (2.7) und (2.8)) oder vom Standpunkt der Erfüllbarkeit der Operationen R und T erhalten.

Die oben angeführten Sachverhalte zeugen von der Effektivität des gleichberechtigten Zugangs zur Symmetrie des Raumes und der Zeit. Nachdem wir die geometrischen Formen für den Raum als die eines Skalars und eines axialen Vektors (in der vollen Symmetrie) und die geometrischen Formen für die Zeit als die eines Pseudoskalars und eines polaren Vektors bestimmt haben (ebenfalls in der vollen Symmetrie), können wir mit ihrer Hilfe Aussagen darüber erhalten, ob beliebige analytische Beziehungen reale Erscheinungen in unserer Wirklichkeit beschreiben oder nicht. Die Tatsache, daß die Schlußfolgerungen über die Realität von Erscheinungen, die durch die Beziehungen (4.1)–(4.6) beschrieben werden und mittels der Operation T erhalten wurden, mit den Schlußfolgerungen, die mit Hilfe der Operation R erhalten wurden, zusammenfallen, kann als Bestätigung für die Richtigkeit der zur Beschreibung der Symmetrie des Raumes und der Zeit ausgewählten Formen dienen. Die Überprüfung der Erfüllbarkeit der Operation T kann somit als *Kontrolle der Identität der Symmetrie* der linken und rechten Seiten von Beziehungen bezeichnet werden. Eine solche Überprüfung ist einer Kontrolle auf Gleichheit der Dimensionen der linken und rechten Seiten von Beziehungen, die reale Erscheinungen beschreiben, analog.

Die Gesamtheit der Raum- und Zeittransformationen bildet eine Gruppe. Ihre Elemente sind die Operationen $\bar{1}$, $\underline{\bar{1}}$, $\underline{1}$ und die Einheitsoperation $(\bar{1})^2 = 1$. Die Gruppe besteht aus vier Operationen, besitzt also die Ordnung 4, und wird im folgenden mit PT-4 bezeichnet. Die Multiplikationstabelle der Operationen dieser Gruppe (das sogenannte CAYLEY-Quadrat) (Gruppentafel – d. Hrsg.) hat die Form

$$\begin{array}{c|cccc} & 1 & \bar{1} & \underline{\bar{1}} & \underline{1} \\ \hline 1 & 1 & \bar{1} & \underline{\bar{1}} & \underline{1} \\ \bar{1} & \bar{1} & 1 & \underline{1} & \underline{\bar{1}} \\ \underline{\bar{1}} & \underline{\bar{1}} & \underline{1} & 1 & \bar{1} \\ \underline{1} & \underline{1} & \underline{\bar{1}} & \bar{1} & 1. \end{array} \tag{4.20}$$

Auf Abb. 25 sind die *Charaktere der irreduziblen Darstellungen* der Gruppe PT-4 und die geometrischen Figuren für ihre *Basisinvarianten* angegeben. Den Ziffern 1 entsprechen Transformationen der Basisinvarianten ohne Änderung ihres Vorzeichens (Richtung), während den Ziffern −1 Transformationen mit Änderung des Vorzeichens entsprechen.[1]) Dabei unterscheiden sich die vektoriellen Basen nur durch die Änderung der Richtung der Vektoren, während sich die skalaren Basen durch die Änderung des Vorzeichens (Übergang eines positiven Skalars in einen negativen, Übergang eines rechten Pseudoskalars in einen linken usw.) unterscheiden.

Basisinvarianten				Darstellung	Operationen und Charaktere			
polarer Vektor	axialer Vektor	Skalar	Pseudoskalar		1 $(PT)^2$	$\bar{1}$ T	$\underline{\bar{1}}$ P	$\underline{1}$ PT
—	—	—	—	A	1	1	1	1
 $\pm A_{xy}$			 A	B	1	−1	1	−1
	 $\pm a_{xy}$	 a		C	1	1	−1	−1
 $\pm A_{xy}$ $\pm a_{xy}$		 A, a		D	2	0	0	−2

Abb. 25. Charaktere der irreduziblen Darstellungen und Basisinvarianten der Gruppe PT-4

[1]) Für die „zweidimensionalen“ Basisinvarianten (die sowohl den Raum als auch die Zeit charakterisieren) stehen für die Charaktere der Werte 2 und −2. Aus Abb. 25 ist ersichtlich, daß das Produkt der Operationen P und T in allen Fällen (außer der trivialen Einsdarstellung, die dem „Fehlen“ des Raumes und der Zeit entspricht) die „Welt“ in die „Antiwelt“ überführt.

5. Die Symmetrie physikalischer Erscheinungen und Objekte

5.1. *Einige physikalische Erscheinungen, die durch Tensoren nullter, erster und zweiter Stufe beschrieben werden*

Eine Reihe von realen physikalischen Erscheinungen, die durch Tensoren nullter, erster und zweiter Stufe beschrieben werden, wurden im vierten Kapitel betrachtet. Dort untersuchten wir hauptsächlich ihre Symmetrieeigenschaften. Das betrifft insbesondere Erscheinungen, die mit einem Vektorprodukt beschrieben werden. Die Grundlage ihrer Interpretation sind die gebräuchlichen Vorstellungen darüber, welche Größen vektorielle und welche skalare sind, ob sie linear, quadratisch oder gar nicht von der Zeit abhängen.

Indem man die üblichen Vorstellungen über die Symmetrie der Größen benutzt, die in die jeweils betrachteten Beziehungen eingehen, kann man Schlußfolgerungen über die Symmetrie anderer Größen erhalten. So kann aus dem zweiten NEWTONschen Gesetz (4.18) mit der Beschleunigung als vektorieller Größe und der Forderung nach Erfüllung der Operation R den Schluß ziehen, daß die Kraft (eine vektorielle Größe) nicht von der Zeit abhängt, vorausgesetzt, die Masse (wie auch die Energie) hängt nicht linear von der Zeit ab.

Die Drehung der Polarisationsebene des Lichtes durch ein Medium im Magnetfeld (FARADAY-*Effekt*; Abb. 26a) wird durch die Beziehung (4.5) beschrieben. Die Größe a_{ij} muß dabei nicht unbedingt skalar sein (sie kann ein beliebiger symmetrischer polarer Tensor zweiter Stufe sein). Am wichtigsten ist jedoch etwas anderes: die Größe a_{ij} beschreibt die Eigenschaften eines *materiellen* Mediums. In (4.5) wird für den FARADAY-Effekt angenommen, daß bei der Zeitumkehr R das Magnetfeld und die Drehrichtung das Vorzeichen ändern. Diese Situation entspricht der praktischen Erfahrung: bei Änderung der Richtung des Magnetfeldes $\boldsymbol{H}$ ändert sich die Drehrichtung der Ebene des polarisierten Lichtes (bei sonst gleichen Bedingungen) in die entgegengesetzte. Hier sollte man auch auf die *optische Aktivität* von Kristallen (von anisotropen Medien), d. h. auf die natürliche Drehung der Polarisationsebene des Lichtes, eingehen. Sie wird durch eine Beziehung analog zu

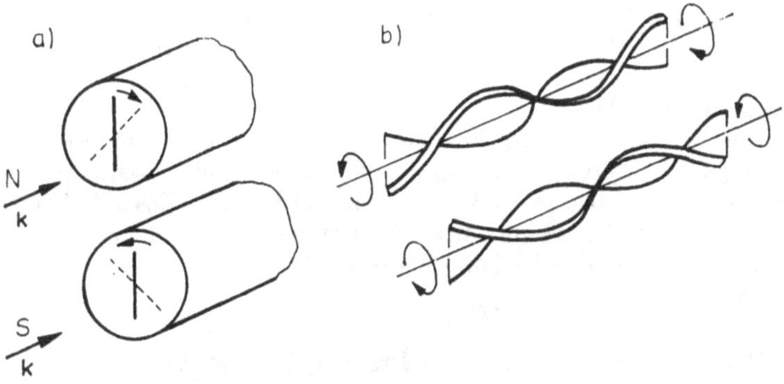

Abb. 26. Drehung der Polarisationsebene des Lichtes.
a) magnetische Drehung, FARADAY-Effekt (***k***-Richtung der Welle);
b) Modell der Drehung durch die natürliche optische Aktivität. Die Drehung nach links bzw. nach rechts ist von beiden Seiten aus betrachtet die gleiche

(4.3) beschrieben, wobei das materielle Medium in diesem Fall durch einen symmetrischen axialen Tensor g_{ij} charakterisiert wird, der den Drehwinkel $\boldsymbol{\varphi}$ der Polarisationsebene mit einem polaren Vektor $\boldsymbol{k}$ verknüpft. Dieser Vektor stimmt in seiner Richtung mit der Ausbreitungsrichtung der Lichtwellen überein (Abb. 26b):

$$\varphi_i = g_{ij} k_j . \tag{5.1}$$

Der Vektor $\boldsymbol{k}$ ändert definitionsgemäß bei der Operation R seine Richtung in die entgegengesetzte, während der Vektor $\boldsymbol{\varphi}$ seine Richtung beibehält. Die Forderung des verallgemeinerten ONSAGER-Prinzips (s. (4.16)) und Abb. 19c), das Vorzeichen von g_{ij} zu ändern, sichert die Erfüllbarkeit der gesamten Beziehung (5.1) bei der Zeitumkehr R.

Der *magnetoelektrische Effekt*

$$P_i = \alpha_{ij} H_j \tag{5.2}$$

($\boldsymbol{P}$ elektrische Polarisation, $\boldsymbol{H}$ Magnetfeld, α_{ij} symmetrischer axialer Tensor zweiter Stufe) wird ebenfalls durch eine Beziehung beschrieben, die analog zu (4.3) ist. Die Zeitumkehr führt zu einer Richtungsänderung des Vektors $\boldsymbol{H}$, während $\boldsymbol{P}$ seine Richtung beibehält. Der magnetoelektrische Effekt tritt gewöhnlich nur in Kristallen mit magnetischer Struktur auf, bei denen der Tensor α_{ij} bei der Operation R das Vorzeichen ändert. Wir bemerken jedoch, daß diese Forderung (nach einem „magnetischen" Kristall) überflüssig ist, da das verallgemeinerte ONSAGER-Prinzip die Änderung des Vorzeichens von α_{ij} in allen Fällen (s. (4.16), Abb. 19c) fordert.

Die Symmetrieeigenheiten der Wechselwirkungen von Erscheinungen, die durch vektorielle Produkte beschrieben werden, sind schon weiter oben (s. (4.3)) erwähnt worden. Die Besonderheiten für ihre reale Verwirklichung erfordern zusätzliche Bemerkungen. Die Beziehung, die die CORIOLIS-Kraft beschreibt:

$$\boldsymbol{F}_{\mathrm{C}} = 2m(\boldsymbol{V} \times \boldsymbol{\Omega}) \tag{5.3}$$

($\boldsymbol{\Omega}$ Winkelgeschwindigkeit der Drehung des Systems, $\boldsymbol{V}$ Geschwindigkeit des „Stromes", m Masse), ist analog zu (4.4) (Abb. 27). Bei Beibehaltung der Richtung des „Stromes" führt die Änderung der Richtung von $\boldsymbol{\Omega}$ zur Änderung der Richtung von $\boldsymbol{F}_{\mathrm{C}}$ (Abb. 19d). Hier wird der Zusammenhang der Umwandlung der Vektoren $\boldsymbol{V}$

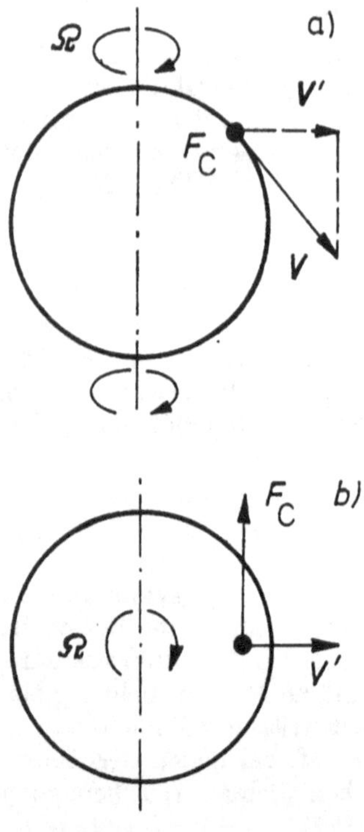

Abb. 27. Gegenseitige Orientierung der Vektoren $\boldsymbol{\Omega}$, $\boldsymbol{V}$ und der CORIOLIS-Kraft $\boldsymbol{F}_{\mathrm{C}}$ am Beispiel der Strömung von Flüssen, die auf der Südhalbkugel vom Süden nach Norden fließen

a) Bewegung eines Teilchens auf dem Kreisumfang der sich drehenden Kugel (Schnitt bezüglich der Ebene, in der die Vektoren $\boldsymbol{\Omega}$ und $\boldsymbol{V}$ liegen);
b) Projektion der Vektoren $\boldsymbol{\Omega}$ und $\boldsymbol{V}$ auf die Ebene, die senkrecht zu $\boldsymbol{\Omega}$ liegt.

und $\boldsymbol{\Omega}$ bei der Operation R besonders deutlich. Üblicherweise müssen $\boldsymbol{V}$ und $\boldsymbol{\Omega}$ (s. Abb. 19b) das Vorzeichen ändern, während die Beziehung (5.3) die Operation R auch in dem Fall erfüllt, wenn $\boldsymbol{F}_C$ und $\boldsymbol{\Omega}$ ihre Richtung ändern. Vom Standpunkt der Forderungen der Operation T dagegen (s. (4.4)) sind diese beiden Fälle gleichberechtigt, da sich stets nur die Richtung von zwei polaren Vektoren ändert.

Dazu analog ist auch die „elektrische" Variante der betrachteten Erscheinung. Auf ein geladenes Teilchen, das den Impuls $\boldsymbol{P}$ besitzt und sich in einem homogenen Magnetfeld $\boldsymbol{H}$ bewegt, wirkt die LORENTZ-Kraft

$$\boldsymbol{F}_L = (e/c)\,(\boldsymbol{V} \times \boldsymbol{H}) \tag{5.4}$$

($\boldsymbol{V}$ Geschwindigkeit der Teilchen, e elektrische Ladung, c Lichtgeschwindigkeit). Eine Bewegung in umgekehrter Richtung ($\boldsymbol{V} \to -\boldsymbol{V}$) und die Änderung der Magnetfeldrichtung (bei der Operation R) geht einher mit der Beibehaltung der Richtung von $\boldsymbol{F}_L$.

Der HALL-*Effekt* – das Entstehen eines Potentialunterschiedes $\boldsymbol{E}$ in einer in einem Magnetfeld $\boldsymbol{H}$ befindlichen halbleitenden Platte,

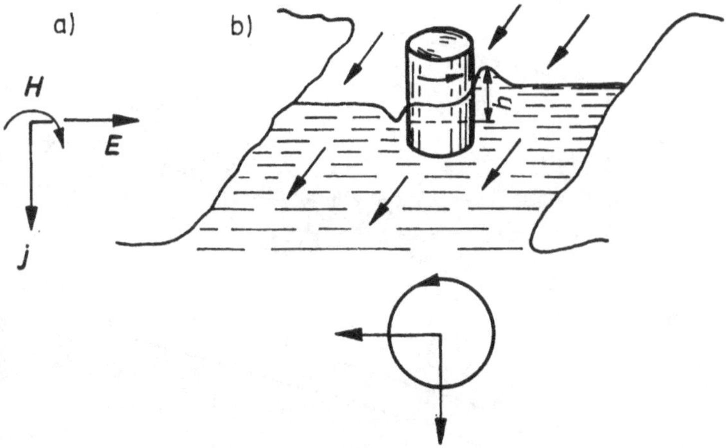

Abb. 28. HALL-Effekt und sein „mechanisches" Analogon

a) gegenseitige Orientierung der Felder und des Stromes beim gewöhnlichen HALL-Effekt;

b) Zylinder im Wasserstrom (h – Höhenunterschied im Wasserniveau als „transversaler Potentialunterschied") durch die ein elektrischer Strom $\boldsymbol{j}$ fließt – wird analog zu (4.2) (Abb. 19d; Abb. 28a) durch

$$\boldsymbol{E} = \boldsymbol{H} \times \boldsymbol{j} \tag{5.5}$$

beschrieben. Bei der Operation R ändern $\boldsymbol{H}$ und $\boldsymbol{j}$ ihre Richtung, während $\boldsymbol{E}$ sich nicht ändert. Dies entspricht ganz den üblichen Vorstellungen über das Verhalten dieser Vektoren. Das mechanische Analogon zum HALL-Effekt kann man sich in Form eines sich drehenden Zylinders in einem Wasserstrom vorstellen (Abb. 28b). Ein ebensolcher Zylinder, der sich in einem Luftstrom befindet, illustriert den MAGNUS-*Effekt*. Es ist interessant, daß die Schiffsbauer in neuerer Zeit begannen, Schiffe mit sich auf Deck drehenden Zylindern zu bauen. Wenn der Wind weht, erfährt solch ein Schiff eine effektive Kraft (den polaren Vektor der „MAGNUS-Kraft“). Die gegenseitige Orientierung aller drei Vektoren (des Stromes, der Drehung und der „Kraft“) ist in Abb. 20a dargestellt.

In einer elektromagnetischen Welle ist der Vektor des Magnetfeldes $\boldsymbol{H}$ senkrecht zum Vektor $\boldsymbol{E}$ (der elektrischen Feldstärke)

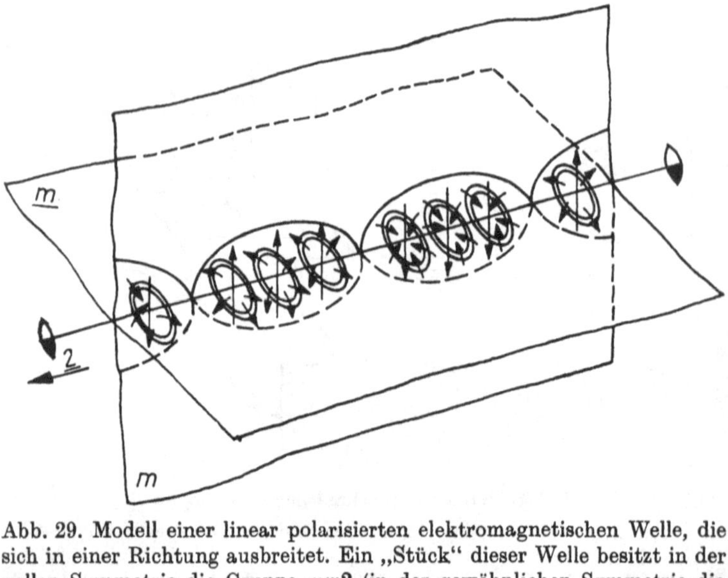

Abb. 29. Modell einer linear polarisierten elektromagnetischen Welle, die sich in einer Richtung ausbreitet. Ein „Stück“ dieser Welle besitzt in der vollen Symmetrie die Gruppe $\underline{m}m\underline{2}$ (in der gewöhnlichen Symmetrie die Gruppe m).

und zum polaren Vektor des Energiestromes (Poynting-*Vektor*) $\boldsymbol{S}$ orientiert. Die Beziehung, die diesen Sachverhalt beschreibt, ist analog zu (4.4):

$$\boldsymbol{S} = \boldsymbol{E} \times \boldsymbol{H}. \tag{5.6}$$

Bei Zeitumkehr ändert sich die Richtung der Vektoren $\boldsymbol{S}$ und $\boldsymbol{H}$. Ein Modell einer elektromagnetischen Welle ist in Abb. 29 dargestellt.

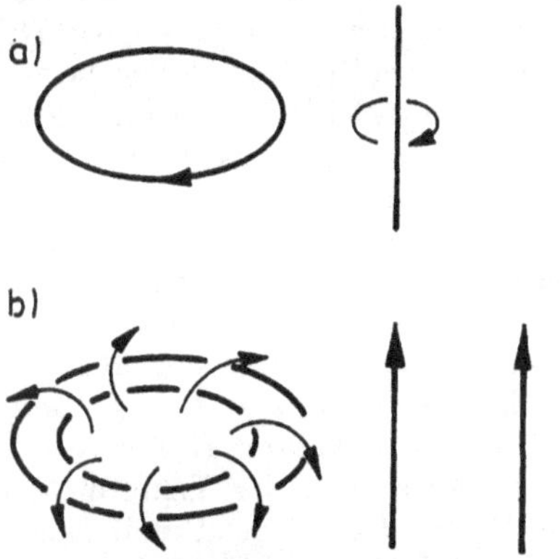

Abb. 30. Geometrische Interpretation der linken und rechten Seite der beiden Maxwellschen Gleichungen.
a) Gleichung (5.7); b) Gleichung (5.8)

Abbildung 30 zeigt die geometrische Interpretation zweier grundlegender Gleichungen der Elektrodynamik, der Maxwellschen Gleichungen:

$$\operatorname{rot} \boldsymbol{E} = -\frac{1}{c} \frac{\mathrm{d}\boldsymbol{H}}{\mathrm{d}t}, \tag{5.7}$$

$$\operatorname{rot} \boldsymbol{H} = \frac{1}{c} \frac{\mathrm{d}\boldsymbol{E}}{\mathrm{d}t} + \frac{4\pi}{c} \boldsymbol{j} \tag{5.8}$$

($\boldsymbol{j}$ Stromdichte). Die Verknüpfung der Vektoren $\boldsymbol{E}$ und $\boldsymbol{H}$ ist in der ersten Gleichung rein kinematisch. Das erlaubt es, die im vierten Kapitel dargelegten Vorstellungen über die Symmetrie des Raumes und der Zeit, die mit Hilfe der vollen Symmetrie erhalten wurden, zu überprüfen. In diesem Fall ändert die Zeitinversion T ($\bar{1}$) das Vorzeichen des linken Teils der Beziehung (5.7) (s. Abb. 30a) nicht. Der rechte Teil dieser Beziehung kann vereinfacht (ohne Berücksichtigung des Vorzeichens, das im gegebenen Fall bezüglich der Operation T nicht überprüft wird) in der Form

$$\boldsymbol{H}/\Delta x \tag{5.9}$$

geschrieben werden, wobei Δx ein Weg- bzw. „Rauminterval" bedeutet.

Insofern in der vollen Symmetrie die Operation T das Vorzeichen des Raumes nicht ändert, verhalten sich der rechte und der linke Teil der Gleichung (5.7) bei dieser Operation einheitlich: ihre Vorzeichen ändern sich nicht. Die Symmetrie der beiden Teile ist somit bezüglich der Zeitinversion gleich. Da die MAXWELLschen Gleichungen typische Beziehungen unserer Realität in ihrer einfachsten Form sind, dürfen sie auch nicht die Operation $\mathsf{P} = \underline{\bar{1}}$, die „Rauminversion" (seine Vorzeichenänderung) (s. Abb. 23a) erfüllen. Dies war bereits weiter oben hervorgehoben worden. Die MAXWELLschen Gleichungen erfüllen, wie auch andere Beziehungen der Elektrodynamik, natürlich die Operation R. Das wird aber nur unter der Bedingung erreicht, daß der Vektor $\boldsymbol{E}$ bei der Zeitumkehr das Vorzeichen ändert und der Vektor $\boldsymbol{H}$ nicht. Ein solches Verhalten des Vektors $\boldsymbol{E}$ (aber auch der Vektoren der elektrischen Verschiebung $\boldsymbol{D}$, der Polarisation $\boldsymbol{P}$, des Dipolmomentes $\boldsymbol{d}$) bei der Operation R basiert auf der Tatsache, daß bei dieser Operation die elektrische Ladung ihr Vorzeichen nicht ändert.

Es ist leicht zu zeigen, daß diese Schlußfolgerung nicht gerechtfertigt ist, da die Vektoren $\boldsymbol{E}$, $\boldsymbol{D}$, $\boldsymbol{P}$, $\boldsymbol{d}$ als polar-vektorielle Größen sich bezüglich der Symmetrie *prinzipiell* von skalaren Größen (den elektrischen Ladungen) unterscheiden. Die „Symmetrieregeln" für die genannten vektoriellen Größen kann man nicht erhalten, indem man z. B. jede elektrische Ladung eines Dipols *einzeln* – selbständig – betrachtet. Überprüft man das Verhalten einer Ladung bei der Rauminversion, so ergibt sich, daß skalare Größen dabei ihr Vorzeichen nicht ändern, wohl aber polar-vektorielle Größen (s. Abb. 25). Die angegebenen Überlegungen allein widerlegen nicht die übliche Praxis für die Bewertung des Verhaltens der Vektoren $\boldsymbol{E}$, $\boldsymbol{D}$, $\boldsymbol{P}$, $\boldsymbol{d}$ bei der Operation R. Allerdings zeigen sie eine Unzulänglichkeit des einheitlichen Zugangs zu den Symmetrietransformationen der Ladung (eines Skalars) und einer polarvektoriellen Größe (z. B. eines elektrischen Dipols). Das Beispiel demonstriert deutlich die Zweckmäßigkeit der geometrischen Interpretation der Transformationen bezüglich der Zeitinversion T (statt der Zeitumkehr) und der Rauminversion P ($\underline{\bar{1}}$).

5.2. *Besonderheiten der Symmetrie kristallographischer Erscheinungen, die durch Tensoren dritter und höherer Stufe beschrieben werden*

Unter den Erscheinungen, die durch Tensoren dritter Stufe beschrieben werden, ist der *Piezoeffekt*, d. h. die Erzeugung einer elektrischen Polarisation durch die Deformation bestimmter Kristalle, am bekanntesten. Er wurde von den Gebrüdern CURIE auf der Grundlage von Symmetrieüberlegungen entdeckt. Eine der Gleichungen des *direkten* Piezoeffekts hat die Form

$$P_i = d_{ijk} t_{jk}, \tag{5.10}$$

wobei P_i die Komponenten des Vektors der elektrischen Polarisation, t_{jk} die Komponenten des Tensors der mechanischen Spannungen und d_{ijk} die Komponenten des Tensors der Piezomoduln sind. Der zuletzt genannte Tensor ist ein polarer Tensor dritter Stufe und verknüpft zwei polare Größen (den polaren Tensor $\boldsymbol{t}$ und den polaren Vektor $\boldsymbol{P}$). Piezoelektrische Eigenschaften können in 20 Kristallklassen auftreten, d. h. in allen nichtzentrosymmetrischen Kristallen, außer denen, die zur kubischen Kristallklasse 432 gehören. Beispielsweise hat die Matrix der Piezokoeffizienten von Quarz (SiO_2; Symmetrieklasse 32) die Gestalt[1])

$$\begin{pmatrix} d_{11} & -d_{11} & 0 & d_{14} & 0 & 0 \\ 0 & 0 & 0 & 0 & -d_{14} & -2d_{11} \\ 0 & 0 & 0 & 0 & 0 & 0 \end{pmatrix}. \tag{5.11}$$

Die Koeffizienten des Tensors (5.12), die ungleich Null sind, werden analog zu (2.7) unter Berücksichtigung der Symmetrie des Quarzes durch die Formeln

$$\begin{aligned} d'_{ijk} &= C_{il} C_{jm} C_{kn} d_{lmn}, \\ d_{ijk} &= C_{li} C_{mj} C_{nk} d'_{lmn} \end{aligned} \tag{5.12}$$

bestimmt.

Im einfachsten Fall erhalten wir beim Anlegen einer mechanischen Spannung $\boldsymbol{t}$ an eine Quarzscheibe (X-Schnitt, Abb. 31a) in Übereinstimmung mit der Matrix (5.11) eine elektrische Polarisation

$$P_X = d_{11} t_1,^{1)} \tag{5.13}$$

[1]) Zur Umnumerierung der Koeffizienten vgl. Anhang IX (d. Hrsg.).

die entlang der Achse X (Achse 1) gerichtet ist. Die Richtung der Polarisation wird verständlich, wenn man dem Superpositionsprinzip der Symmetrie (s. Kap. 1) „folgt" (Abb. 31b). Werden die Symmetrie des Quarzkristalls (Symmetriegruppe 32) und die Symmetrie der mechanischen Spannung (Symmetriegruppe ∞/mmm, s. Tab. 2) überlagert, dann ergibt sich: $32 + \infty/mmm = 2$.[1]) Die zweizählige Drehachse erweist sich dabei als einziges gemeinsames Symmetrieelement und repräsentiert einen Zustand mit

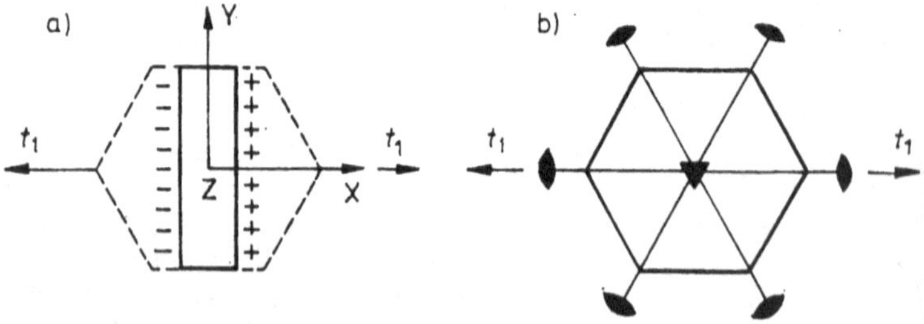

Abb. 31. Piezoeffekt in einer Quarzscheibe (X-Schnitt).

a) Entstehung der elektrischen Ladungen an den gegenüberliegenden Flächen der Scheibe;

b) „Kombination" der Symmetrieelemente

einer singulären („ausgezeichneten") polaren Achse, entlang der auch die elektrische Polarisation entsteht. Der Piezoeffekt in Quarz und anderen Kristallen ist ausgiebig untersucht worden und findet breite Anwendung in der Elektronik, Akustik und Piezometrie.

Die Gleichung des Piezoeffekts (5.11) erfüllt die Forderungen der Zeitumkehr: Gemäß den üblichen Vorstellungen ändert sich bei keiner der in die Gleichung eingehenden Größen bei der Operation R das Vorzeichen. Außerdem erfüllt sie auch die Forderungen der Operation T. Das Verhalten des Tensors d_{ijk} wird hierbei durch das Verhalten der ihn bildenden Größen bestimmt: durch einen polaren Vektor und einen polaren Tensor zweiter Stufe (Abb. 32a). Ein polarer Tensor dritter Stufe, der aus einem axialen Tensor zweiter Stufe und einem axialen Vektor gebildet wird, verhält sich ebenfalls so (s. unten). Das Wesentlichste dabei ist, daß

---

[1]) Bildung des Durchschnitts: $32 \cap \infty/mmm = 2$ (in der betreffenden Orientierung — d. Hrsg.).

polare Tensoren dritter (ungerader) Stufe bei der Operation T das Vorzeichen ändern, während axiale Tensoren dieser Stufe das Vorzeichen bei der Operation T nicht ändern. Betrachtet man die Operation P, ist es umgekehrt: polare Tensoren ungerader Stufe ändern das Vorzeichen nicht, während axiale dies tun. Andererseits ändern polare Tensoren gerader Stufe bei der Operation T nicht das Vorzeichen, wohl aber bei der Operation P; axiale Tensoren gerader Stufe ändern das Vorzeichen bei der Operation T und nicht bei der Operation P.

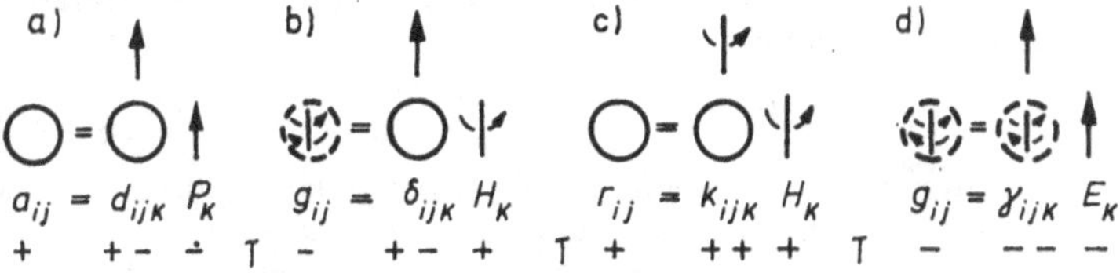

Abb. 32. Die Operation T bei Erscheinungen, die durch Tensoren dritter Stufe beschrieben werden.

a) Piezoeffekt; b) Magnetogyration; c) Piezomagnetismus; d) Elektrogyration

Ein polarer Tensor dritter Stufe beschreibt die vor kurzem vorhergesagte und entdeckte *Magnetogyration*, die Drehung der Polarisationsebene des Lichts durch bestimmte Kristalle unter Einwirkung eines Magnetfeldes $\boldsymbol{H}$ (Abb. 32b):

$$g_{ij} = \delta_{ijk} H_k \tag{5.14}$$

(g_{ij} symmetrischer axialer Tensor zweiter Stufe; δ_{ijk} polarer Tensor dritter Stufe, analog dem Tensor des Piezoeffekts). Diese Erscheinung unterscheidet sich sowohl vom Faraday-Effekt als auch von der natürlichen optischen Aktivität (s. (5.1) und Abb. 26).

Die durch die Symmetrie erlaubte Möglichkeit der Magnetogyration führte zu einer heftigen Diskussion: Die Erscheinung war in nichtmagnetischen Kristallen (z. B. in CdS) entdeckt worden, während ohne Berücksichtigung der Verallgemeinerung des Onsager-Prinzips auf axiale Tensoren die Beziehung (5.15) die Operation R′ für solche Kristalle nicht erfüllt. Die Verallgemeinerung des Onsager-Prinzips (s. (4.2)) hebt das Verbot von R für die

Magnetogyration auf:

$$\begin{array}{llll} & g_{ij} = & \delta_{ijk} H_k & \\ \mathsf{R}' & + & + \; - & \\ \mathsf{R} & - & + \; - \, . & \end{array} \tag{5.15}$$

Die Beziehung (5.15) erfüllt ebenfalls die Operation T (s. Abb. 31b).

Ein typischer Vertreter von axialen Tensoren dritter Stufe ist der Tensor des *Piezomagnetismus*. Er beschreibt die Möglichkeit der Magnetisierung eines Kristalls durch Deformationen (Spannungen) oder den umgekehrten Effekt, den Kristall durch ein Magnetfeld zu deformieren:

$$r_{ij} = k_{ijk} H_k \tag{5.16}$$

(r_{ij} Komponenten des Deformationstensors, eines polaren Tensors zweiter Stufe; H_k Komponenten des Magnetfeldes, eines axialen Vektors; k_{ijk} axialer Tensor dritter Stufe). Für 29 (von 32) Kristallklassen hat der Tensor k_{ijk} von null verschiedene Komponenten. Lediglich in den Kristallklassen 432, $\bar{4}3m$ und $m\bar{3}m$ ist kein Piezomagnetismus möglich. Die Berechnung der Matrixkoeffizienten für Kristalle verschiedener Klassen geschieht mit Hilfe der Formeln (5.12), in welchen in diesem Fall vor den Symbolen der Kosinus die Vorzeichen plus oder minus stehen müssen. Das Vorzeichen „minus" (−) wird dann benutzt, wenn die Transformation Drehspiegelungen (Drehinversionen) enthält (s. auch (2.8)).

Der piezomagnetische Effekt blieb in gewöhnlichen Kristallen lange Zeit unentdeckt und wurde erst vor verhältnismäßig kurzer Zeit nur an Kristallen mit magnetischer Struktur — den schwachen Ferromagnetika CoF_2 und MnF_2 — gemessen. Üblicherweise wird damit gerechnet, daß der Piezomagnetismus nur in Kristallen mit einer magnetischen Struktur möglich ist. Vom Standpunkt der magnetischen Symmetrie erfüllt die Gleichung (5.17) die Operation R nur für solche Kristalle:

$$\begin{array}{ll} & r_{ij} \; k_{ijk} H_k \\ \mathsf{R}', \mathsf{R} & + \; - \; - \, . \end{array} \tag{5.17}$$

Geht man von der gewöhnlichen Symmetrie aus, dann erfüllt (5.17) die Operation R′ auch ohne diese Einschränkung, da in der gewöhnlichen Symmetrie keine Unterschiede zwischen magnetischen axialen und geometrischen Richtungen gemacht werden. In der vollen Symmetrie (R) wird gleichfalls keine Teilung der „Axialität" in zwei Arten durchgeführt. Außerdem erfüllt in der vollen Symmetrie die Beziehung (5.17) die Operation T, was kein Verbot für den Piezomagnetismus in nichtmagnetischen Kristallen bedeutet. Offensichtlich wird dieser Effekt in Kristallen mit magnetischer Struktur stärker auftreten, aber ein symmetriebedingtes Verbot für die Möglichkeit seines Auftretens gibt es nicht.

Von bedeutendem Interesse sind Erscheinungen, bei denen ein axialer Tensor dritter Stufe die Wechselwirkung eines axialen Tensors zweiter Stufe und eines polaren Vektors beschreibt. Hierher gehören die *elektrische Polarisation bei einer Torsion* und die *Elektrogyration* (Abb. 32d). Beide Erscheinungen waren vom Autor dieses Buches auf der Grundlage von Symmetrieüberlegungen vorhergesagt worden und wurden später entdeckt und studiert.

Die elektrische Polarisation $\boldsymbol{P}$ bei einer Torsion wird durch die Beziehung

$$P_i = B_{ijk} M_{jk} \tag{5.18}$$

beschrieben (M_{jk} Komponenten des spezifischen Torsionsmomentes, eines axialen Tensors zweiter Stufe; B_{ijk} Komponenten des Tensors der „Elektrotorsion", eines axialen Tensors dritter Stufe). Die Koeffizienten der Tensoren B_{ijk} und k_{ijk} sind gleich. Am deutlichsten kann die Erscheinung entlang der axialen Richtungen in Kristallen beobachtet werden, die ein Symmetriezentrum besitzen (z. B. in $CaWO_4$, Kristallklasse $4/m$). Hier kann die durch die Torsion entstehende Polarisation nicht von anderen Effekten nichtzentrosymmetrischer Kristalle (z. B. vom Piezoeffekt) überlagert werden. Bei der Änderung des Vorzeichens der Verdrillung ändert sich das Vorzeichen der entstehenden Polarisation. Diese Erscheinung gehört zu einer Gruppe von Erscheinungen, die durch die verschiedenen Varianten der Verknüpfung zwischen polaren, axialen und *Torsions*richtungen (letztere besitzen die Symmetrie $\infty/\underline{mmm}$; s. Abb. 9f) in Kristallen oder durch ebensolche äußere Einwirkungen (Abb. 33a) charakterisiert werden.

Die Beziehung (5.18) erfüllt die Operationen R und T:

$$\begin{array}{cccc} & P_i = & B_{ijk} & M_{jk} \\ \mathsf{R} & + & + & + \\ \mathsf{T} & - & + & - \, . \end{array} \tag{5.19}$$

In letzter Zeit wird die elektrische Polarisation in flüssigen Kristallen bei heterogener Deformation (einschließlich Torsion) erforscht. Diese Erscheinung heißt *flexoelektrischer Effekt.*

Die *Elektrogyration* ist das Entstehen (oder die Änderung) der optischen Aktivität von Kristallen unter der Einwirkung eines elektrischen Feldes $\boldsymbol{E}$:

$$g_{ij} = \gamma_{ijk} E_k \tag{5.20}$$

(g_{ij} Komponenten des Gyrationstensors, eines symmetrischen axialen Tensors zweiter Stufe; γ_{ijk} Komponenten eines axialen Tensors dritter Stufe). Die Elektrogyration ist in den Kristallen

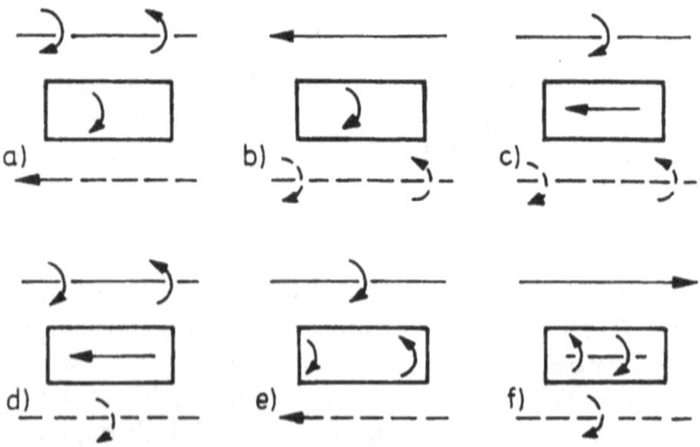

Abb. 33. Physikalische Erscheinungen in Kristallen, die polare, axiale oder Torsionsrichtungen besitzen, unter dem Einfluß äußerer Einwirkungen ebensolcher Symmetrien.
a) elektrische Polarisation durch Torsion;
b) Elektrogyration;
c) Magnetogyration;
d) Magnetisierung durch Torsion;
e, f) magnetoelektrischer Effekt.
Die Kennzeichnung der Einwirkung geschieht mit Hilfe der oberen durchgezogenen Linien, die der entstehenden Erscheinung mit Hilfe der unteren gestrichelten Linien

möglich, in welchen bei einer Torsion Piezomagnetismus und elektrische Polarisation auftreten können. Am einfachsten läßt sich die Elektrogyration entlang der axialen Richtungen in zentrosymmetrischen Kristallen (z. B. in $PbMoO_4$-Kristallen mit der Symmetrie $4/m$; Abb. 33b) beobachten. Die Erscheinung der Elektrogyration und der Magnetogyration (Abb. 33c) zeigen eine gewisse Entsprechung: erstere wird in axialen Kristallen beim Anlegen eines elektrischen (polar-vektoriellen) Feldes und letztere in polaren Kristallen beim Anlegen eines magnetischen (axialvektoriellen) Feldes beobachtet.

Bekannt ist auch die Erscheinung der *quadratischen Elektrogyration*, die darin besteht, daß sich die optische Aktivität eines Kristalls quadratisch mit der elektrischen Feldstärke ändert. Diese Erscheinung ist im dynamischen Regime unter dem Einfluß einer intensiven Laserstrahlung gut erforscht. Es ist offensichtlich, daß die analoge Erscheinung die *quadratische Magnetogyration* ist.

Die Elektrogyration erfüllt aus der Sicht der gewöhnlichen Symmetrie die Operation R mit und ohne Berücksichtigung des verallgemeinerten ONSAGER-Prinzips (R′):

$$\begin{array}{llll} & g_{ij} = & \gamma_{ijk} & E_k \\ \mathsf{R}' & + & + & + \\ \mathsf{R} & - & - & + . \end{array} \tag{5.21}$$

Die Elektrogyration erfüllt auch die Operation T, während die Operation P nicht befriedigt wird (Abb. 32d).

In bestimmten Kristallen kann man durch ihre Torsion entlang der polaren Richtungen eine Magnetisierung (Abb. 33d) hervorrufen. Diese Erscheinung ist noch nicht erforscht. In Abb. 33e, f wird zur „Vervollständigung des Bildes" eine Interpretation des oben betrachteten magnetoelektrischen Effektes gegeben.

Heute werden in der Kristallphysik viele Erscheinungen studiert, die durch Tensoren höherer als dritter Stufe beschrieben werden. In Abb. 34 sind einige von ihnen analytisch und graphisch dargestellt. Abb. 34a beschreibt den Einfluß eines Magnetfeldes auf die Piezomoduln. Die Verknüpfung zwischen dem polaren Tensor dritter Stufe (Piezomoduln) und dem Magnetfeld wird hierbei durch einen axialen Tensor vierter Stufe ξ_{ijkl} verwirklicht. Abb. 34b stellt das verallgemeinerte HOOKEsche Gesetz dar, die Verknüpfung zwischen dem Spannungstensor t_{kl} und den Deformationen r_{ij}, d. h. die Verknüpfung von zwei polaren Tensoren zweiter Stufe durch die „YOUNGschen Moduln". C_{ijkl} sind die Komponenten eines polaren Tensors vierter Stufe.

In Abb. 34c ist der Einfluß einer Deformation auf die Koeffizienten γ_{ijk} der Elektrogyration dargestellt. Dieser Einfluß wird durch einen axialen Tensor fünfter Stufe beschrieben. Zum Schluß ist in Abb. 34d die schon erwähnte quadratische Magnetogyration dargestellt. Sie wird durch einen axialen Tensor vierter Stufe Q_{ijkl} beschrieben. Die graphische Darstellung erlaubt es hier (wie auch in anderen Fällen), die richtige Schlußfolgerung zu ziehen, ob dieser Tensor ein axialer oder polarer sein wird. Das Quadrat eines

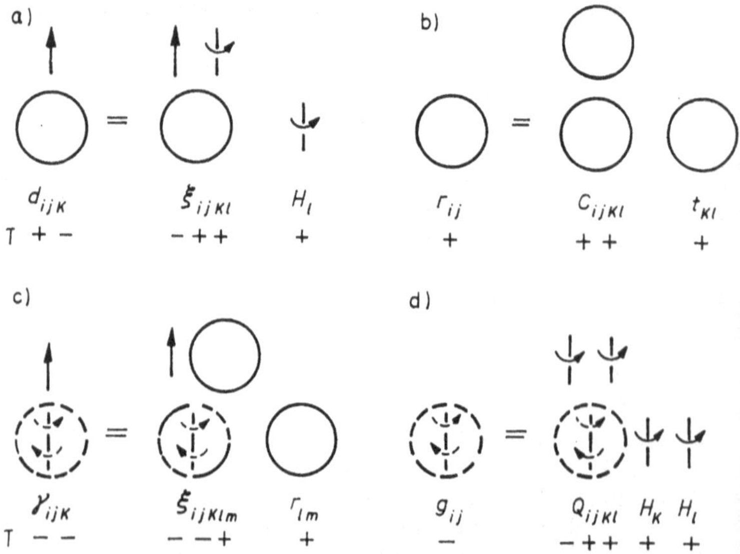

Abb. 34. Analytische und geometrische Interpretation einiger Erscheinungen, die durch Tensoren höherer als dritter Stufe beschrieben werden.
a) Einfluß eines Magnetfeldes auf die Piezomoduln;
b) verallgemeinertes HOOKEsches Gesetz;
c) Einfluß einer Deformation auf die Elektrogyrationskoeffizienten;
d) quadratische Magnetogyration

axialen Vektors ist wie ein polarer Tensor zweiter Stufe zu beschreiben und die optische Aktivität als ein axialer Tensor zweiter Stufe.

Alle oben diskutierten Erscheinungen, die in Abb. 34 dargestellt sind, erfüllen die Operation T und nicht die Operation P.[1]) Weiter

[1]) Man kann zeigen, daß alle physikalisch sinnvollen Ausdrücke mit Tensoren beliebiger Stufe ebenfalls dieser Regel gehorchen. Dabei kann jeder Ausdruck auf drei Größen zurückgeführt werden: zwei „wechselwirkende", die jeweils außen stehen, und eine „Koppelgröße", die ebenfalls ein Tensor bestimmter Stufe ist. Dabei zeigt sich, daß polare Koppel-Tensoren ungerader Stufe stets antizentrosymmetrisch sind (d. h., ihr Vorzeichen bei der Operation P nicht ändern), während solche gerader Stufe zentrosymmetrisch sind (ihr Vorzeichen also bei der Operation T nicht ändern). Für axiale Tensoren ist es umgekehrt; solche ungerader Stufe sind zentrosymmetrisch und solche gerader Stufe antizentrosymmetrisch.

oben war schon hervorgehoben worden, daß das für alle Erscheinungen, die durch Tensoren dritter und höherer Stufe beschrieben werden, gilt.

Analog zu Abb. 34 lassen sich auch andere physikalische Erscheinungen, die durch Tensoren höherer als dritter Stufe beschrieben werden, wiedergeben.

5.3. *Elementaranregungen und Elementarteilchen*

Die *Elementarteilchen* sind die einfachsten Bausteine unseres Universums. Die Mitte unseres Jahrhunderts war die Zeit der großen Erfolge der Hochenergiephysik: der Vorhersage und der Entdeckung neuer Teilchen und Antiteilchen. In den dreißiger Jahren waren nur das Elektron, das Proton und das Neutron bekannt. Die theoretische Grundlage der Forschungen waren die Gruppentheorie, die Symmetrieprinzipien und die Erhaltungssätze. Die Erfolge begannen mit der Vorhersage und der nachfolgenden Entdeckung des „fehlenden“ Teilchens beim β-Zerfall – des Neutrinos.

Gehen wir kurz auf den einfachsten Zugang zum Problem der *Systematisierung* der Elementarteilchen ein, der auf den Erhaltungssätzen (d. h. auf dem Konzept der Symmetrie) beruht. Als Voraussetzung wird angenommen, daß die einfachsten (elementaren) Bausteine, aus denen die Elementarteilchen aufgebaut sind, „Anregungen“ von Raum und Zeit sind. Vom Standpunkt der Symmetrie aus können das Anregungen mit der Symmetrie eines Skalars, eines Pseudoskalars, eines axialen Vektors oder eines polaren Vektors sein.

Wenn man von den allgemeinen Erhaltungssätzen ausgeht, werden alle Anregungen, unabhängig von ihrer Natur, auf die gleiche Art und Weise beschrieben. Deshalb werden im weiteren für die Systematisierung der Elementarteilchen ihre „mechanischen“ Eigenschaften benutzt, da diese am einfachsten zu behandeln sind.

Wie aus der Mechanik bekannt ist, kann man jede beliebige Menge von Kräften, die an einem Punkt angreifen, zurückführen auf eine resultierende Einzelkraft („Hauptvektor“), auf ein Kräftepaar („Hauptmoment“) sowie auf eine Menge von jeweils zwei gleich großen und entgegengesetzt gerichteten Kräften, die die Dehnung (bzw. die Kompression) charakterisieren. Außerdem kann noch der Fall zweier entgegengesetzt gerichteter Kräftepaare auftreten. Diese beiden Paare beschreiben eine „Verdrillung“[1]).

Der Hauptvektor ist ein polarer Vektor, das Hauptmoment ein axialer Vektor. Zwei entgegengesetzt gerichtete polare Vektoren bilden einen polaren Tensor und zwei entgegengesetzte Kräftepaare einen axialen Tensor. Ein polarer Tensor kann entweder das Vorzeichen „plus“ oder das Vorzeichen „minus“ besitzen, die in der Mechanik einer Dehnung bzw. einer Kompression entsprechen. Ein axialer Tensor kann in einer rechten oder in einer linken Form auftreten; diese Besonderheit wird als Enantiomorphie bezeichnet (s. Abb. 9).

Wenn man die Elementarteilchen systematisieren will, ist jedes Teilchen für sich zu untersuchen, d. h. ohne jegliche Wechselwirkung mit anderen Teilchen. In der Sprache der Symmetrie heißt das, daß die Umgebung des betrachteten Teilchens die höchstmögliche Symmetrie – in der Punktsymmetrie also die eines Skalars – besitzen muß. Außerdem sollte, soweit das möglich ist, der Ausgangszustand des Elementarteilchens selbst von sphärischer Symmetrie sein. Die polar-tensorielle *Anregung* mit sphärischer Symmetrie (entartete, elementare Anregung) ist ein Skalar, die entsprechende axial-tensorielle Anregung ist ein Pseudoskalar. Skalare Modifikationen mit den Vorzeichen „plus“ und „minus“ sind gleichberechtigt zu behandeln, bei Pseudoskalaren entsprechend die linke und die rechte Form. Der Natur der *vektoriellen* Anregungen nach ist es unmöglich, aus ihnen *sphärisch*-symmetrische Konstruktionen abzuleiten: Beim Übergang zur vollen Kugel geht jede Menge von Vektoren in einen Skalar bzw. in einen Pseudoskalar über. Aus der Punktsymmetrie ist bekannt, daß die höchstmögliche isometrische (aber nicht sphärische) Symmetrie eine Kombination aus vier Vektoren besitzt, die durch die Flächen eines kubischen Tetraeders verlaufen bzw. – was dasselbe ist – entlang der Raumdiagonalen eines Würfels gerichtet sind (s. u.). Im folgenden werden gerade diese Kombinationen vektorieller Größen als entartete, elementare Ausgangsanregungen betrachtet.

Die Elementaranregungen und ihre Symmetrie sind in Abb. 35 dargestellt. Es gibt also insgesamt sechs dieser Anregungen. Die Abbildung zeigt außerdem die Darstellungsweise, die im folgenden für diese Anregungen verwendet wird: Die vektoriellen Anregungen werden durch die entsprechenden Vektoren symbolisiert und die

[1]) Als Ergebnis einer Verdrillung wird aus einem Stab eine Schraube, die von beiden Seiten aus betrachtet den gleichen Drehsinn besitzt.

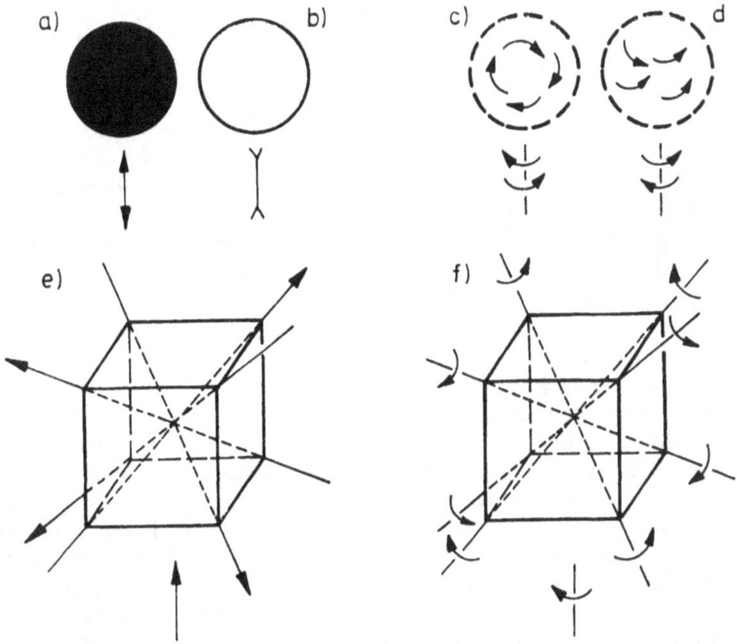

Abb. 35. Die elementaren Anregungen und ihre symbolische Darstellung

a) positiver Skalar – allseitige Expansion (Gruppe der vollen Symmetrie $\infty/\infty/mmm$);

b) negativer Skalar – allseitige Kompression;

c) rechter (positiver) Pseudoskalar – allseitige Verdrillung im positiven Drehsinn (Gruppe der vollen Symmetrie $\infty/\infty/\underline{mmm}$);

d) linker (negativer) Pseudoskalar – allseitige Verdrillung im negativen Drehsinn;

e) isometrische Anordnung polarer Vektoren (Gruppe der vollen Symmetrie $\underline{m}3m$, gewöhnliche Symmetriegruppe $\bar{4}3m$);

f) isometrische Anordnung axialer Vektoren (Gruppe der vollen Symmetrie $m3\underline{m}$, gewöhnliche Symmetriegruppe $m\bar{3}$)

skalaren durch die einfachsten Tensoren, die die Symmetrie und den Charakter der Durchmesser widerspiegeln (Dehnung bzw. Kompression – Abb. 35a, b – und Verdrillung gemäß einer rechten bzw. linken Schraube – Abb. 35c, d). Die Wahl gerade dieser Anregung als Elementaranregungen ist zunächst unter Vorbehalt zu betrachten, da die skalaren Anregungen als Grenzfall der vektoriellen bei sphärischer Entartung behandelt werden können. Diese Wahl ist jedoch gerechtfertigt, wenn man den qualitativen Unterschied zwischen skalaren und vektoriellen Anregungen berücksichtigt, der die unterschiedlichen Erhaltungsgrößen (Energie, Impuls, Drehimpuls) widerspiegelt.

Aufgrund der dargelegten Prinzipien sollte eines der Elementarteilchen von skalarer Natur sein, eins von pseudoskalarer Natur, und mindestens eins (s. u.) sollte der Kombination eines Skalars mit einem Pseudoskalar entsprechen. Die anderen möglichen Verbindungen von Elementaranregungen erhält man, indem man jeweils zwei, drei oder vier der sechs in Abb. 35 dargestellten Anregungen kombiniert. Jeder Elementaranregung entspricht dabei ein bestimmtes Elementarteilchen. Weiterhin werden die sechs Elementaranregungen als „Bausteine" für die Konstruktion des gesamten Systems benutzt; auch zu jeder der oben untersuchten Kombinationen dieser „Bausteine" wird ein bestimmtes Elementarteilchen in Beziehung gesetzt. Dieser Zugang ist formal den Quark-Modellen völlig analog; er wurde jedoch vom Autor bereits 1959 – also erheblich früher als letztere – vorgeschlagen.

Offensichtlich ist es sinnlos, Kombinationen zu betrachten, die gleichzeitig beide in Abb. 35a, b dargestellten Anregungen enthalten, da diese Kombination ihrer gegenseitigen Annihilation entspricht. Das gleiche gilt für die Kombination der Anregungen aus Abb. 35c und d. Zwei Kombinationen von vektoriellen Anregungen können auftreten (s. Abb. 18). Sie unterscheiden sich, von der Spitze des Pfeils (also vom „positiven Ende" des polaren Vektors) aus betrachtet, in der Drehrichtung. Eine der beiden Kombinationen kann als *rechte* bezeichnet werden, die andere als *linke*. Zu jeder Kombination gibt es eine ihr gleiche, die durch eine Drehung im Raum entsteht. Die Gruppe der vollen Symmetrie beider Kombinationen ist $\underline{4}3\underline{2}$ (s. auch Abb. 15).

Einige Kombinationen aus zwei, drei oder vier Elementaranregungen sind in Abb. 36 dargestellt. Insgesamt gibt es 44 solcher Kombinationen, die durch elf Gruppen der vollen Symmetrie beschrieben werden.

Der nächste Schritt zur Systematisierung der Elementarteilchen besteht nun darin, die verschiedenen Anregungen (und ihre Kombinationen) den bekannten Elementarteilchen gegenüberzustellen. Dabei werden einige bekannte Eigenschaften der letzteren berücksichtigt, wie ihre Masse, ihre Ladung, der Spin und die Eigenschaften („Moden") des spontanen Zerfalls. Die Ergebnisse dieser Gegenüberstellung sind in den Abbildungen 37 bis 40 zusammengefaßt.

Vier Anregungen enthalten nur vektorielle Komponenten: Abb. 35e, f und Abb. 18a, b. Die beiden ersteren stellen offenbar die Photonen γ_1 und γ_2 dar, die der Parität nach den Zuständen des elektrischen (Abb. 35e) und des magnetischen (Abb. 35f) Feldes entsprechen. Wenn man hier und im weiteren annimmt, daß dem Spin eines Teilchens eine Komponente des axialen

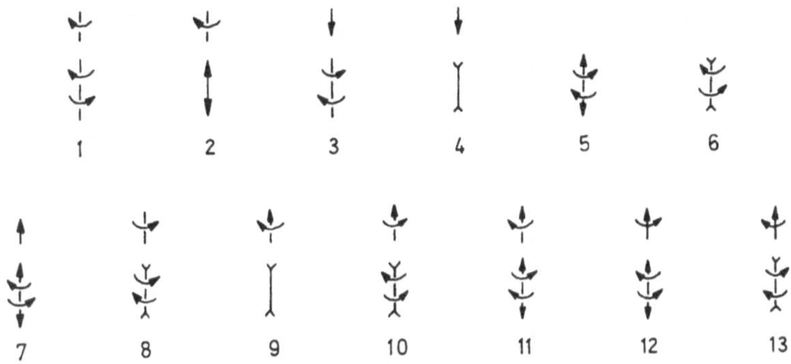

Abb. 36. Einige Kombinationen von Elementaranregungen.

1, 2, 3, 4 – skalare und vektorielle (Gruppe der vollen Symmetrie: $\underline{4}3\underline{m}$, $m\bar{3}$, $\underline{m}3$ bzw. $\bar{4}3m$);

5, 6 – skalare und pseudoskalare (Gruppe der vollen Symmetrie 432);

7, 8 – dreifache Kombination je einer vektoriellen, skalaren und pseudoskalaren Größe (Gruppe der vollen Symmetrie 32);

9 – dreifache Kombination zweier vektorieller und einer skalaren Anregung (Gruppe der vollen Symmetrie 32);

10–13 – Kombinationen aller vier Typen von Elementaranregungen (Gruppe der vollen Symmetrie 32).

Vektors entspricht, muß man also dem Photon γ_1 einen Spin zuschreiben. Da das Photon γ_2 keinen Spin besitzt, ist seine einzige Erhaltungsgröße der Impuls (= die polarvektorielle Komponente bei den Anregungen). Wie im folgenden deutlich wird, werden viele Teilchen wesentlich durch ihre *Impuls*eigenschaften charakterisiert. Im Verhalten dieser Teilchen bei der Aufhebung der isometrischen Entartung kommt das Vorhandensein eines *eigentlichen Impulses* zum Ausdruck.

Die Rolle des Impulses bei der Beschreibung der Teilcheneigenschaften ist die gleiche wie die des Spins. Die Photonen γ_1 und γ_2 besitzen keine Ruhemasse. Formal betrachtet hängt das damit zusammen, daß die Elementaranregungen, die den Photonen entsprechen, außer vektoriellen („Transport“-)Komponenten keine weiteren Bestandteile besitzen. Den Photonen γ_1 und γ_2 können die durch die entsprechenden vektoriellen Anregungen mit entgegengesetztem Vorzeichen charakterisierten „Antiphotonen“ $\bar{\gamma}_1$ und $\bar{\gamma}_2$ zugeordnet werden (Abb. 37). Obwohl die Photonen und

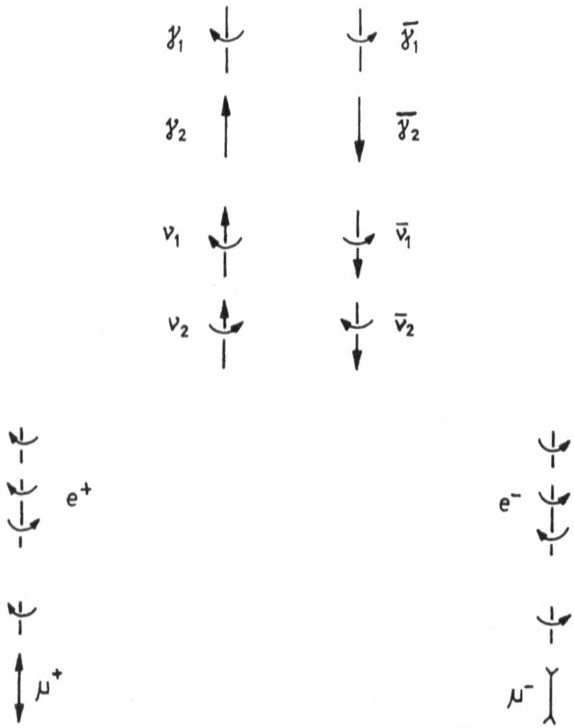

Abb. 37. Leptonen

die „Antiphotonen“ gleiche Teilchen sind (sie gehen durch eine einfache Drehung auseinander hervor), ist es bei der Beschreibung des Zerfalls von Teilchen nützlich, Photonen unterschiedlicher Orientierung (Photonen und Antiphotonen) zu benutzen, um Verletzungen von Erhaltungssätzen zu vermeiden.

Die in Abb. 18 dargestellten Kombinationen vektorieller Komponenten sind als Neutrinos anzusehen. Das sind Teilchen ohne

Ruhemasse mit dem Spin 1/2. Die Kombination in Abb. 18a bezeichnen wir als rechtes, die in Abb. 18b als linkes Neutrino. Gewöhnlich wird der Kombination in Abb. 18b eine positive *Chiralität* zugeordnet und der in Abb. 18a dementsprechend eine negative Chiralität. Der Sinn des Wortes „Antiteilchen" ($\bar{\nu}_1$, $\bar{\nu}_2$) ist hier derselbe wie im Falle der Photonen: Teilchen und Antiteilchen sind einander gleich bis auf eine Drehung im Raum.

Elektron und Positron sind die Teilchen mit der kleinsten Ruhemasse[1]) und mit einem Spin von 1/2 (s. Abb. 37). Wegen des pseudoskalaren Charakters dieser Anregungen kann man davon sprechen, daß die Eigenschaften des Elektrons und des Positrons wesentlich durch ihre „Schraubennatur" bestimmt werden: eines der beiden Teilchen ist ein rechtes und das andere ein linkes.

Das Elektron ist das erste geladene Teilchen. Aus der Gegenüber-

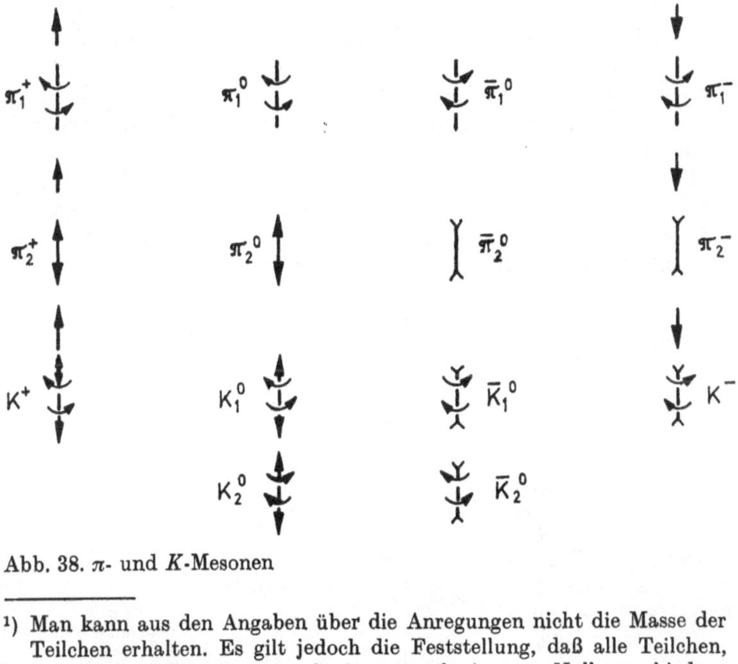

Abb. 38. π- und K-Mesonen

---

1) Man kann aus den Angaben über die Anregungen nicht die Masse der Teilchen erhalten. Es gilt jedoch die Feststellung, daß alle Teilchen, die „skalare" Komponenten besitzen, auch eine von Null verschiedene Ruhemasse haben, während Teilchen ohne „skalare" Komponente keine Ruhemasse besitzen.

stellung der dem Elektron und dem Positron entsprechenden Anregungen folgt, daß die elektronische Ladung eine Folge der Kombination einer „skalaren" und einer „vektoriellen" Komponente ist. Das Vorzeichen der Ladung wird dabei durch das Vorzeichen des skalaren Bestandteils bestimmt, während die vektorielle Komponente dafür verantwortlich ist, daß überhaupt eine Ladung vorhanden ist. Dem linken (negativen) Pseudoskalar entspricht daher das Elektron und dem rechten (positiven) das Positron.

Das skalare Analogon zum Elektron ist das Myon μ^-, ein geladenes Teilchen mit dem Spin 1/2 und einer Ruhemasse, die größer als die des Elektrons, aber kleiner als die des π^0-Mesons ist. Dem positiv und dem negativ „geladenen" Skalar entsprechen die μ^+- bzw. die μ^--Myonen (s. Abb. 37).

Abb. 38 zeigt die die π- und die K-Mesonen darstellenden Kombinationen von Elementaranregungen. Dabei treten skalare und pseudoskalare π-Mesonen und ihre jeweiligen Antiteilchen in Erscheinung. Unter den K-Mesonen sind das kurzlebige K_1^0 und das langlebige K_2^0 (oft auch als K_s^0 bzw. K_L^0 bezeichnet) von besonderem Interesse. Mit dem spontanen Zerfall dieser Mesonen ist oft die sogenannte Verletzung der Parität der Zeit (s. u.) verbunden.

Die Nukleonen (Proton und Neutron) sind in Abb. 39 dargestellt. Insgesamt existieren acht mögliche Varianten der Kombination aller vier Elementaranregungen (zwei davon zeigt Abb. 36: die Bilder 12 und 13). Man kann sie in zwei Gruppen zusammen-

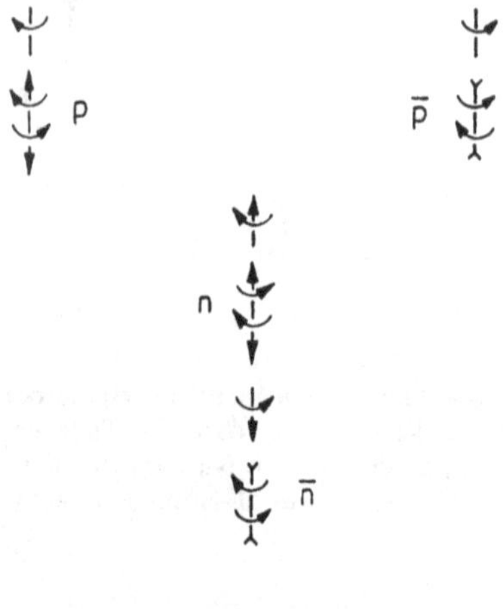

Abb. 39. Nukleonen

fassen, je nachdem, wie sich das Neutrino (jeweils im oberen Teil der Abbildungen) mit den „skalaren“ Paaren verbindet. Von den acht möglichen Kombinationen werden hier nur die elektrisch neutralen betrachtet, von denen zwei den Neutronen entsprechen und die anderen zwei den Ξ-Hyperonen (s. u.).

Die den in Abb. 36, Bilder 9 und 13 analogen Kombinationen können ebenfalls in zwei Gruppen eingeteilt werden, wenn man den der Chiralität entsprechenden Begriff des „skalaren Neutrino-

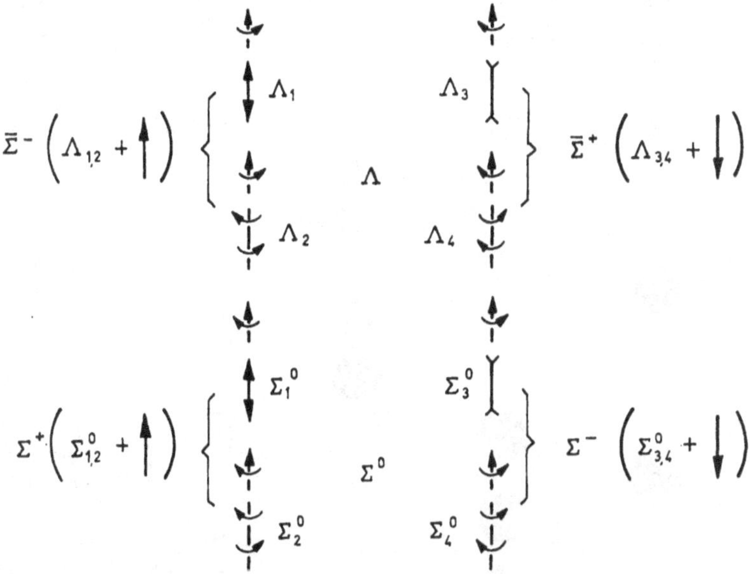

Abb. 40. Λ- und Σ-Hyperonen

Vorzeichens“ einführt. Vier Kombinationen aus dieser Gruppe entsprechen dann die Λ-Teilchen und den anderen vier die Σ^0-Teilchen (Abb. 40). Bemerkenswerterweise besitzt keins der Λ- und der Σ^0-Teilchen ein Antiteilchen im eigentlichen Sinne des Wortes. So sind zwar Λ_1 und Λ_3 energetisch äquivalent; sie besitzen jedoch unterschiedliche Neutrinos und können deshalb nicht annihilieren. Λ_2 dagegen sieht wie das Antiteilchen von Σ_ϱ^0 aus; beide Teilchen sind aber „energetisch“ verschieden, da in diesem Fall ein Neutrino gleicher Chiralität mit Pseudoskalaren unterschiedlicher Enantiomorphie verbunden ist. Die geladenen Σ-

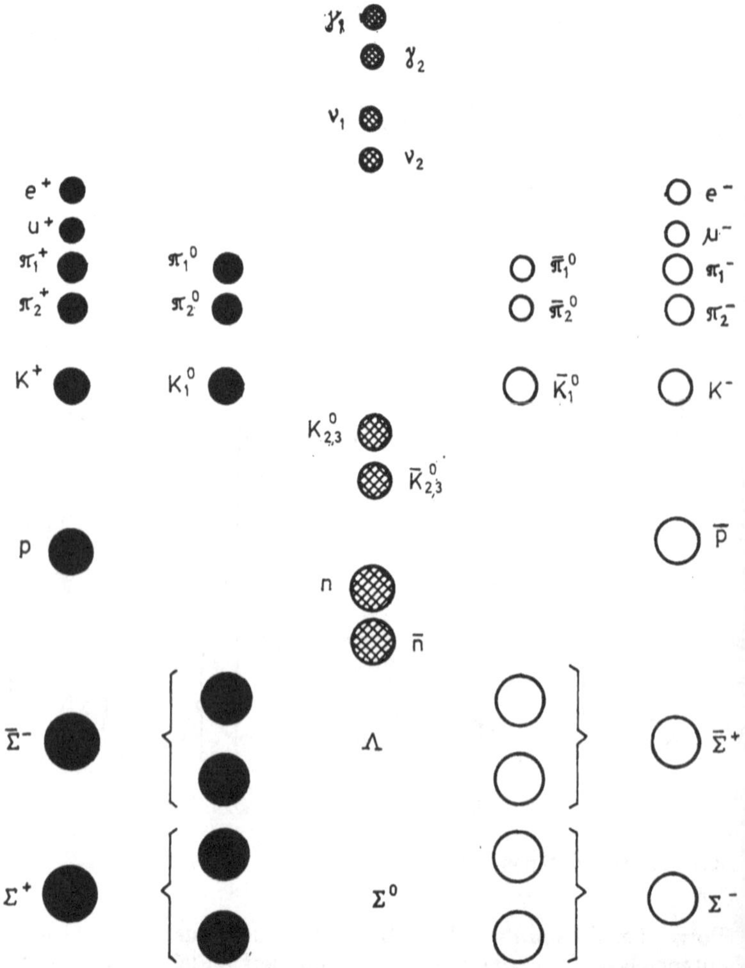

Abb. 41. Die wichtigsten Elementarteilchen und ihre Antiteilchen

Teilchen sind schon keine „Elementarteilchen“ mehr, da ihre Eigenschaften nur unter Berücksichtigung weiterer polar-vektorieller Anregungen zu beschreiben sind.

Als Teilchen mit der größten Ruhemasse treten hier zum Abschluß die Ξ^0-Teilchen auf, die schon bei der Diskussion der Nukleonen erwähnt wurden (s. auch unten). Das bekannte Ω-Teilchen wird hier nicht betrachtet, da es ebenfalls kein Elementarteilchen darstellt; es kann aber gleichfalls zu einer bestimmten Menge komplizierterer Anregungen in Beziehung gesetzt werden.

Von den 44 möglichen elementaren Anregungen wurden hier nicht alle untersucht. Einige von ihnen entsprechen „hypothetischen" Teilchen (z. B. $\pi_1{}^0$, $\pi_2{}^0$), während andererseits zu einigen bereits bekannten Teilchen (ϱ, η, τ) keine der Elementaranregungen „paßt" – in diesen Fällen ist noch nicht geklärt, ob es sich hier tatsächlich um Elementarteilchen handelt oder nicht. Die hier diskutierten Kombinationen sind in Abb. 41 noch einmal zusammengefaßt.

Die Richtigkeit der Gegenüberstellung von Elementarteilchen und Elementaranregungen kann bis zu einem bestimmten Grade überprüft werden, wenn man den spontanen Zerfall einiger der Teilchen betrachtet. Dabei werden die folgenden Regeln benutzt:

a) Alle Bestandteile einer Anregung können als eigenständig behandelt und „aufgeschrieben" werden.

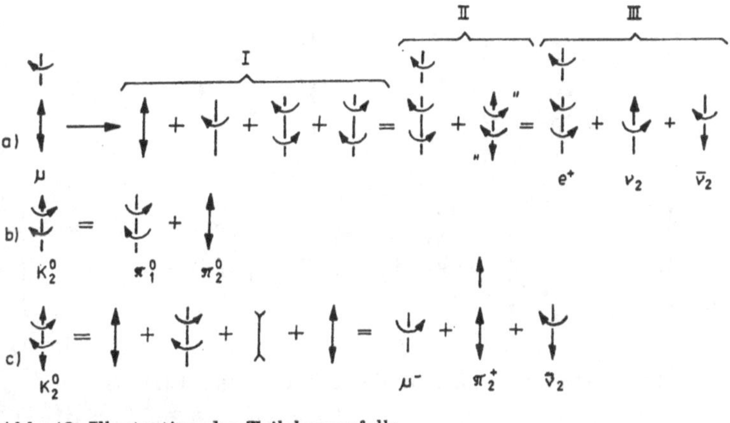

Abb. 42. Illustration des Teilchenzerfalls

a) Zerfall eines Myons (μ) in ein Elektron und zwei Neutrinos (I – Ausgangskomponenten plus zwei Pseudoskalare entgegengesetzten Vorzeichens („plus null"), II – Bildung eines e^+ und eines Teilchens, das einen Skalar und einen Pseudoskalar enthält. Die Masse dieses Teilchens ist größer als die des Myons, es zerfällt daher sofort in zwei Neutrinos. III – Endprodukte des Zerfalls);

b) Zerfall eines $K_2{}^0$-Mesons in zwei Teilchen;

c) Zerfall eines $K_2{}^0$-Mesons in drei Teilchen

b) Auf der rechten Seite kann ein Paar skalarer (pseudoskalarer) π^0-Mesonen hinzugefügt werden.
c) Eine der so hinzugefügten skalaren Komponenten kann als eine Menge von Photonen dargestellt werden.
d) Die elektrische Ladung der Teilchen nach dem Zerfall muß gleich der Ladung der zerfallenden Teilchen sein.
e) Unter den Endprodukten des Zerfalls darf sich kein einzelnes Photon befinden (diese Regel folgt aus der vorigen).
f) Die Summe der Ruhemassen der Zerfallsprodukte muß kleiner sein als die Ruhemasse des zerfallenden Teilchens.

Beispiele für einige Zerfallsreaktionen sind in den Abbildungen 42 und 43 dargestellt.

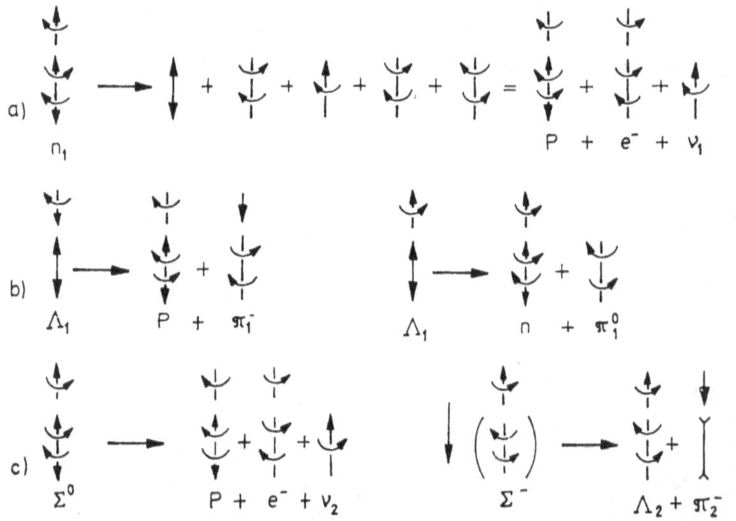

Abb. 43. Illustration des Zerfalls der Teilchen n (a), Λ (b) und Σ (c)

5.4. *Das Problem des „Anti" im Raum und in der Zeit*

Im Rahmen der klassischen Physik kann das Problem des „Anti" folgendermaßen formuliert werden: Existiert ein bestimmtes Objekt oder eine Erscheinung, so muß definiert werden, was das entsprechende Antiobjekt (die Anti-Erscheinung) ist und welche Beziehung zwischen den Eigenschaften des Objektes (der Erscheinung) und des Antiobjektes (der Anti-Erscheinung) besteht. Im Rahmen der vollen Symmetrie als Verallgemeinerung der Punktsymmetrie von Figuren (Objekten), die durch zwei Vorzeichenpaare zu charakterisieren sind, sind die „Antifiguren" durch die jeweils entgegengesetzten Vorzeichen gekennzeichnet. Konkretisiert man die Vorzeichenpaare als Skalar und Pseudoskalar, können wir einen positiven Skalar in einen negativen durch die Operation $\underline{\bar{1}} = \mathsf{P}$ (Inversion des Raumes mit anschließender Farbumkehr) überführen. Ein linker Pseudoskalar kann in einen rechten durch die Operation $\bar{1} = \mathsf{T}$, die räumliche Inversion, überführt werden (s. Abb. 11). Besitzt eine Figur beide Arten von Vorzeichen, so erfolgt die Umwandlung in ihre Antifigur über das Produkt dieser beiden Operationen: $\underline{\bar{1}} \cdot \bar{1} = \underline{1}$, wobei $\underline{1}$ die Operation der Antiidentität ist (s. auch Abb. 25).[1])

Die Anti-Erscheinung zu einer gegebenen Erscheinung kann man finden, indem man von den in Kap. 4 hergeleiteten Beziehungen ausgeht. Wir definieren zunächst, daß die Anti-Erscheinung durch dieselbe Beziehung beschrieben wird wie die Erscheinung selbst, wenn man beide Seiten der Operation $\underline{1}$ unterwirft. Diese Operation transformiert alle „wechselwirkenden Komponenten" der entsprechenden Beziehung (die elementaren Anregungen, die Elementarteilchen) in ihre Antikomponenten. Die Anti-Erscheinung zu einer durch das zweite NEWTONsche Gesetz (4.18) beschriebenen Bewegung, die *Anti-Bewegung*, ist demnach die Bewegung in einer „Realität" mit negativer Masse (diese ist in unserer Wirklichkeit positiv) in entgegengesetzter Richtung unter Einwirkung einer Kraft, die der ursprünglichen ebenfalls entgegengesetzt gerichtet ist. Die Anti-Erscheinung zur Ausbreitung einer elektromagnetischen Welle (s. Abb. 29) ist die Ausbreitung einer solchen Welle in entgegengesetzter Richtung bei Übergang von der Rechte-Hand-Regel zur Linke-Hand-Regel.

In der kinematischen Näherung (d. h. ohne Berücksichtigung der Vorzeichenänderung von Massen und Ladungen) trifft das auch für andere Erscheinungen zu, die durch ein vektorielles Produkt beschrieben werden (z. B. für den MAGNUS-Effekt, den HALL-Effekt, die elektromagnetische Induktion, die CORIOLIS-Kraft u. a. m.). Wir erinnern hier daran, daß für diese Erscheinungen

---

[1]) Im Rahmen der Antisymmetrie nach A. V. SHUBNIKOV wird ebenfalls der Term „Antiidentität" verwendet. Dort unterscheiden sich eine Figur und ihre Antifigur aber nur in der „Farbe" und nicht im Vorzeichen der Enantiomorphie.

die Zeitumkehr R ($t \to -t$) zu einer Bewegung entlang der alten Trajektorie, aber in entgegengesetzter Richtung führt. Vergleicht man die Zeitumkehr mit dem Übergang zu den Anti-Erscheinungen, so findet man, daß beide im kinematischen Sinn nur hinsichtlich der „Richtungsumkehr" der Bewegung (auf der gleichen Trajektorie) übereinstimmen; die Zeitumkehr bewirkt jedoch keine Änderung der „Hand-Regel".

Noch ungewöhnlicher sind die auf diese Weise definierten Anti-Erscheinungen von Phänomenen, die durch die Schraubenregel beschrieben werden. Die Änderung des Vorzeichens aller drei Größen in einer Beziehung des Typs (4.3) bewirkt (s. Abb. 19), daß sich eine (in unserem Verständnis) linke Schraube bei Rechtsdrehung hineindrehen (vorwärts bewegen) wird. Die Kreiselregel ist für Erscheinungen und Anti-Erscheinungen gleich. Im weiteren werden noch einige Besonderheiten solcher „Realitäten" erörtert werden, die den besprochenen Antiobjekten und Anti-Erscheinungen entsprechen. Hier soll nur darauf hingewiesen werden, daß Anti-Erscheinungen, die auf diese Weise zu beschreiben sind, für unsere Wirklichkeit keinen Sinn ergeben: In einem Fluß wird das Ufer ausgespült, auf das die Strömung *nicht* auftrifft; eine Schraube dreht sich hinein statt heraus usw.

Man kann aber unter Anti-Erscheinungen auch solche verstehen, die physikalisch sinnvoll sind, aber den bekannten Erscheinungen unserer Realität in einem gewissen Sinn entgegengesetzt sind. So wird ein Körper mit negativer Masse nach dem zweiten NEWTONschen Gesetz entgegengesetzt zur wirkenden Kraft beschleunigt, eine rechte Schraube kann als Antischraube einer linken betrachtet werden: beide bewegen sich (im Sinne der Translation) entgegengesetzt, wenn sie in die gleiche Richtung gedreht werden. Die Anti-Erscheinung zur CORIOLIS-Kraft bewirkt, daß das rechte Ufer eines auf der nördlichen Halbkugel von Nord nach Süd fließenden Flusses ausgespült wird (bei der in Abb. 27 dargestellten Erscheinung wird das linke Ufer ausgehöhlt).

In allen zuletzt angeführten Beispielen ist die Gegenüberstellung von Erscheinung und Anti-Erscheinung ziemlich kompliziert, da sich in ihnen beliebig herausgegriffene Charakteristika gegenüberstehen (sie gehorchen in einigen Fällen der Operation der Zeitumkehr R oder der Zeitinversion T). So kann man dem Hineindrehen einer Schraube anstelle der oben als Anti-Erscheinung betrachteten Änderung des Vorzeichens der Enantiomorphie der Schraube auch das Herausdrehen als Anti-Erscheinung gegenüberstellen. Der oben beschriebenen Auswirkung der CORIOLIS-Kraft kann man analog das Ausspülen des linken Ufers von auf der Nordhalbkugel von Süd nach Nord fließenden Flüssen gegenüberstellen usw.

Die Richtung der LORENTZ-Kraft auf ein geladenes Teilchen, das sich senkrecht zu einem Magnetfeld bewegt, kehrt sich bei einer Änderung des Vorzeichens der elektrischen Ladung um (so wurde das Positron erstmals nachgewiesen). Ohne näher auf die Frage einzugehen, inwieweit die Bewegung des Positrons und des Elektrons in diesem Falle als Erscheinung und Anti-Erscheinung bezeichnet werden können, muß man aber darauf hinweisen, daß das eine Teilchen das Antiteilchen des anderen ist. Schließlich ist der Begriff „Anti“ für Teilchen im allgemeinen hinreichend klar bestimmt, für Erscheinungen dagegen nicht.

Die gründlichere Untersuchung des Problems „Anti“ macht deutlich, daß die Schwierigkeiten der Definition des Begriffs „Anti-Erscheinung“ damit verbunden sind, daß vektorielle Größen mit ihren Antigrößen übereinstimmen (bis auf die Orientierung im Raum) und daß die Kombination von axialen und polaren Vektoren zu zwei verschiedenen Ausdrücken führt (s. Abb. 18). Letztlich wird aber deutlich, daß in einer „Antiwelt“, die aus Antiteilchen besteht, die gleichen Symmetriegesetze gelten, wie in unserer „Welt“ (s. Abb. 23).

Die Symmetrieregeln müssen für die unterschiedlichen Erscheinungen unserer Welt stets die gleichen sein. Es ist jedoch zumindest ein deutlich unterschiedliches Niveau der Ausarbeitung und der Anwendung dieser Regeln in der Mechanik einerseits und bei der Untersuchung quantisierter Wellenfelder (in der Quantenfeldtheorie) andererseits festzustellen. So wird bei der Diskussion von Wechselwirkungen, die durch Wellenfelder beschrieben werden, das (seinerzeit bewiesene) LÜDERS-PAULI-Theorem (CPT-Theorem) benutzt, während es ein analoges Theorem in der Mechanik nicht gibt.

Nach dem CPT-Theorem ist die Wechselwirkung von Wellenfeldern invariant gegen die Änderung des Vorzeichens der Ladungen (C), gegen die Inversion des Raumes (P) und gegen die Zeitumkehr $\mathsf{R} = \mathsf{T}$ $(t \rightarrow -t)$.[1] In Übereinstimmung mit diesem Theorem stellt so die CPT-Transformation die identische Transformation von Teilchen in Antiteilchen dar.

Im CPT-Theorem wird die Ladungsänderung C als unabhängig von den beiden anderen Operationen P und T betrachtet. Wie sich

---

[1]) Der Sinn der Operationen P und T ist im CPT-Theorem ein völlig anderer als in der vollen Symmetrie.

später herausstellte, werden bei bestimmten Wechselwirkungen vom Standpunkt des CPT-Theorems aus betrachtet einige Paritäten verletzt. Bei der schwachen Wechselwirkung ändert sich so die Parität des Raumes (P), beim Zerfall der K^0-Mesonen die der Zeit (T) usw. Man kann jedoch zeigen, daß alle diese Verletzungen der Parität darauf zurückzuführen sind, daß die Änderung der Ladung als eigenständige Operation behandelt wird.

Bei Experimenten zum Zerfall des radioaktiven Co^{60} in einem magnetischen Feld wurde festgestellt, daß die Zahl der in Richtung des Magnetfeldes emittierten Elektronen deutlich von der Zahl der in entgegengesetzter Richtung emittierten Elektronen abweicht (Abb. 44). Dieser Effekt sollte aber gar nicht existieren,

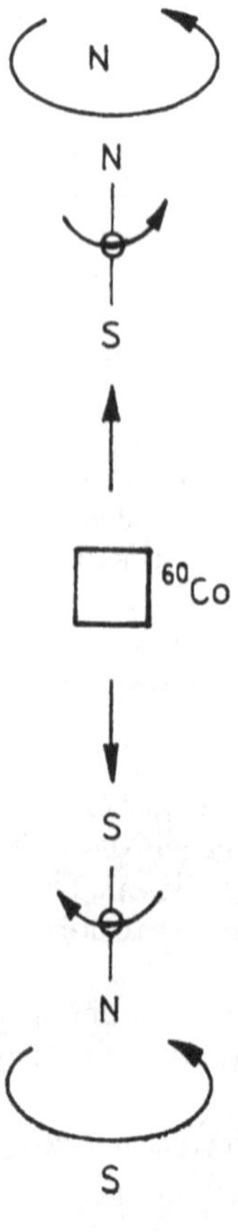

Abb. 44. Verletzung der räumlichen Parität bei der schwachen Wechselwirkung

da beide Richtungen gegenüber der P-Transformation äquivalent sind. Das Magnetfeld besitzt eine Spiegelebene senkrecht zur Bewegung der Kreisströme, die Gruppe der vollen Symmetrie ist $\infty/\underline{m}mm$ (s. Abb. 14, Bild 7). Ein Ausweg aus dieser Situation wurde gefunden, indem man die Transformation der *kombinierten Parität* CP einführte, nach der sich Teilchen und Antiteilchen nicht nur in der Ladung, sondern auch im Vorzeichen der Enantiomorphie unterscheiden. Aus diesen Experimenten folgt, daß das Elektron ein *schraubenförmiges* Teilchen ist und daß das Positron dem Elektron enantiomorph ist. Von diesem Standpunkt aus betrachtet, wird die Bewegung des Elektrons, das „nach oben" fliegt (Abb. 44), von einer Rotation (von einem „gerichteten magnetischen Moment" analog einem Windrad) begleitet, die genauso orientiert ist wie das äußere Magnetfeld. Die Bewegung „nach unten" erfolgt dagegen mit einem dem Feld entgegengesetzt gerichteten Moment, was dann auch zu der beobachteten Anisotropie führt.

Später entstanden noch andere Schwierigkeiten mit dem CPT-Theorem, da sich herausstellte, daß bei einigen Effekten auch die kombinierte CP-Parität nicht erhalten bleibt. Diese Erscheinung kann auch als Verletzung der T-Invarianz interpretiert werden, die nach dem CPT-Theorem der CP-Invarianz äquivalent ist. So zerfällt das K_L^0-Meson in zwei geladene π-Mesonen, was durch die CP-Invarianz verboten ist. Anscheinend sind diese Schwierigkeiten nicht ausschließlich mit dem CPT-Theorem verbunden, da noch eines der K^0-Mesonen, das K_3^0-Meson (Abb. 45), ebenfalls einen solchen Zerfall erleiden kann: es kann in die Mesonen π_2^+ und π_1^- zerfallen (s. Abb. 38). Für das π_1^- bleibt die CP-Invarianz erhalten, während für das π_2^+ eine „kombinierte Parität" des Typs CT festgestellt wird: Die Änderung des Vorzeichens seiner Ladung bewirkt gleichzeitig eine Farbumkehr der skalaren Komponente

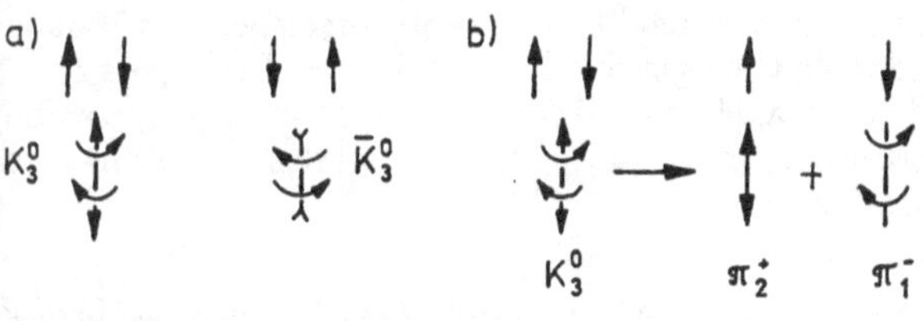

Abb. 45. K_3^0-Mesonen
a) Teilchen und Antiteilchen
b) Zerfall des K_3^0-Mesons in zwei geladene π-Mesonen

(Operation $\underline{\bar{1}}$ der vollen Symmetrie; bezeichnet durch P), und damit eine „Änderung des Vorzeichens des Raumes". Die in Abb. 41 angeführte Einteilung der Elementarteilchen beruht gerade auf der CP- und CT-Invarianz. Dabei können sowohl solche Teilchen elektrisch neutral sein, die aus elektrisch neutralen Komponenten aufgebaut sind (K_1^0 und K_2^0), als auch solche, die entgegengesetzt geladene Komponenten enthalten (K_3^0, n). In letzterem Falle wird das Vorzeichen jeder der „Anti"-Zerfallsprodukte entweder durch die Operation CP oder durch die Operation CT festgelegt.

Die skizzierte Beschreibung des „Anti"-Problems für die Elementarteilchen demonstriert die Wichtigkeit der Operation $\underline{1} = \underline{\bar{1}} \cdot \bar{1}$ (PT) der vollen Symmetrie. Die Ausnutzung dieser Operation führt in keinem einzigen Fall zur Verletzung irgendeiner „Parität". Die Verletzungen der Parität, die aus dem CPT-Theorem folgen, widerspiegeln letztlich nur die Besonderheiten der Symmetrie dieser oder jener Erscheinung, dieses oder jenes Teilchens.

Nachdem man den Begriff „Anti" in der Mechanik und in der Quantenfeldtheorie festgelegt hat, kann man untersuchen, welche Besonderheiten und Charakteristika in einer „Wirklichkeit" aus Antiteilchen und Anti-Erscheinungen („Antiwirklichkeit", „Antiwelt") auftreten. „Welten" und „Antiwelten" kann man untersuchen, indem man lediglich die Besonderheiten des Raumes und der Zeit verwendet, da über diese auch solche Eigenschaften wie die elektrische Ladung und die Schwerkraft (das Vorzeichen der Masse) eindeutig bestimmbar sind. Insgesamt kann man vier verschiedene Paare von „Welten" und „Antiwelten" untersuchen.

In Abb. 24 wurden geometrische Formen dargestellt, die die Symmetrie des Raumes, der Zeit und der Erscheinungen unserer Wirklichkeit wiedergeben. Diese Erscheinungen gehorchen der Forderung nach Invarianz bei der Operation T ($\bar{1}$). Teilchen dieser Wirklichkeit können nur ein bestimmtes skalares Vorzeichen haben, das den Raum darstellt, und zwei Vorzeichen des Pseudoskalars, der der Zeit entspricht (Abb. 46a, b).[1] Der Operation T gehorcht offenbar auch eine Welt mit dem entgegengesetzten skalaren Vorzeichen (d. h. ein „kontrahierendes" Weltall – s. Abb. 46c, d).

[1]) Die Diskussion der „Welten" und „Antiwelten" kann ohne Berücksichtigung der „vektoriellen" Formen des Raumes und der Zeit geführt werden. Diese Formen schaffen eine Umgebung, die für die verschiedenen Kombinationen von Skalaren und Pseudoskalaren identisch ist.

Außerdem muß man die Möglichkeit solcher „Realitäten“ berücksichtigen, in denen die Erscheinungen nicht der Operation T, sondern der Operation P ($\underline{1}$) genügen. Ein Beispiel für eine solche Welt gibt Abb. 23a'–d'. Auch in diesem Falle gibt es zwei Möglichkeiten der Zusammensetzung von Skalaren und von Pseudoskalaren. Im ersten Paar (Abb. 46e, f) kommt der Pseudoskalar

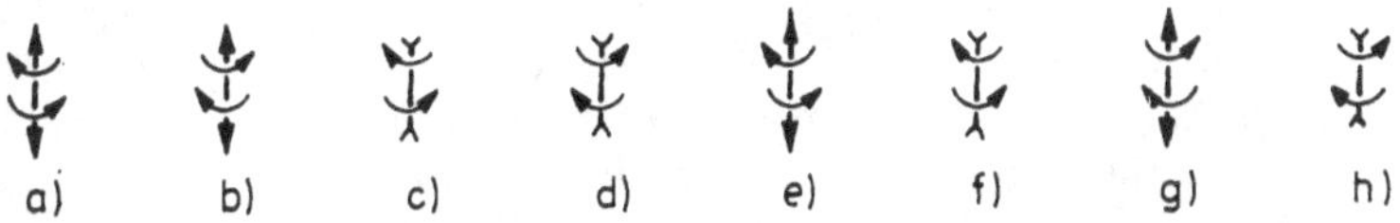

Abb. 46. Varianten von „Teilchen“, die unterschiedliche Wirklichkeiten darstellen (a) entspricht dem „skalaren“ Teil des Protons unserer Realität).

mit dem einen Vorzeichen vor, im zweiten (Abb. 46g, h) mit dem anderen Vorzeichen. Wir weisen noch darauf hin, daß alle Teilchen in Abb. 46 nur dann voneinander verschieden sind, wenn in ihrer zweiten Hälfte die Zeit als Skalar und der Raum als Pseudoskalar dargestellt sind. Jedes der Teilchen in Abb. 46 wandelt sich mit Hilfe einer der Transformationen T (Paare aus der ersten Hälfte des Bildes) oder P (Paare aus der zweiten Hälfte der Abbildung) in ein anderes aus dieser Menge um.

Wenn man das Proton und das Neutron so betrachtet, wie sie in Abb. 39 dargestellt sind, sowie das Elektron aus Abb. 37, erhält man unsere Variante der Wirklichkeit (Abb. 46a). Die Stabilität des Protons wird in diesem Fall dadurch gewährleistet, daß sein skalarer und sein pseudoskalarer Teil in der Kombination mit der axial-vektoriellen Komponente in beiden Varianten des Teilchens das gleiche – positive – Vorzeichen der elektrischen Ladung hervorbringen. In der Kombination mit dem Pseudoskalar entgegengesetzten Vorzeichens bildet das Elektron mit dem Proton ein stabiles Atom. Für unser expandierendes Weltall mit rechten (negatives Vorzeichen der Enantiomorphie) Elektronen und linken Protonen ist das „Anti-Weltall“ kontrahierend und besteht aus linken Positronen und aus rechten Antiprotonen (Abb. 46d).

Wenn man die hier vorgestellten Varianten der Welten und Antiwelten benutzt, kann man anscheinend vom Standpunkt der Symmetrie aus bestimmte Vermutungen anstellen, warum in unserer Wirklichkeit nur die Photonen, das Neutrino, das Elektron, das Proton und das Neutron stabil sind (s. Anhang VI).

5.5. *Die Raum-Zeit in der speziellen Relativitätstheorie*

Als wir über die Symmetrietransformationen im Raum und in der Zeit sprachen, haben wir stets vorausgesetzt, daß diese beiden „materiellen Substanzen“ wenn schon nicht völlig getrennt existieren, so doch als unabhängig voneinander betrachtet werden können. Dieser Ausgangspunkt stellt jedoch eine Näherung dar, die nur unter bestimmten Einschränkungen zulässig ist. Diese einschränkenden Bedingungen sollten offensichtlich vom Verhältnis „des Raumes zur Zeit“ oder „der Zeit zum Raum“ abhängen. Das erste dieser Verhältnisse ist die *natürliche Geschwindigkeit* V_0, das zweite die *natürliche Langsamkeit* $\alpha_0 = 1/V_0$. Wir werden den Zustand der Materie raumartig nennen, wenn V_0 groß ist, und zeitartig, wenn α_0 groß ist. Im Grenzfall existiert die objektive Realität bei $V_0 \to \infty$ nur im Raum, bei $\alpha_0 \to \infty$ dagegen nur in der Zeit.

Für unsere objektive Realität ist die Größe, die die natürliche Geschwindigkeit bestimmt, die endliche maximale Ausbreitungsgeschwindigkeit von Wechselwirkungen, also die in allen Inertialsystemen konstante Lichtgeschwindigkeit c. Die *Endlichkeit* dieser Grenzgeschwindigkeit führt dazu, daß man unsere Wirklichkeit weder als rein raumartig noch als rein zeitartig bezeichnen kann: in ihr sind beide Zustände vereinigt. Der Mensch kann nur über die subjektive Wahrnehmung der *Bewegung* eine Vermutung darüber anstellen, ob unsere Realität dem raumartigen oder dem zeitartigen Zustand näherkommt, indem er die *kinematischen* Beziehungen zwischen Raum und Zeit betrachtet. Nach unseren gegenwärtigen Vorstellungen, die aus den subjektiven Wahrnehmungsmöglichkeiten des Menschen folgen, ist die Geschwindigkeit c groß und unsere Wirklichkeit demnach nahe der raumartigen „Variante“.

Diese Schlußfolgerung basiert wesentlich auf der Tatsache, daß real in der Regel nur Bewegungen mit kleinen Geschwindigkeiten ($V \ll c$) beobachtet werden. Unter diesen Umständen liefert der „große“ Betrag von c die Möglichkeit einer einfachen Beschreibung von Bewegungen über die Änderung *räumlicher Koordinaten*, da bei kleinen Geschwindigkeiten die Zeit in hinreichender Näherung als absolut, d. h. als gleich für *alle* Punkte des Raumes, angesehen werden kann. Hieraus folgt insbesondere auch die Möglichkeit, unser Weltall als *expandierend* zu betrachten (Abb. 47a): Bei Geschwindigkeiten $V \ll c$ relativ zum gewählten Beobachtungspunkt entfernen sich die weit entfernten Galaxien vom Beobachter nach den HUBBLEschen Gesetz

$$V = H R \tag{5.22}$$

(V Geschwindigkeit der Galaxis, R ihr Abstand vom Beobachter, $H \approx 3 \cdot 10^{-18}\,\mathrm{s}^{-1}$ = HUBBLE-Konstante).

Der zweite, *zeitartige* Zustand der Materie kann unter der Bedingung verwirklicht werden, daß (anstelle der Lichtgeschwindigkeit c als maximaler Grenzgeschwindigkeit) eine *minimale* Grenzgeschwindigkeit der Wechselwirkungen existiert, was großen

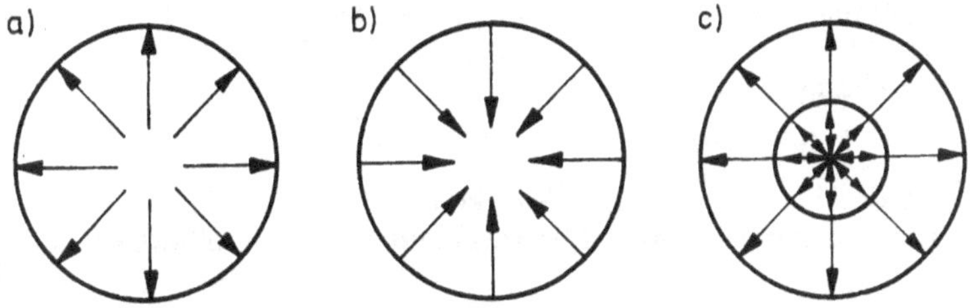

Abb. 47. Modelle des Universums in Abhängigkeit von der Größe der maximalen Werte für Geschwindigkeiten V und für „Langsamkeiten" $\alpha = 1/V$ der Bewegung.

a) raumartiges Modell des expandierenden Weltalls, $V_{\max} \to \infty$;
b) zeitartiges Modell, $\alpha_{\max} \to \infty$;
c) Modell mit endlicher Grenzgeschwindigkeit für die Ausbreitung von Wechselwirkungen, $V \neq \infty$, $\alpha \neq \infty$

Werten von α ($\alpha \to \infty$) entspricht. Für einen solchen Zustand wären nicht die bekannten Formeln der GALILEI-Transformation

$$X' = X - Vt; \quad Y' = Y; \quad Z' = Z; \quad t' = t \tag{5.23}$$

gültig (das Koordinatensystem $X'Y'Z'$ bewegt sich mit der Geschwindigkeit V parallel zur X-Achse gegenüber dem System XYZ), sondern die neuen Transformationsgleichungen

$$X' = X; \quad t' = t - X/V, \tag{5.24}$$

was davon zeugt, daß die Bewegung nicht den räumlichen Abstand sondern die Zeit ändert („*Bewegung in der Zeit*"). In einem solchen Zustand würden „nicht wechselwirkende Galaxien" vom Beobachter als *sich annähernd* empfunden (Abb. 47b). Das Analogon zu den bekannten *Intervallen* unserer Wirklichkeit

$$S^2 = c^2 \Delta t^2 - \Delta X^2 = c^2 \Delta t^2 - V^2 \Delta t^2, \tag{5.25}$$

$$T^2 = \Delta t^2 - \Delta X^2/c^2 = \Delta X^2/V^2 - \Delta X^2/c^2 \tag{5.26}$$

sind für den Fall eines zeitartigen Zustandes die Intervalle

$$T_t^2 = \alpha_{\max}^2 \Delta X^2 - \Delta t^2 = \alpha_{\max}^2 \Delta X^2 - \alpha^2 \Delta X^2, \tag{5.27}$$

$$S_t^2 = \Delta X^2 - \Delta t^2/\alpha_{\max}^2 = \Delta t^2/\Delta^2 - \Delta t^2/\alpha_{\max}^2 \tag{5.28}$$

(Abb. 48). Während in unserer Wirklichkeit bei kleinen Geschwindigkeiten aus (5.26) das Hubblesche Gesetz (5.22) folgt, erhält man für zeitartige Zustände aus (5.28) für kleine Werte von α die Beziehung

$$S_t = \Delta t/\alpha, \tag{5.29}$$

aus der man den Radius des „kontrahierenden" Weltalls S_t bestimmen kann (s. Abb. 47). In einem solchen Weltall wird eine

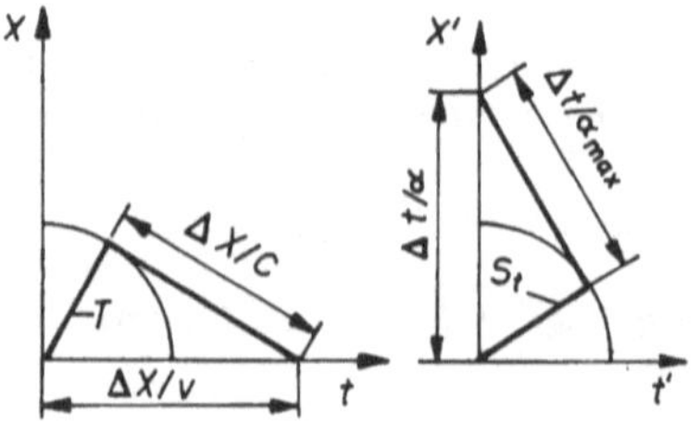

Abb. 48. Die Intervalle T und S_t für das raumartige bzw. für das zeitartige Modell

Bewegung am einfachsten durch die Änderung der Zeit beschrieben. Unterschiedliche Werte der Zeit entsprechen (in hinreichender Näherung bei kleinem α) derselben räumlichen Koordinate.

Die Gleichungen für die „Bewegung in der Zeit" (Bewegung „in" einem bestimmten Raumpunkt) können nach einer Umformung auch auf die Beschreibung der Bewegung einer sich auf uns zu bewegenden Galaxis unserer Realität angewendet werden. Diese Umformung besteht im Übergang von kleinen Werten für α zu großen Werten, was zu den Beziehungen

$$S' = \Delta t \cdot V, \quad V = S'/\Delta t, \quad V \ll c \tag{5.30}$$

für die Beschreibung der Bewegung solcher Galaxien führt. Die Beziehung (5.30) ist dem Hubbleschen Gesetz (5.22) analog, unterscheidet sich jedoch von diesem dadurch, daß anstelle des Weglaufens hier eine gegenseitige „Annäherung“ der Galaxien beobachtet wird. Diese Feststellungen sind damit in Übereinstimmung, daß die Beziehung (5.26) aus (5.25) durch Division durch c^2 hervorgeht. Wenn also die in unserer Nähe gelegenen Galaxien mit kleineren Geschwindigkeiten „auseinanderfliegen“, werden auch die in der Nähe befindlichen sich annähernden Galaxien eine kleinere Geschwindigkeit besitzen, als die weiter entfernten.

S_t und S' sollten offenbar über eine gewisse Konstante miteinander in Beziehung stehen. Wenn es auf irgendeine Weise gelänge, S_t und S' unabhängig voneinander zu messen, könnte man so über die Messung der Annäherungsgeschwindigkeit der „nächsten“ Galaxien ihr „Alter“ (oder zumindest den „Altersunterschied“ zwischen verschiedenen sich nähernden „violetten“[1]) Galaxien) bestimmen.

Wie bereits festgestellt wurde, ist unser Universum wegen der Endlichkeit der Lichtgeschwindigkeit weder rein expandierend, noch rein kontrahierend. Der Umstand, daß sich in der Realität die nahen Galaxien zum Teil auf uns zu und zum Teil von uns weg bewegen, während sich die weit entfernten Galaxien ausschließlich von uns entfernen, gestattet die Feststellung, daß unser Weltall „hauptsächlich“ expandiert. Dabei sind die sich entfernenden („roten“[1])) Galaxien solche, die „gleichzeitig“ entstanden sind, während die sich auf uns zu bewegenden („violetten“[1])) Galaxien „in einem Raumpunkt“ zu unterschiedlichen Zeiten entstanden sind. Das Verhältnis zwischen der Anzahl der „roten“ und der „violetten“ Galaxien zu unterschiedlichen Zeiten wie auch an verschiedenen Raumpunkten sollte in dem Maße konstant sein, wie alle Punkte des Raumes und alle Zeitpunkte äquivalent (gleichberechtigt) sind.

Die hier dargelegten Vorstellungen über unser Universum unterscheiden sich von den allgemein angenommenen, nach welchen die „Violettverschiebung“ einzelner Galaxien eine Folge der „Besonderheit“ (Individualität) ihrer Bewegung ist und nicht eine Folge der Tatsache, daß die Ausbreitungsgeschwindigkeit von Wechselwirkungen im Weltall *endlich* (gleich der Lichtgeschwindigkeit c) ist. Der „Urknall“ stellt nach dem hier vertretenen Standpunkt eigentlich zwei Nullpunkte des *einheitlichen Universums*“ dar: den Nullpunkt der räumlichen Koordinate ($X = 0$) und den Nullpunkt der Zeit ($t = 0$).

Ganz am Anfang hatten wir bereits festgestellt, daß die Sym-

---

[1]) Gemeint ist eine spektrale Violett- bzw. Rotverschiebung (d. Hrsg.).

metrie Ausdruck einer gewissen Invarianz von Objekten und Erscheinungen ist. Andererseits ist auch jede Invarianz Ausdruck einer Symmetrie. Die Invarianz der Intervalle (5.25)–(5.28) ist nichts anderes als eine Folge der Relativität und des wechselseitigen Zusammenhangs von Raum und Zeit. Bei geringer Geschwindigkeit bewegen wir uns (praktisch ausschließlich) im Raum, bei hoher Geschwindigkeit (kleinem α) dagegen in der Zeit. Die Symmetrie jedes dieser Grenzzustände wurde in Kap. 4 erörtert. Bei einem Übergang des Universums von einem Zustand in den anderen wird offenbar sprunghaft der Raum durch die Zeit ersetzt und umgekehrt. In Übereinstimmung damit ändert sich auch die Symmetrie von Raum und Zeit, was man durch den Vergleich der Abbildungen 23 und 46 feststellen kann.

6. Phasenübergänge in Kristallen

6.1. *Einführung*

Nächst der Hochenergiephysik (Physik der Elementarteilchen) steht die Untersuchung struktureller Phasenübergänge in Festkörpern bzw. in Kristallen hinsichtlich der Anwendung von symmetrietheoretischen Methoden an zweiter Stelle. Gewöhnlich unterscheidet man Phasenübergänge *erster* und *zweiter Art*. Bei Phasenübergängen erster Art geht ein sprunghafter Umbau der Kristallstruktur[1]) vor sich, der einen qualitativen Sprung im Zustand des Körpers bedingt. Bei solchen Phasenübergängen gelingt es in der Regel nicht, einen eindeutigen Zusammenhang zwischen der Symmetrie der Ausgangsphase und der Symmetrie der sich neu bildenden Phase zu finden. Eine Ausnahme bildet hier lediglich der Fall, daß der Phasenübergang von einer *Vervielfachung* der ursprünglichen Elementarzelle begleitet wird und daß die Ursache dieser Vervielfachung (der „*primäre Ordnungsparameter*") bekannt ist. Bei Phasenübergängen zweiter Art dagegen ändern

---

[1]) Unter diesem Umbau wird hier nicht nur eine Änderung der Lage der Atome verstanden, sondern auch eine beliebige Veränderung des Kristalls, die im einzelnen von einer „Deformation" des Kristalls, der Entstehung einer magnetischen Struktur, der Änderung der optischen Eigenschaften u. ä. begleitet wird.

sich die Struktur und der Zustand des Kristalls stetig; diese Änderung wird von einer Symmetrieänderung begleitet, die eindeutig durch die Transformationseigenschaften (durch die Symmetrie des *Ordnungsparameters*) festgelegt ist.

Die Untersuchung der Symmetrieaspekte struktureller Phasenübergänge kann auf zwei Ebenen vorgenommen werden: unter Ausnutzung des Prinzips von Curie oder unter Benutzung der Gruppentheorie. Da es mit der ersteren, einfacheren Methode nicht gelingt, wichtige Besonderheiten der Phasenübergänge zu beschreiben, wird im Weiteren eine Behandlung der Phasenübergänge im Rahmen der gewöhnlichen Punktsymmetrie der Kristalle durchgeführt, die auf den (nicht immer streng dargelegten) Grundvorstellungen der Gruppentheorie beruht.

6.2. *Einfache Symmetrieaspekte von Phasenübergängen zweiter Art*

Wenn man sich auf die Änderung der Kristallsymmetrie beschränkt, kann diese bei einem Phasenübergang zweiter Art bestimmt werden, wenn man die Symmetrie der Ausgangsphase kennt und die Symmetrie des Ordnungsparameters vorgibt. Nehmen wir zum Beispiel an, uns interessiert die Symmetrieänderung eines kubischen Kristalls der Punktgruppe $m3m$, die dadurch verursacht wird, daß bei einer gewissen Temperatur in einer bestimmten Richtung eine *spontane elektrische Polarisation* $\boldsymbol{P}_S$ entsteht. Die Symmetrie von $\boldsymbol{P}_S$ ist die eines polaren Vektors und wird durch die Symmetriegruppe ∞mm beschrieben (vgl. Abb. 5b). Wenn dieser Vektor entlang einer vierzähligen Drehachse des Würfels gerichtet ist, folgt aus dem Symmetrieprinzip von Curie, daß die Symmetriegruppe der neuen Phase nach dem Phasenübergang die tetragonale Gruppe $4mm$ (Abb. 49a) sein wird. Liegt der Vektor $\boldsymbol{P}_S$ dagegen parallel zu einer zweizähligen bzw. parallel zu einer dreizähligen Drehachse, dann entsteht eine Phase mit der Symmetrie $mm2$ (Abb. 49b) bzw. $3m$ (Abb. 49c) usw. Das angeführte Beispiel entspricht den Phasenübergängen des Bariumtitanats ($BaTiO_3$), das bei Temperaturen oberhalb 120 °C in einer kubischen Modifikation vorliegt, zwischen 120 und 5 °C eine tetragonale (Gruppe $4mm$), zwischen 5 und −80 °C eine orthorhombische (Gruppe $mm2$) und unterhalb −80 °C eine rhomboedrische Symmetrie (Gruppe $3m$) aufweist.

Wenn der Ordnungsparameter dagegen ein „axialer Vektor" mit der Symmetrie ∞/m wäre (z. B. eine *spontane Magnetisierung* $\boldsymbol{I}_S$, s. Abb. 5d), dann würden bei einem Phasenübergang aus derselben Kristallklasse $m3m$ und bei einer Orientierung des Ordnungsparameters wie in Abb. 49 die neuen Phasen den Symmetriegruppen $4/m$, $2/m$ bzw. $\bar{3}$ angehören.

Betrachten wir etwas ausführlicher die Symmetrieaspekte der Phasenübergänge in *ferroelektrischen* Kristallen. Die Ferroelektrika gehören zu den *Pyroelektrika.* Das sind Stoffe bzw. Kristalle mit einer spontanen (d. h. ohne äußere Einwirkung entstehenden)

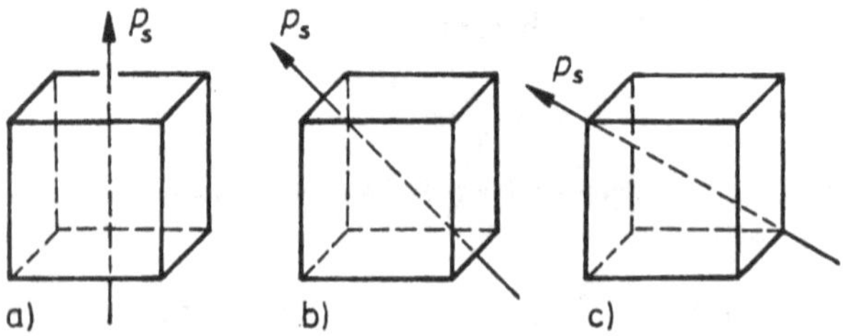

Abb. 49. Phasenübergänge in einem Kristall der Symmetrie $m\bar{3}m$ mit dem Ordnungsparameter $\boldsymbol{P}_S$.
Die neue Symmetriegruppe ist a) $4mm$; b) $mm2$ und c) $\bar{3}m$

elektrischen Polarisation. Die Ferroelektrika sind dadurch ausgezeichnet, daß sie *in Bereiche mit unterschiedlicher Orientierung der spontanen Polarisation* (Domänen) zerfallen können. In gewöhnlichen Pyroelektrika (auch als *lineare Pyroelektrika* bezeichnet) werden keine Phasenumwandlungen beobachtet [1]) und sie zerfallen auch nicht in Domänen.

Die Ferroelektrika treten in der Regel bei unterschiedlichen Temperaturen in verschiedenen kristallographischen Modifikationen, verschiedenen Phasen, auf. Mit einigen seltenen Ausnahmen ist die Symmetrie der Hochtemperaturphasen höher als die der Tieftemperaturphasen. Außerdem wird der Kristall, bevor er

---

[1]) d. h., es werden keine ferroelektrischen Phasenübergänge beobachtet. Andere Phasenumwandlungen (z. B. ferroelastische) können auch in linearen Pyroelektrika auftreten. Die Begriffe Phasenumwandlung und Phasenübergang werden hier synonym verwendet (d. Hrsg.).

schmilzt oder sich zersetzt, fast stets unpolar oder polar-neutral[1]), d. h. *paraelektrisch*. Die polare Phase mit einer spontanen Polarisation heißt *ferroelektrisch*. Phasenübergänge, die durch das Auftreten einer spontanen Polarisation $\boldsymbol{P}_S$ verursacht werden, nennt man *eigentlich* (engl.: *proper*) *ferroelektrische Phasenübergänge*. Wir beschränken uns hier auf Phasenübergänge zweiter Art, die von einer Symmetrieänderung begleitet werden, bei der eine spontane Polarisation in einer vorher unpolaren[2]) Richtung entsteht.

In unpolaren und polar-neutralen Kristallen gibt es zu jeder Richtung mindestens eine ihr gleiche, *kristallographisch äquivalente* Richtung. Alle diese Richtungen gehören zu einer *einfachen Form*, d. h., sie besitzen den gleichen Satz MILLERscher Indizes. Den Beweis für eine Symmetrieänderung muß man führen, indem man den Vektor $\boldsymbol{P}_S$ entlang aller *kristallographisch verschiedenen* Richtungen orientiert. Deren Anzahl ist gleich der Anzahl der einfachen Formen in der gegebenen Kristallklasse.

Aus der Gruppentheorie ist bekannt, daß die Ordnung der Untergruppe einer endlichen Gruppe ein Teiler der Ordnung der Ausgangsgruppe sein muß (Satz von LAGRANGE). Die Ordnung einer Gruppe G wird durch die Anzahl N ihrer Elemente gegeben. Eine Gruppe kann in *Nebenklassen* g_i zerlegt werden, wobei die Ordnung N der Gruppe gleich dem Produkt aus der Anzahl K_i der Nebenklassen und der Anzahl n_i der Elemente (Symmetrieoperationen) einer Nebenklasse ist:

$$N = K_i n_i.\text{[3])} \tag{6.1}$$

So hat zum Beispiel für einen Kristall, der zur Gruppe 222 mit der Ordnung 4 gehört, eine allgemeine Richtung $[hkl]$ die Symmetrie 1 ($n_i = 1$). Als Untergruppe der Gruppe 222 enthält diese Gruppe ein Element (die Anzahl der Elemente ist gleich der Ord-

[1]) Polar heißen Kristalle, die mindestens eine singuläre polare Richtung besitzen (lineare Pyroelektrika, einzelne Domänen von Ferroelektrika). In polar neutralen Kristallen gibt es zwar kein Symmetriezentrum, es existieren jedoch allgemeine (nicht-singuläre) polare Richtungen (vgl. z. B. Abb. 16c).

[2]) In zentrosymmetrischen Kristallen sind alle Richtungen unpolar. In Kristallen, die der Gruppe $\infty 2$ untergeordnet sind, sind gleichfalls alle Richtungen unpolar.

[3]) Die Zerlegung in Nebenklassen erfolgt jeweils bezüglich einer Untergruppe $G_i \subseteq G$. Die Anzahlen n_i der Elemente der Untergruppe und der einzelnen Nebenklassen stimmen überein. K_i wird als Index der Untergruppe G_i bezeichnet (d. Hrsg.)

nung der Untergruppe). Nach Gleichung (6.1) ist die Anzahl K_i der Nebenklassen der Gruppe vier (die einfache Form ist ein rhombisches Disphenoid). Das ist gleichzeitig auch die Anzahl der kristallographisch äquivalenten Richtungen. Wenn man in demselben Kristall eine Richtung auswählt, die mit einer der zweizähligen Drehachsen ($n_i = 2$) zusammenfällt, dann ist nach Gleichung (6.1) diese Anzahl zwei ($K_i = 2$, alle zweizähligen Drehachsen sind in diesem Kristall ungleichwertig). Für einen Kristall, der zur Symmetriegruppe $4/mmm$ gehört ($N = 16$), hat eine vektorielle Richtung entlang der vierzähligen Drehachse die Symmetrie $4mm$ ($n_i = 8$), und es gibt in diesem Fall zwei äquivalente Richtungen (die einfache Form ist ein Pinakoid) usw.

Auf Grund des Satzes von LAGRANGE kann man also unter Benutzung von Gleichung (6.1) die allgemeine Aussage

$$K = N_{\mathrm{P}}/n_{\mathrm{S}} \tag{6.2}$$

treffen, in der K die Anzahl der kristallographisch äquivalenten Richtungen in der paraelektrischen Phase, N_{P} die Ordnung der Symmetriegruppe der paraelektrischen Phase und n_{S} die Ordnung der Symmetriegruppe des Kristalls nach dem Phasenübergang in die ferroelektrische Phase bedeuten.

Die Symmetrieänderungen von Kristallen bei ferroelektrischen Phasenübergängen sind in Tab. 5 und im Anhang VII zusammengestellt. Für die polar-neutralen Kristalle wurden nur Symmetrieänderungen betrachtet, bei denen die Polarisation in unpolaren Richtungen entsteht. In den Tabellen steht hinter dem Symbol der nach dem Phasenübergang entstehenden Gruppe in runden Klammern die Anzahl der äquivalenten Richtungen, d. h. der zur betreffenden kristallographischen Form gehörenden Richtungen. So gehören zum Beispiel in der Symmetriegruppe $m3m$ zur Form <100> sechs kristallographisch äquivalente Richtungen: [100], [010], [001], [$\bar{1}$00], [0$\bar{1}$0] und [00$\bar{1}$]. Diese Richtungen entsprechen den Würfelkanten. Die Ordnung der Symmetriegruppe $4mm$ einer solchen Richtung (in der ferroelektrischen Phase – d. Hrsg.) ist 8 ($n_{\mathrm{S}} = 8$) und die Anzahl der äquivalenten Richtungen (d. h. der Nebenklassen) ist nach Gleichung (6.2) gleich 6, da die ursprüngliche Gruppe die Ordnung 48 hat.

Tabelle 5 und Anhang VII zeigen, *wie* sich die Kristallsymmetrie ändert, wenn ein ferroelektrischer Phasenübergang stattfindet; sie gestatten aber nicht, festzustellen, *ob* solche Übergänge tatsächlich auftreten, und geben auch keine Auskunft über die Reihenfolge

Tabelle 5.

Symmetrieänderung kubischer Kristalle bei Phasenübergängen, die mit dem Entstehen einer spontanen elektrischen Polarisation verbunden sind

Symmetrie in der paraelektrischen Modifikation	Symmetrieänderung bei verschiedenen Richtungen der spontanen Polarisation						
	[100]	[111]	[110]	[$hk0$]	[hkk]	[hhl]	[hkl]
$m\bar{3}m$	$4mm$(6)	$3m$(8)	$mm2$(12)	m(24)	m(24)	m(24)	1(48)
432	4(6)	3(8)	2(12)	1(24)	1(24)	1(24)	—
$\bar{4}3m$	$mm2$(6)	—	m(12)	1(24)	—	—	—
$m\bar{3}$	$mm2$(6)	3(8)	m(12)	m(12)	1(24)	1(24)	1(24)
23	2(6)	—	1(12)	1(12)	—	—	—

In Klammern: Anzahl äquivalenter Richtungen (Index der Untergruppe bzw. Anzahl der Domänen — d. Hrsg.).

der Phasenübergänge (wenn in einem Kristall mehrere Übergänge möglich sind).

Alle bis heute bekannten Phasenübergänge aus einer paraelektrischen in eine ferroelektrische Phase befinden sich in Übereinstimmung mit Tab. 5 und Anhang VII. Die bekanntesten davon sind das bereits erwähnte $BaTiO_3$: $m\bar{3}m \rightarrow 4mm$ (120 °C), $KNaC_4H_4O_6 \cdot 4H_2O$ (Seignettesalz): $222 \rightarrow 2$ (24 °C), KH_2PO_4 (KDP): $\bar{4}m2 \rightarrow mm2$ (–151 °C), SbSI: $mmm \rightarrow 2mm$ (22 °C), $(CH_2NH_2COOH)_3 \cdot H_2SO_4$ (Triglycinsulfat – TGS): $2/m \rightarrow 2$ (49 °C), KNO_3: $\bar{3}m \rightarrow 3m$ (120 °C) u. a. m.

Die Eigenschaft der ferroelektrischen Phasenübergänge, eine eindeutig bestimmte Symmetrieänderung aufzuweisen, ist so fundamental, daß sie manchmal der Suche nach neuen Ferroelektrika zugrunde gelegt wird. So wurde aufgrund der Symmetrieänderung vorausgesagt, daß $NaNO_2$ ein Ferroelektrikum sein müsse, und erst danach wurden die ferroelektrischen Eigenschaften nachgewiesen. In diesem Kristall kommt es bei 162 °C zu einer Symmetrieänderung $mmm \rightarrow mm2$ unter Entstehung einer spontanen Polarisation, die unterhalb dieser Temperatur stabil ist.

Einige Ferroelektrika existieren nur in ihrer ferroelektrischen Modifikation. So ist das Guanidinaluminiumsulfat-Hexahydrat (GASH), $C(NH_2)_3 \cdot Al(SO_4)_2 \cdot 6H_2O$, nur in seiner polaren Modifikation mit der Symmetrie $3m$ bekannt. Bei Erwärmung beginnt der Kristall, sich (ab etwa 200 °C) zu zersetzen und geht bei weiterer Temperaturerhöhung in eine paraelektrische Phase über. Deren Symmetrie konnte nur anhand von Ätzfiguren untersucht werden. Es zeigte sich, daß GASH in der paraelektrischen Phase die Symmetriegruppe $\bar{3}m$ haben muß. Saures Lithiumselenat $LiH_3(SeO_3)_2$ existiert nur in der ferroelektrischen Phase und zersetzt sich (ab etwa 110 °C) vor dem Übergang in die paraelektrische Phase. Unter erhöhtem Druck wird jedoch in diesem Kristall der Übergang in eine paraelektrische Phase beobachtet ($m \rightarrow 2/m$).

Eine relativ große Zahl von Ferroelektrika kommt in mehreren ferroelektrischen Modifikationen vor. Jede dieser Modifikationen besitzt ihren eigenen Existenzbereich. Die Vielfalt polarer Phasen wurde bereits am Beispiel des Bariumtitanats angedeutet. Das berechtigt dazu, bei Ferroelektrika von Phasenübergängen von einer polaren Phase in eine andere zu sprechen. Die Symmetrieänderungen bei solchen Übergängen zwischen ferroelektrischen Phasen wird besser nicht durch die Symmetrie der ineinander übergehenden Phasen bestimmt, sondern durch den Bezug auf die *Symmetrie der paraelektrischen Phase.* So sind auch die Phasenübergänge in

Abb. 49 zu verstehen: Beim Übergang zwischen zwei polaren Phasen kehrt der Kristall gleichsam für einen Augenblick in die paraelektrische Ausgangsphase zurück.

Eine besondere Rolle spielt die paraelektrische Ausgangsphase auch für die Domänenstruktur und für viele andere physikalische Eigenschaften der Ferroelektrika. So kann man den Phasenübergang in Ferroelektrika bei gleichmäßiger Erwärmung formal als einen Vorgang betrachten, der unter einer *skalaren* Einwirkung vonstatten geht. Die hohe Symmetrie der (skalaren) Wärmeeinwirkung bedeutet, daß der Kristall beim Phasenübergang zumindest makroskopisch seine Symmetrie nicht ändert. Formal betrachtet besteht gerade darin einer der Gründe für den Zerfall des Kristalls in Domänen. Einen anderen, nicht weniger interessanten geometrischen Zugang zur Bildung von Domänen liefert der Umstand, daß in einem Kristall für die Herausbildung einer spontanen Polarisation in vorher unpolaren Richtungen mindestens zwei kristallographisch und physikalisch äquivalente Richtungen existieren. Daraus folgt, daß die spontane Polarisation in verschiedenen Bereichen des Kristalls in einer jeden dieser Richtungen mit gleicher Wahrscheinlichkeit entstehen kann.

Am einfachsten ist der Fall bei den *einachsigen* Ferroelektrika (Seignettesalz: $KNaC_4H_4O_6 \cdot 4H_2O$, KDP: KH_2PO_4, TGS: $(CH_2NH_2COOH)_3 \cdot H_2SO_4$ u. a.), bei denen die spontane Polarisation in einer bestimmten Richtung oder entgegengesetzt dazu orientiert sein kann. Die beiden Richtungen der spontanen Polarisation schließen in diesem Fall einen Winkel von 180° ein, und die Grenze zwischen zwei Domänen wird gewöhnlich als 180°-Wand bezeichnet. Die Symmetrieoperationen (Zwillingsoperationen), die die beiden verschiedenen Domänen ineinander überführen, sind die beim Phasenübergang verloren gegangenen Symmetrieelemente der paraelektrischen Phase, die den Kristall zur früheren Symfeetrie zurückführen würden. Die Symmetrieänderung bei einem mrroelektrischen Phasenübergang wird durch die Angabe der Punktgruppen beider Phasen symbolisiert: für Seignettesalz (oberer CURIE-Punkt 24 °C) zum Beispiel durch $222 \rightarrow 2$ (an zweiter Stelle steht die Symmetriegruppe der ferroelektrischen Phase, genauer die Symmetriegruppe einer Domäne), für KDP (−151 °C) durch $\bar{4}2m \rightarrow mm2$ und für TGS (49 °C) durch $2/m \rightarrow 2$ (s. Anhang VII).

In mehrachsigen (wie auch in einachsigen) Ferroelektrika wird der Charakter der 180°-Domänenwände durch die Symmetrie der Richtung der spontanen Polarisation bestimmt. Im Fall der mehrachsigen Ferroelektrika kann die Verzwillingung jedoch nicht nur durch die Bildung von 180°-Domänen, sondern auch durch Domänen verwirklicht werden, die zu verschiedenen kristallographisch äquivalenten Richtungen gehören. Ein Beispiel ist die Verzwillingung im Bariumtitanat. In Übereinstimmung mit Tab. 5 gibt es in diesem Kristall in der zwischen 5 und 120 °C existierenden tetragonalen Phase (Symmetrie $4mm$) für die spontane Polarisation sechs gleichwertige Richtungen mit Indizes des Typs $<100>$. In der orthorhombischen Phase ($mm2$) hat die spontane Polarisation eine Richtung des Typs $<110>$, von denen es 12 gibt. Diese Phase existiert im Temperaturbereich von +5 bis −80 °C. Für die spontane Polarisation in der rhomboedrischen Phase ($3m$) gibt es in $BaTiO_3$ 8 äquivalente Richtungen $<111>$. Diese Phase

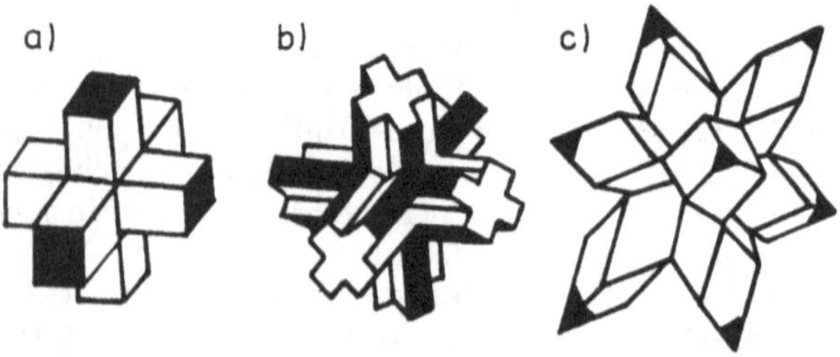

Abb. 50. Schematische Darstellung der Orientierung der Domänen in $BaTiO_3$-Kristallen nach einem Phasenübergang.
a) in die tetragonale Phase (6 äquivalente Richtungen);
b) in die rhombische Phase (12 äquivalente Richtungen);
c) in die rhomboedrische Phase (8 äquivalente Richtungen)

existiert bei Temperaturen unterhalb −80 °C. Unter isotropen Bedingungen sollte der Volumenanteil der Domänen, die in den einzelnen äquivalenten Richtungen orientiert sind, gleich sein. Abb. 50 zeigt die Orientierung der Domänen in den einzelnen Phasen. Sie macht deutlich, daß die Gesamtheit der Domänen jeweils die Symmetrie der paraelektrischen Phase aufweist.

In der tetragonalen Phase des Bariumtitanats können 180°- und 90°-Domänenwände auftreten. In der rhombischen Phase des $BaTiO_3$ (wie auch anderer Kristalle, die die gleiche Symmetrie und die gleichen Phasenübergänge aufweisen) können die Winkel zwischen den Richtungen der spontanen Polarisation in den Domänen 60°, 90°, 120° und 180° betragen, in der rhomboedrischen Phase entsprechend 70°, 109° und 180°.

Der Charakter der Verzwillingung und die Orientierung der Domänen gehorchen stets denselben Gesetzmäßigkeiten. In allen Kristallen sind die Winkel zwischen den Richtungen der spontanen Polarisation in den Domänen gleich den Winkeln zwischen den äquivalenten Richtungen der paraelektrischen Phase, die Domänenwände werden durch die Symmetrieelemente der Verzwillingung festgelegt, und die *Domänenstruktur insgesamt wird durch die Symmetrie der paraelektrischen Hochtemperaturphase und durch die Richtung der spontanen Polarisation bestimmt.*

In Abhängigkeit von der Symmetrie der Domänen und davon, durch welche Symmetrieoperation sie verzwillingt sind, können die Domänen einige geometrische Besonderheiten aufweisen. Domänen, die nur Drehachsen besitzen, sind *enantiomorph*, d. h., sie sind entweder *rechte* oder *linke*. Bei *Rotations*zwillingen haben alle Domänen dasselbe Vorzeichen der Enantiomorphie, d. h., es sind entweder alles rechte oder alles linke Domänen. Das gilt beispielsweise für die Domänen in Seignettesalz. Wenn enantiomorphe Domänen durch eine Inversion oder durch eine Spiegelung verzwillingt sind, gehören die entgegengesetzt orientierten Domänen auch zum entgegengesetzten Typ der Enantiomorphie. So sind in TGS die Domänen der einen Orientierung rechte und die der anderen linke. Bei der Umpolarisierung ändern diese Domänen auch das „Vorzeichen“ der Enantiomorphie.

Die Entstehung einer spontanen elektrischen Polarisation in einem Kristall wird stets von einer Deformation des Kristalls begleitet. Diese Deformation kann *piezoelektrisch* oder *elektrostriktiv* sein. In zentrosymmetrischen Kristallen kann die Deformation nur elektrostriktiv sein und ist dem Quadrat der spontanen Polarisation proportional. Beispiele dafür sind die Phasenübergänge in $BaTiO_3$ und TGS. In polar-neutralen Kristallen ruft die spontane Polarisation in einigen (aber nicht in allen) Richtungen einen Piezoeffekt hervor. Dieser entspricht einer Deformation, die linear mit der spontanen Polarisation verknüpft ist. Von dieser Art ist zum Beispiel der Phasenübergang in Seignettesalz, bei dem eine Polarisation parallel zur X-Achse zur Umwandlung der rhombischen in eine monokline Phase führt, wobei der Winkel der monoklinen Elementarzelle linear mit der Polarisation $\boldsymbol{P}_S$ gekoppelt ist.

Eine Reihe von makroskopischen Eigenschaften von Ferroelektrika im Polydomänenzustand zeigen die Symmetrie der paraelektrischen Phase. Das ist gleichfalls mit dem Zurückkehren des Polydomänenkristalls zur Symmetrie der paraelektrischen Phase zu erklären. So sind Ferroelektrika, die in der paraelektrischen Phase nicht zentrosymmetrisch sind (z. B. Seignettesalz, KDP u. a.), auch im Polydomänenzustand piezoelektrisch. Wenn die paraelektrische Phase zentrosymmetrisch ist, bleibt auch die ferroelektrische Phase im Polydomänenzustand makroskopisch zentrosymmetrisch und zeigt deshalb keinen Piezoeffekt (natürlich nur, wenn sich bei der Entstehung der Domänen alle äquivalenten Orientierungen in gleichem Maße ausbilden können). Solche Ferroelektrika können jedoch *gepolt* werden, indem man ihre Domänen in einem elektrischen Feld ausrichtet, und zeigen danach gleichfalls einen Piezoeffekt. Auf diese Weise wird beispielsweise keramisches Bariumtitanat ($BaTiO_3$) behandelt, um es piezoelektrisch zu machen.

Die Rückkehr eines ferroelektrischen Kristalls nach dem Zerfall in Domänen zur Symmetrie der paraelektrischen Ausgangsphase führt dazu, daß auch andere makroskopische Eigenschaften der ferroelektrischen Phase (die elastischen, ein Teil der elektrischen u. a.) denen der paraelektrischen Phase entsprechen.

6.3. *Einige Fragen der Gruppentheorie*

Für eine tiefergehende Betrachtung der Symmetrieaspekte von Phasenübergängen ist eine kurze Einführung in die Gruppentheorie zum Verständnis der *Isomorphie*, der *Darstellungstheorie*, der *Theorie der Charaktere* und der *irreduziblen Darstellungen* erforderlich.

Zwei Gruppen der gleichen Ordnung heißen isomorph, wenn zwischen den Elementen beider Gruppen eine eineindeutige Abbildung in der Weise besteht, daß das Produkt von zwei beliebigen Elementen der einen Gruppe stets dem Produkt zweier bestimmter Elemente der anderen Gruppe entspricht.

Die Ähnlichkeit, die Isomorphie, die gruppentheoretische Ununterscheidbarkeit bestimmter Gruppen kann man verstehen, indem man zunächst die Ähnlichkeit gewisser Elemente innerhalb einer einzelnen Gruppe betrachtet. Die Ähnlichkeit von Elementen in einer Gruppe wird durch den Begriff der *konjugierten Elemente* (oder Operationen) einer Gruppe erfaßt. Seien s und t zwei beliebige Elemente der Gruppe. Dann ist das Element $\mathsf{u} = \mathsf{t}^{-1}\mathsf{s}\mathsf{t}$ ebenfalls ein Element der Gruppe. Es heißt konjugiertes Element des Elementes s bezüglich des Elementes t. Die Gesamtheit der zu s bezüglich aller anderen Elemente der Gruppe G konjugierten

Elemente bildet eine *Klasse konjugierter Elemente* dieser Gruppe. Die Anzahl der Elemente einer Klasse bezeichnet man als deren *Ordnung*; die Ordnung einer Klasse konjugierter Elemente ist ein Teiler der Ordnung der Gruppe.

Betrachten wir ein einfaches Beispiel: Die Elemente (Operationen) der Gruppe 622 sind 1, 2, 3, 3^{-1}, 6, 6^{-1}, 2′, 2′, 2′, 2″, 2″, 2″ (s. Anhang V). Wählen wir als Element $\mathfrak{t}$ die Operation 6 (Drehung um 60°) und als Element $\mathfrak{s}$ eine Operation 2′ (Drehung um 180° um eine dazu senkrechte Achse): Wenn wir eine Figur um 60° nach links drehen (Operation $\mathfrak{t}^{-1}$), mit Hilfe der Operation 2′ ($\mathfrak{s}$) um 180° drehen und dann um 60° nach rechts zurückdrehen ($\mathfrak{t}$), erhalten wir eine weitere Symmetrieoperation 2′, die zur ersteren konjugiert ist. Nehmen wir als Element $\mathfrak{t}$ hingegen die Operation 6^{-1} (Drehung um −60° bzw. um 300°), so erhalten wir die dritte Operation 2′ als konjugiertes Element. Insgesamt gibt es also drei zueinander konjugierte Operationen 2′, die eine Klasse der Ordnung 3 bilden. Aus der Betrachtung einer Figur, die durch die Gruppe 622 beschrieben wird, ist leicht erkennbar, daß die Operationen 2′ einander ähnlich sind – sie führen Transformationen ein und desselben Typs aus.[1]) Die Tatsache, daß die Elemente 2′ zueinander konjugiert sind, drückt diese Ähnlichkeit in der Sprache der Gruppentheorie aus. Die Gruppe 622 hat die Ordnung 12, und die Klasse der Elemente 2′ hat die Ordnung 3, ist also tatsächlich Teiler der Ordnung der Gruppe.

Wenn man als Ausgangselemente $\mathfrak{s} = 2''$ und $\mathfrak{t} = 6$ nimmt, erhält man eine weitere Klasse konjugierter Elemente dieser Gruppe, die aus den drei Operationen 2″ besteht. Es ist bemerkenswert, daß die Operationen 2′, 2′, 2′ und 2″, 2″, 2″ zwar die gleiche Ordnung haben, aber zu verschiedenen Klassen konjugierter Elemente gehören. Geometrisch ist das so zu veranschaulichen, daß die Drehung eines hexagonalen Prismas (Symmetriegruppe 622) in dem einen Fall um zweizählige Drehachsen ausgeführt wird, die senkrecht auf den *Kanten* des Prismas stehen, und im anderen Fall um zweizählige Drehachsen, die senkrecht auf den *Flächen* des Prismas stehen. Insgesamt gibt es in der Gruppe 622 sechs Klassen konjugierter Elemente (nämlich {1}, {2}, {3,3^{-1}}, {6,6^{-1}}, {2′, 2′, 2′} und {2″, 2″, 2″} – d. Hrsg.).

---

[1]) Die drei Operationen 2′ entsprechen drei zweizähligen Drehachsen, die senkrecht zur sechszähligen Achse stehen und untereinander Winkel von 60° einschließen. Die drei zweizähligen Drehachsen werden also durch die übrigen Symmetrieelemente aufeinander abgebildet (d. Hrsg.)

Isomorph werden offensichtlich solche Gruppen sein, die die gleichen Klassen konjugierter Elemente besitzen, selbst wenn diese Elemente von völlig unterschiedlicher Natur sein sollten. So sind zum Beispiel die Gruppen 622 und $6mm$ isomorph. In diesem Fall sind den gerade besprochenen Operationen $2'$, $2'$, $2'$ und $2''$, $2''$, $2''$ der Gruppe 622 die Spiegelungen m', m', m' und m'', m'', m'' äquivalent.

Die 32 kristallographischen Gruppen untergliedern sich in 18 formal (also hinsichtlich der Isomorphie) unterscheidbare Gruppen (sog. abstrakte Gruppen – d. Hrsg.). Nur die Gruppen 1, 3, mmm, $4/m$, $4/mmm$, $6/m$, $6/mmm$, 23, $m\bar{3}$ und $m\bar{3}m$ sind hierbei jeweils einzeln vertreten. Isomorph sind die folgenden kristallographischen Gruppen:

a) $2, m, \bar{1}$; b) $222, 2/m, mm2$; c) $4, \bar{4}$;
d) $6, \bar{3}, \bar{6}$; e) $32, 3m$; f) $422, 4mm, \bar{4}2m$;
g) $622, 6mm, \bar{3}m, 6m2$; h) $432, \bar{4}3m$.

Die Ordnung einer Gruppe ist gleich der Summe der Ordnungen aller darin enthaltenen Klassen konjugierter Elemente. Für die Klasse 422 zum Beispiel ist die Ordnung der Gruppe 8. Sie ist gleich der Summe $(2 \times 1) + (3 \times 2)$.

Die *Darstellungstheorie* untersucht die Abbildung von Gruppen auf die Gruppen der linearen Operatoren (Matrizen). Gegeben sei eine Gruppe G, bestehend aus den Elementen $\mathfrak{g}_0, \mathfrak{g}_1, \mathfrak{g}_2, \ldots$, und eine Gruppe H von Matrizen $\tau_0, \tau_1, \tau_2, \ldots$. Wenn jedem Element $\mathfrak{g}_i$ eine Matrix τ_i eindeutig so zugeordnet werden kann, daß jedem Produkt $\mathfrak{g}_i\mathfrak{g}_j$ das Produkt der betreffenden Matrizen entspricht, sagt man, daß die Matrixgruppe H eine Darstellung der Gruppe G ist. Ein und dieselbe Matrix kann dabei mehreren Elementen der Gruppe G zugeordnet sein, aber jedem Element aus G darf nur eine Matrix aus H entsprechen.

Im Falle der Punktgruppen erhält der Begriff „Darstellung" noch einen konkreteren Sinn. Die Elemente der Punktgruppen (die Symmetrieoperationen) sind ja lineare Operatoren im dreidimensionalen Raum (Matrizen, die Drehungen und Drehspiegelungen beschreiben). Deshalb bildet jede Punktgruppe bereits eine Darstellung von sich selbst. Diese Darstellung wird oft *Vektordarstellung* genannt, ihre Dimension ist 3.

Allgemein kann eine Gruppe durch verschiedene Matrixgruppen dargestellt werden. Wenn man eine gegebene Darstellung untersucht, ist es wichtig, zu wissen, ob sie *reduzibel* oder *irreduzibel* ist. Eine Darstellung T der Gruppe G im Raum L heißt reduzibel, wenn es in L wenigstens einen nichttrivialen Unterraum L_1 gibt, der bezüglich aller Operatoren (Matrizen) $\tau(\mathfrak{g})$ ($\mathfrak{g} \in G$) invariant ist. Invarianz bezüglich aller Operatoren heißt, daß bei ihrer Einwirkung auf die Vektoren des Unterraums L_1 diese Vektoren wieder auf L_1 transformiert werden. Ein einfaches Beispiel ist die Vektordarstellung der Gruppe 422. Der dreidimensionale Vektorraum zerfällt in zwei bezüglich dieser Gruppe invariante Unterräume: einen eindimensionalen, der aus allen zur Z-Achse parallelen Vektoren besteht, und einen zweidimensionalen, der aus den Vektoren besteht, die in der horizontalen (XY-)Ebene liegen.

Wenn es im Raum L keinen nichttrivialen Unterraum L_1 gibt, der bezüglich aller den Elementen der Gruppe entsprechenden Operatoren invariant ist, heißt er irreduzibel. Hieraus folgt insbesondere, daß alle eindimensionalen Darstellungen irreduzibel sind.

Jede reduzible Darstellung kann als Summe von irreduziblen Darstellungen geschrieben werden. Dabei wird der Raum L in eine Summe zueinander orthogonaler Unterräume $L_1, L_2, \ldots$ zerlegt, von denen sich jeder nach einer bestimmten irreduziblen Darstellung transformiert. Wenn es unter diesen Unterräumen mehrere, sagen wir n_i Unterräume gibt, die sich jeweils nach einer zur selben irreduziblen Darstellung τ_i äquivalenten Darstellung transformieren, sagt man, daß die Darstellung τ_i in der reduziblen Darstellung T n_i-mal enthalten ist. Die Anzahl der unterschiedlichen irreduziblen Darstellungen einer Gruppe ist gleich der Anzahl ihrer Klassen konjugierter Elemente.

Betrachten wir die Darstellungen einiger kristallographischer Gruppen. Am einfachsten ist das bei den Gruppen mit nur einer Symmetrieachse C_n: 1, 2, 3, 4, 6. Das sind sog. Abelsche Gruppen (bei denen das Produkt zweier Elemente nicht von deren Reihenfolge abhängt) (d. h., die Produkte sind kommutativ – d. Hrsg.); alle irreduziblen Darstellungen dieser Gruppen sind eindimensional. Ihre Anzahl ist gleich der Ordnung der Gruppe. Die Gesamtheit der irreduziblen Darstellungen der betrachteten Gruppen wird durch die Beziehung

$$\tau_k(C_n{}^m) = \exp(2\pi i k m/n) \qquad (k, m = 0, 1, 2, \ldots, n-1) \tag{6.3}$$

dargestellt, die die Matrix für die Drehung einer Figur um einen bestimmten Teil des Vollkreises um eine gegebene Richtung beschreibt.

Der Gruppe 1 entspricht eine eindimensionale Darstellung, für die Gl. (6.3) den Wert 1 liefert ($n = 1$, $k = 0$, $m = 0$). Für die

Gruppe 2 ($n = 2$) erhält man aus (6.3) zwei Darstellungen ($k = 0$, $m = 0$; $k = 0$, $m = 1$; $k = 1$, $m = 0$; $k = 1$, $m = 1$):

	1 ($m = 0$)	2 ($m = 1$)
$\tau_0(k = 0)$	1	1
$\tau_1(k = 1)$	1	-1

(6.4)

Wendet man die Formel (6.3) auf die Gruppe 3 an, erhält man folgende Darstellungen dieser Gruppe:

	1($m = 0$)	3($m = 1$)	3^{-1}($m = 2$)
$\tau_0(k = 0)$	1	1	1
$\tau_1(k = 1)$	1	$e^{2\pi i/3}$	$e^{4\pi i/3}$
$\tau_2(k = 2)$	1	$e^{4\pi i/3}$	$e^{2\pi i/3}$.

(6.5)

Als *Charakter* $f(\mathsf{R})$ eines Elementes R der Gruppe wird in der Matrixdarstellung die Spur (die Summe der Diagonalkoeffizienten) der R zugeordneten Matrix bezeichnet. Einige Eigenschaften der Charaktere sind: Die Charaktere äquivalenter Darstellungen stimmen überein. Das skalare Quadrat des Charakters einer irreduziblen Darstellung ist gleich eins; der Charakter einer reduziblen Darstellung ist gleich der Summe der Charaktere aller darin enthaltenen irreduziblen Darstellungen (wobei jede davon so oft gezählt wird, wie sie in der reduziblen Darstellung enthalten ist).

Die Charakterentafeln der irreduziblen Darstellungen ergeben sich aus diesen Darstellungen selbst. So folgt aus (6.4), daß die Charakterentafel der Gruppe 2 das folgende Aussehen hat:

	1	2
A	1	1
B	1	-1,

(6.6)

wobei A und B die irreduziblen Darstellungen der Gruppe 2 sind. Für die Gruppe 3 erhält man aus (6.5):

	1	3	3^{-1}
A	1	1	1
E'	1	ε	ε^*
E	1	ε^*	ε,

$\varepsilon = \exp(2\pi i/3)$

(6.7)

(ε^* ist die zu ε konjugiert komplexe Zahl – d. Hrsg.).

Die Untersuchung der irreduziblen Darstellungen der kristallographischen Gruppen zeigt, daß für jede Darstellung *geometrische* Figuren gefunden werden können, die sich in Übereinstimmung mit ihrer Charakterentafel transformieren. Der Sinn dieser Feststellung besteht darin, daß einer Symmetrieoperation, die die Figur in sich selbst überführt, in der Charakterentafel eine 1 entspricht. Wenn die Figur ihr Vorzeichen ändert, steht eine -1. Diese geometrischen Figuren stellen die Basen der irreduziblen Darstellungen dar.

Für Basen, die durch Tensoren zweiter Stufe beschrieben werden, d. h. für skalare, vektorielle und eigentlich tensorielle Basen, bedeutet der Ausdruck „sein Vorzeichen ändern", daß a) ein Pseudoskalar sein „Vorzeichen" der Enantiomorphie ändert (aus einem rechten wird ein linker); b) polare und axiale Vektoren ihre Richtung umkehren, c) die Komponenten eines polaren Tensors die von ihnen beschriebene Größe in ihr Gegenteil umkehren (z. B. wird aus einer Dehnung eine Kompression); d) die Komponenten eines axialen Tensors ihr „Vorzeichen" der Enantiomorphie ändern. Im Rahmen der gewöhnlichen Symmetrie ändert ein Skalar sein Vorzeichen (seine „Farbe") bei keiner Symmetrieoperation.[1])

Betrachten wir als Beispiel die Gruppe $2/m$, für die die Charaktere und die geometrischen Figuren (Basen) der irreduziblen Darstellungen in Tab. 6 dargestellt sind. Aus der Tabelle wird deutlich, daß der Einsdarstellung A_g eine skalare, eine axial-vektorielle und eine polar-tensorielle Basis entsprechen. Dabei fällt die Achse des axialen Vektors mit der zweizähligen Drehachse zusammen, und der polare Tensor kann „Scher"-Komponenten nur in der dazu senkrechten Ebene besitzen ($a_{xy} = a_{yx}$). In der Darstellung B_g beispielsweise ist der axiale Vektor senkrecht zur zweizähligen Drehachse orientiert, und der polare Tensor besitzt keine „Scher"-Komponenten in der XY-Ebene. Die geometrischen Besonderheiten der Basen der Darstellungen für die Gruppen $2/m$, $\bar{3}m$,

[1]) Der beschriebene Zusammenhang zwischen den geometrischen Formen und den Charakteren eindimensionaler Darstellungen ist ziemlich klar. Für zwei- und dreidimensionale Darstellungen ist er nicht immer so augenfällig. Insbesondere muß man berücksichtigen, daß für Drehungen um $\pi/2$, $2\pi/3$, $2\pi/6$ die Beträge der Charaktere durch $\exp(\pm i\pi/2)$, $\exp(\pm 2i\pi/3)$ bzw. $\exp(\pm 2i\pi/6)$ gegeben sind. Einer Drehung einer geometrischen Form um 90° z. B. entspricht ein Charakter vom Wert 1. Dabei bleibt die Form weder erhalten, noch ändert sie ihr Vorzeichen. Trotzdem können zu jeder Darstellung bestimmte Formen in Beziehung gesetzt werden, für die der Zusammenhang zwischen der Geometrie und mehreren Charakteren sichtbar ist.

622, $\bar{4}2m$ und mmm sind aus den Tabellen 6 bis 10 abzulesen. Die Tabellen der restlichen kristallographischen Gruppen sind im Anhang VIII zusammengestellt.

In den angegebenen Tabellen stehen außer den geometrischen Figuren die entsprechenden analytischen Ausdrücke. Für die Komponenten der axialen Tensoren werden dabei die Symbole A_{ij} verwendet, für die der polaren Tensoren die Symbole a_{ij}. Skalar und Pseudoskalar werden als Tensoren der Form

$$\begin{bmatrix} a_{11} & 0 & 0 \\ 0 & a_{11} & 0 \\ 0 & 0 & a_{11} \end{bmatrix} \quad \text{bzw.} \quad \begin{bmatrix} A_{11} & 0 & 0 \\ 0 & A_{11} & 0 \\ 0 & 0 & A_{11} \end{bmatrix} \tag{6.8}$$

behandelt.

Polare und axiale Vektoren werden entsprechend (2.18) bzw. (2.22) als antisymmetrische Tensoren geschrieben. Interessant ist

Tabelle 6.

Charaktere und geometrische Basen der Gruppe $C_{2h} = 2/m$, $Z \parallel 2$

Skalar	Pseudoskalar	polarer Vektor	axialer Vektor	polarer Tensor	axialer Tensor	Darstellungen	Symmetrieoperationen			
1.	2	3	4	5	6	7	8			
							1	2	m	C
a			$\infty \parallel 2$ $\pm a_{xy}$	$2 \parallel 2$ $a_{xx}, a_{yy}, a_{zz}, a_{xy}$		A_g	1	1	1	1
	A	$\infty \parallel 2$ $\pm A_{xy}$			$2 \parallel 2$ $A_{xx}, A_{yy}, A_{zz}, A_{xy}$	A_u	1	1	−1	−1
		$\infty \perp 2$ $\pm A_{xz}, \pm A_{yz}$			2 $A_{xz}, A_{zx} = A_{xz}$ $A_{yz}, A_{zy} = A_{yz}$	B_u	1	−1	1	−1
			$\infty \perp 2$ $\pm a_{xz}, \pm a_{yz}$	2 $a_{xz}, a_{zx} = a_{xz}$ $a_{yz}, a_{zy} = a_{yz}$		B_g	1	−1	−1	1

zu bemerken, daß die symmetrischen Tensoren

$$\begin{bmatrix} 0 & A_{12} & 0 \\ A_{12} & 0 & 0 \\ 0 & 0 & 0 \end{bmatrix} \quad \text{und} \quad \begin{bmatrix} 0 & a_{12} & 0 \\ a_{12} & 0 & 0 \\ 0 & 0 & 0 \end{bmatrix} \tag{6.9}$$

nach einer Drehung des Koordinatensystems um 45° um die Z-Achse die Form

$$\begin{bmatrix} A_{11} & 0 & 0 \\ 0 & -A_{11} & 0 \\ 0 & 0 & 0 \end{bmatrix} \quad \text{bzw.} \quad \begin{bmatrix} a_{11} & 0 & 0 \\ 0 & -a_{11} & 0 \\ 0 & 0 & 0 \end{bmatrix} \tag{6.10}$$

annehmen.

Die geometrischen Figuren der ersten („Eins-")Zeile der irreduziblen Darstellungen heißen *Invarianten* der jeweiligen Gruppe. Offensichtlich sind auch die analytischen Ausdrücke dieser Figuren Invarianten. Für die Gruppe 2 (s. Anhang VIII) sind das also

$$\begin{bmatrix} a_{11} & 0 & 0 \\ 0 & a_{11} & 0 \\ 0 & 0 & a_{11} \end{bmatrix}, \quad \begin{bmatrix} A_{11} & 0 & 0 \\ 0 & A_{11} & 0 \\ 0 & 0 & A_{11} \end{bmatrix}, \quad \begin{bmatrix} 0 & -A_{12} & 0 \\ A_{12} & 0 & 0 \\ 0 & 0 & 0 \end{bmatrix},$$

$$\begin{bmatrix} 0 & -a_{12} & 0 \\ a_{12} & 0 & 0 \\ 0 & 0 & 0 \end{bmatrix}, \quad \begin{bmatrix} a_{11} & a_{12} & 0 \\ a_{12} & a_{22} & 0 \\ 0 & 0 & a_{33} \end{bmatrix}, \quad \begin{bmatrix} A_{11} & A_{12} & 0 \\ A_{12} & A_{22} & 0 \\ 0 & 0 & A_{33} \end{bmatrix},$$

Die Indizes 1, 2, 3 entsprechen hier den Achsen X, Y, Z. – Die skalare Invariante gibt es in allen Gruppen.

6.4. *Beiträge der Gruppentheorie zur Beschreibung von Phasenübergängen in Ferroelektrika*

Die Charakterentafeln der irreduziblen Darstellungen mit geometrischen Basen (s. Tab. 6–10 und Anhang VIII) ermöglichen es, die Invarianten (einschließlich der polaren und axialen Tensoren zweiter Stufe) für alle Gruppen sofort hinzuschreiben und mit ihrer Hilfe die Spezifik einiger Kristalleigenschaften zu bestimmen. Ein Beispiel: Aus den Tabellen folgt sofort die Möglichkeit der Existenz einer spontanen Polarisation in den Kristallklassen 1, 2, 3, 4, 6, *m*, *mm*2, 3*m*, 4*mm*, 6*mm* und einer spontanen Magnetisierung in den Klassen 1, $\bar{1}$, 2, m, $2/m$, 4, $\bar{4}$, $4/m$, 3, $\bar{3}$, 6, $\bar{6}$, $6/m$, da in ihren Einsdarstellungen Komponenten von polaren bzw. axialen Vektoren enthalten sind.

Von null verschiedene Invarianten, die durch axiale Tensoren zweiter Stufe[1]) beschrieben werden, gibt es in den Kristallklassen 1, 2, m, 222, $mm2$, 4, $\bar{4}$, 422, $\bar{4}2m$, $4mm$, 3, 32, $3m$, 6, 622, $6mm$, 23, 432 (s. Tab. 6–10 und Anhang VIII). Dieser Tensor verbindet einen axialen mit einem polaren Vektor und beschreibt insbesondere den magnetoelektrischen Effekt in Kristallen. In den fünfzehn Kristallklassen, die von null verschiedene Komponenten des symmetrischen Teils des axialen Tensors zweiter Stufe besitzen, kann optische Aktivität auftreten. Auf analoge Weise kann man mit Hilfe polarer Tensoren zweiter Stufe die thermische Ausdehnung, die elektrische Leitfähigkeit usw. in Kristallen aller Kristallklassen beschreiben.

Die Charakterentafeln der irreduziblen Darstellungen mit geometrisierter Basis gestatten vor allem, aus den verschiedenen Phasenübergängen in Kristallen diejenigen auszuwählen, die von den Symmetriemerkmalen her als Phasenübergänge zweiter Art auftreten können.

Wie bereits gesagt, sind Phasenübergänge zweiter Art in Kristallen dann möglich, wenn zwei Bedingungen erfüllt sind: die LANDAU-Bedingung und die LIFSHIC-Bedingung. Die erstere ist die Bedingung der *Stetigkeit* des Phasenübergangs, die Forderung nach der Stabilität des Kristalls im Übergangspunkt. In der Sprache der Darstellungstheorie besagt diese Forderung, daß die symmetrische dritte Potenz $[\Gamma]^3$ der Darstellung Γ, die den Phasenübergang induziert, nicht die Eins-Darstellung enthalten darf. Unter Ausnutzung der genannten Tabellen ist es verhältnismäßig einfach, die Darstellungen zu finden, für die die LANDAU-Bedingung nicht erfüllt ist. So sind zum Beispiel in der Gruppe $\bar{3}m$ (D_{3d}) (Tab. 7) nur die zweidimensionalen Darstellungen[2]) E_g und E_u zu diskutieren. Die Darstellung E_g enthält als invariante Basen die Diagonalkomponenten des polaren Tensors zweiter Stufe a_{xx}, a_{yy} ($= -a_{xx}$), die ihrerseits wieder zur Eins-Darstellung A_{1g} gehören.

[1]) Die Komponenten eines polaren Vektors werden gemäß Gl. (2.18) als Komponenten eines antisymmetrischen axialen Tensors zweiter Stufe behandelt.

[2]) Für alle eindimensionalen Darstellungen sind die LANDAU-Bedingung und die LIFSHIC-Bedingung erfüllt (alle Phasenübergänge, die durch eindimensionale Darstellungen induziert werden, können als Phasenübergänge zweiter Art verwirklicht werden).

Tabelle 7

Charaktere und geometrische Basen der Gruppe $D_{3d} = \bar{3}m$, $Z \parallel \hat{6}$

1	2	3	4	5	6	7	8: 1	$3, \bar{3}$	$2, 2, 2$	C	$\bar{6}, \bar{6}^{-1}$	m, m, m
a				$\infty \parallel z$ a_{xx}, a_{xx}, a_{zz}		A_{1g}	1	1	1	1	1	1
			$\infty \parallel z$ $\pm a_{xy}$			A_{2g}	1	1	−1	1	1	−1
			$\pm a_{yz}$ 120° $\perp z$ $\pm a_{xz}$	$\perp x$ a_{yz}, a_{yz} $\perp y$ a_{xz}, a_{xz} $\perp z$ $a_{xx}, -a_{xx}$		E_g	2	−1	0	2	−1	0
	A				A_{xx}, A_{xx}, A_{zz}	A_{1u}	1	1	1	−1	−1	−1
		$\infty \parallel z$ $\pm A_{xy}$				A_{2u}	1	1	−1	−1	−1	1
		$\pm A_{yz}$ 120° $\perp z$ $\pm A_{zx}$			$\perp x$ A_{yz}, A_{yz} $\perp y$ A_{xz}, A_{xz} $\perp z$ $A_{xx}, -A_{xx}$	E_u	2	−1	0	−2	1	0

Dieser Umstand ist gleichbedeutend damit, daß die LANDAU-Bedingung nicht erfüllt ist: Die Darstellung E_g kann in der Kristallklasse $\bar{3}m$ keinen stetigen Phasenübergang zweiter Art induzieren. In der Darstellung E_u sind keine Komponenten des Typs a_{xx}, a_{yy} enthalten: diese Darstellung kann einen stetigen Phasenübergang zweiter Art induzieren.

Die Untersuchung der Basisinvarianten aller zwei- und dreidimensionalen irreduziblen Darstellungen zeigt, daß die LANDAU-Bedingung bei 22 Darstellungen (in Klammern) der folgenden Symmetriegruppen nicht erfüllt ist: 3 (E), 32 (E), $\bar{3}m$ (E_g), $3m$ (E), $\bar{3}$ (E_g), $\bar{6}$ (E'), 6 (E_2), 622 (E_2), $6/m$ (E_{2g}), $6mm$ (E_2), $\bar{6}m2$ (E'), $6/mmm$ (E_{2g}), 23 (E, T)[1], 432 (E, T_2), $m\bar{3}$ (E_g, T_g), $\bar{4}3m$ (E_1, T_2), $m\bar{3}m$ (E_g, T_{2g}). Die Suche nach den Darstellungen, die die LANDAU-

[1]) Für zweidimensionale Darstellungen, die Basisinvarianten des Typs a_{xy}, $a_{yx} = a_{xy}$ enthalten, ist die LANDAU-Bedingung gleichfalls nicht erfüllt.

Bedingung nicht erfüllen, anhand der Tabellen mit den geometri-schen Basen liefert exakt die gleichen Ergebnisse wie mit Hilfe de allgemeinen Darstellungstheorie.

Die LIFSHIC-Bedingung entspricht der Forderung an de Kristall, im Ergebnis des Phasenübergangs *homogen* und nich schichtförmig zu sein. Diese Forderung besteht in der Sprache de Darstellungstheorie darin, daß das antisymmetrische Quadrat de Darstellung Γ, die den Phasenübergang induziert, – die Größe $\{\Gamma\}^2$ – nicht in der Vektordarstellung des Kristalls enthalten sein darf. Vom Standpunkt der Darstellungen mit geometrischer Basis ist die LIFSHIC-Bedingung für diejenigen zweidimensionalen Dar-stellungen nicht erfüllt, welche als invariante Größen Komponen-ten eines axialen Vektors vom Typ a_{xy}, a_{yz}, a_{zx} besitzen und be welchen in der Vektordarstellung des Kristalls Komponenten de axialen Tensors zweiter Stufe vom Typ A_{xx}, A_{yy}, A_{zz} enthalten sind. Das trifft zum Beispiel auf die Darstellungen E_1 und E_2 in der Klasse 622 zu (Tab. 8), die Komponenten des axialen Vektors vom Typ a_{xy} enthalten, während die Eins-Darstellung des Kristalls

Tabelle 8.

Charaktere und geometrische Basen der Gruppe $D_6 = 622$; $Z \parallel 6$, $X \parallel 2'$, $Y \parallel 2''$

1	2	3	4	5	6	7	8: 1	$6, 6^{-1}$	$3, 3^{-1}$	2	$2', 2', 2'$	$2'', 2'', 2''$
a	A			$\infty \parallel z$; a_{xx}, a_{xx}, a_{zz}	$\infty \parallel z$; A_{xx}, A_{xx}, A_{zz}	A_1	1	1	1	1	1	1
		$\infty \parallel z$; $\pm A_{xy}$	$\infty \parallel z$; $\pm a_{xy}$			A_2	1	1	1	1	−1	−1
		$\perp z$; x	$\perp z$; x			B_1	1	−1	1	−1	1	−1
		$\perp z$; x	$\perp z$; x			B_2	1	−1	1	−1	−1	1
		$\pm A_{xz}$; $\perp z$; $\pm A_{yz}$	$\pm a_{xz}$; $\perp z$; $\pm a_{yz}$	$\perp x, \perp y$; z; $a_{yz}, a_{zy} = a_{yz}$; $a_{xz}, a_{xz} = a_{xz}$	$\perp x, \perp y$; z; $A_{yz}, A_{zy} = A_{yz}$; $A_{xz}, A_{zx} = A_{xz}$	E_1	2	1	−1	−2	0	0
				$\perp z$; $a_{xx}, -a_{xx}, a_{xy}$	$\perp z$; $A_{xx}, -A_{xx}, A_{xy}$	E_2	2	−1	−1	2	0	0

sein antisymmetrisches Quadrat, eine Größe des Typs A_{zz}, enthält.

Anhand der Tabellen der irreduziblen Darstellungen aller Kristallklassen wird deutlich, daß die LIFSHIC-Bedingung für elf zwei- und dreidimensionale irreduzible Darstellungen (in Klammern) der folgenden Punktgruppen nicht erfüllt ist: 4 (E), 422 (E), 3 (E), 32 (E), 6 (E_1, E_2), 622 (E_1, E_2), 23 (T) und 432 (T_1, T_2). Dieses Resultat stimmt gleichfalls mit dem Ergebnis überein, das man aus der Darstellungstheorie erhalten würde.

Die Tabellen 7 u. 8 liefern auch eine sehr einfache Deutung der Nichterfüllung der LANDAU-Bedingung und der LIFSHIC-Bedingung. So beschreibt die Eins-Darstellung A_{1g} der Kristallklasse $\bar{3}m$ die Basisfläche des betreffenden Kristalls, der seine Parameter in einer beliebigen Richtung in der zur Z-Achse senkrechten Ebene stetig und gleichartig verändern kann (Komponenten a_{xx}, a_{xx} eines polaren Tensors zweiter Stufe). Gleichzeitig induziert die Darstellung E_g einen Phasenübergang unter der Bedingung, daß die Basisfläche in einer Richtung schrumpft (Komponente a_{xx}), während sie sich in der dazu senkrechten Richtung ausdehnt (Komponente $-a_{xx}$). Das ist natürlich mit einem stetigen Phasenübergang nicht vereinbar (LANDAU-Bedingung). Die LIFSHIC-Bedingung ihrerseits ist nicht erfüllt, wenn eine Richtung des axialen Tensors (in der Kristallklasse 622 charakterisiert durch die Komponente A_{xx} in der Eins-Darstellung) mit einer Komponente des axialen Vektors ($\pm a_{yz}$ in der Darstellung E_1) „wechselwirkt". Eine solche Wechselwirkung führt zur Herausbildung von (inkommensurablen) Schichtstrukturen (s. u.).

Die Tabellen der Charaktere der irreduziblen Darstellungen mit geometrischen Basen können bei der konkreten Untersuchung von Phasenübergängen in Kristallen sehr effektiv eingesetzt werden. Insbesondere bestimmen die Basen der irreduziblen Darstellungen die Transformationseigenschaften des Ordnungsparameters beim Phasenübergang. So lassen sich z. B. bei der thermodynamischen Beschreibung eines Phasenübergangs aus der irreduziblen Darstellung, nach welcher der Phasenübergang abläuft (oder, wie man sagt, die den Phasenübergang induziert), eindeutig die von null verschiedenen Terme in der Zerlegung des thermodynamischen Potentials und deren konkrete Gestalt bestimmen.

Die Tabellen können auf Phasenübergänge verschiedenster Art angewendet werden. Indem man die Basis der polaren Vektoren mit der spontanen Polarisation in Beziehung setzt, können ferroelektrische Phasenübergänge beschrieben werden. Die Betrachtung der Basis der axialen Vektoren führt auf magnetische Phasenübergänge, die der polaren Tensoren auf elastische Phasenübergänge (auch als ferroelastische Phasenübergänge bezeichnet) und die der axialen Tensoren auf optische (optisch aktive) Übergänge. Im folgenden werden einige Besonderheiten der Symmetrie von Phasenübergängen am Beispiel von ferroelektrischen Kristallen illustriert, bei denen der Phasenübergang auf diese oder jene Weise mit der Entstehung einer spontanen elektrischen Polarisation verbunden ist.

Bisher wurde bei der Untersuchung von ferroelektrischen Phasenübergängen angenommen, daß ein solcher Übergang in einem beliebigen Kristall durch die Entstehung einer spontanen Polarisation in einer beliebigen Richtung hervorgerufen werden kann. Die Tafeln der irreduziblen Darstellungen jedoch liefern

Tabelle 9

Charaktere und geometrische Basen der Gruppe $D_{2d} = \bar{4}2m$; $Z \parallel \hat{4}$

Skalar	Pseudoskalar	polarer Vektor	axialer Vektor	polarer Tensor	axialer Tensor	Darstellungen	Symmetrieoperationen				
							8				
1	2	3	4	5	6	7	1	$\hat{4}, \hat{4}^{-1}$	2	$2_x, 2_y$	m_{xz}, m_{yz}
a				$\infty \parallel \hat{4}$ a_{xx}, a_{xx}, a_{zz}	y, x $A_{xx}, -A_{xx}$	A_1	1	1	1	1	1
			$\infty \parallel \hat{4}$ $\pm a_{xy}$		y, x $A_{xy}, A_{yx} = A_{xy}$	A_2	1	1	1	-1	-1
	A			y, x $a_{xx}, -a_{xx}$	$\infty \parallel \hat{4}$ A_{xx}, A_{xx}, A_{zz}	B_1	1	1	1	1	1
		$\infty \parallel \hat{4}$ $\pm A_{xy}$		y, x $a_{xy}, a_{yx} = a_{xy}$		B_2	1	-1	1	-1	1
		$\pm A_{xz}$ $\pm A_{yz}$	$\pm a_{xz}$ $\pm a_{yz}$	z, $\perp y$ $a_{xz}, a_{zx} = a_{xz}$ z, $\perp x$ $a_{yz}, a_{zy} = a_{yz}$	z, $\perp y$ $A_{xz}, A_{zx} = A_{xz}$ z, $\perp x$ $A_{yz}, A_{zy} = A_{yz}$	E	2	0	-2	0	0

eine Art „Zerlegung der Symmetrie" des Kristalls bezüglich einer gewissen Basis, genau so, wie Vektoren bezüglich eines orthogonalen Koordinatensystems zerlegt werden. Da diese „Zerlegung der Symmetrie" eindeutig ist und den Kristall vollständig charakterisiert, eröffnet sich die Möglichkeit, sie rationell zu verwenden und (z. B. bei der Beschreibung von ferroelektrischen Phasenübergängen) nur die Basen der irreduziblen Darstellungen zu berücksichtigen, die $\boldsymbol{P}_S$ (einen polaren Vektor) enthalten. Das sind zum Beispiel in der Klasse $\bar{3}m$ (s. Tab. 7) die Darstellungen A_{2u} und E_u, in der Klasse 622 (s. Tab. 8) die Darstellungen A_2 und E_1, in der Klasse $\bar{4}2m$ (Tab. 9) die Darstellungen B_2 und E, in der Klasse *mmm* (Tab. 10) die Darstellungen B_{1u}, B_{2u} und B_{3u} usw.

In einigen der aufgeführten Darstellungen kann als Ordnungsparameter nur der polare Vektor gewählt werden (z. B. in der Darstellung A_{2u} der Gruppe $\bar{3}m$). Einen Phasenübergang, der von einer solchen irreduziblen Darstellung induziert wird, kann man als *wahrhaft* eigentlich (engl. *proper* – d. Hrsg.) bezeichnen. Von diesen Übergängen gibt es nicht viele: $m\bar{3}m \rightarrow 4mm$, $3m$ (das sind z. B. zwei der Phasenübergänge in $BaTiO_3$), $4/mmm \rightarrow 4mm$, $6/mmm \rightarrow 6mm$, $\bar{6}m2 \rightarrow 3m$, $\bar{3}m \rightarrow 3m$ (vgl. Tab. 6–10 und Anhang VIII). In den anderen Fällen nimmt der polare Vektor einen gleichberechtigten Platz neben anderen Parametern ein. So enthält in der Gruppe 622 (s. Tab. 8) die Darstellung A_2 (außer der Basis eines polaren Vektors) noch die eines axialen Vektors. In diesen Fällen sind alle Invarianten der Basis gleichberechtigt und jede von ihnen kann im konkreten Fall als Ordnungsparameter betrachtet werden.

Eine besondere Betrachtung verdienen solche Darstellungen, in denen $\boldsymbol{P}_S$ zwar nicht als Ordnungsparameter (Basis-Invariante) auftritt, in denen jedoch andere Parameter den Kristall polar werden lassen (d. h. es entsteht eine singuläre polare Richtung). Mit einer solchen Polarität kann auch eine spontane Polarisation verbunden sein; diese wird in diesem Fall als uneigentlich (engl. *improper* – d. Hrsg.) bezeichnet, und der Phasenübergang heißt *uneigentlich ferroelektrisch*. Hinsichtlich der Symmetrie bedeutet das, daß die neue Symmetriegruppe des Kristalls, die ja eine Untergruppe sowohl der Symmetrie des Ausgangskristalls als auch der der spontanen Polarisation ist, nicht deren *größte* gemeinsame Untergruppe ist. Aus den Tabellen 6–10 und Anhang VIII folgt, daß es auch in diesem Fall nicht sehr viele Möglichkeiten gibt: $6/m(E_2) \rightarrow 2$; $6\,(E'') \rightarrow 1$; $\bar{6}m2\,(E'') \rightarrow \bar{6}m2\,(E'') \rightarrow m$; $\bar{4}3m\,(T_1) \rightarrow 3$.

Tabelle 10.

Charaktere und geometrische Basen der Gruppe $D_{2h} = mmm$; $Z \parallel 2$

Skalar	Pseudoskalar	polarer Vektor	axialer Vektor	polarer Tensor	axialer Tensor
1	2	3	4	5	6
a				$2 \parallel 2$ a_{xx}, a_{yy}, a_{zz}	
			$\infty \parallel 2$ $\pm a_{xy}$	y, $\perp 2$, x $a_{xy}, a_{yx} = a_{xy}$	
			$\pm a_{xz}$	z, $\perp 2'$, x $a_{xz}, a_{zx} = a_{xz}$	
			$\pm a_{yz}$	z, $\perp 2''$, y $a_{yz}, a_{zy} = a_{yz}$	
	A				$\infty \parallel 2$ A_{xx}, A_{yy}, A_{zz}
		$\infty \parallel 2$ $\pm A_{xy}$			$2''$, $\perp 2$, $2'$ $A_{xy}, A_{yx} = A_{xy}$
		$\pm A_{xz}$			$2''$, $\perp 2'$, 2 $A_{xz}, A_{zx} = A_{xz}$
		$\pm A_{yz}$			$2'$, $\perp 2''$, 2 $A_{yz}, A_{zy} = A_{yz}$

Phasenübergänge, die nicht zu einer (in diesem Sinne) größten Untergruppe führen, können auch in einem bereits polaren Kristall eine neue polare Phase entstehen lassen. Diese Übergänge können gleichfalls den uneigentlichen ferroelektrischen Phasenübergängen zugerechnet werden und sind stets von einer Veränderung des Absolutbetrages der spontanen Polarisation begleitet. Die Untersuchung der Basis-Invarianten der irreduziblen Darstellungen der polaren Kristalle zeigt, daß folgende Phasenübergänge möglich sind, deren Ordnungsparameter nicht die spontane Polarisation

Darstellungen (7)	Symmetrieoperationen (8)							
	1	2	2′	2″	C	$m_{\perp 2}$	$m'_{\perp 2'}$	$m''_{\perp 2''}$
A_g	1	1	1	1	1	1	1	1
B_{1g}	1	1	−1	−1	1	1	−1	−1
B_{2g}	1	−1	1	−1	1	−1	1	−1
B_{3g}	1	−1	−1	1	1	−1	−1	1
A_u	1	1	1	1	−1	−1	−1	−1
B_{1u}	1	1	−1	−1	−1	−1	1	1
B_{2u}	1	−1	1	−1	−1	1	−1	1
B_{3u}	1	−1	−1	1	−1	1	1	−1

ist:

$6mm\ (E_2) \to 2$; $6mm\ (A_2) \to 6$; $6mm\ (B_1, B_2) \to 3m$;
$6mm\ (E_2) \to mm2$; $6\ (B) \to 3$; $6\ (E_2) \to 2$;
$4mm\ (A_2) \to 4$; $4mm\ (B_1, B_2) \to mm2$; $4\ (B) \to 2$;
$3m\ (A_2) \to 3$; $mm2\ (A_2) \to 2$.

In einigen polaren Kristallklassen sind auch Phasenübergänge möglich, bei denen eine ferroelektrische spontane Polarisation senkrecht zur pyroelektrischen Polarisation entsteht. Das ist ein formales Analogon zum schwachen Ferromagnetismus (pyroferroelektrische Ordnung) und wird in Kristallen von KJO_3 bei 212 °C beobachtet.

6.5. *Phasenübergänge in ferroelektrischen Kristallen mit Vervielfachung der Elementarzelle*

In vielen Fällen wird bei Phasenübergängen die Kristallstruktur in der Weise umgebaut, daß eine *Überstruktur* entsteht. Dabei ändert sich die Anzahl der Atome in der Elementarzelle (im Vergleich zur alten, ursprünglichen Elementarzelle), und man spricht von einer *Vervielfachung* der ursprünglichen Elementarzelle. Bei magnetischen Phasenübergängen ist das vor allem beim Entstehen eines *antiferromagnetischen* Zustandes der Fall, welcher durch eine antiparallele Orientierung der magnetischen Momente benachbarter Elementarzellen bzw. durch (im magnetischen Sinn) antiparallel orientierte Ketten oder Schichten charakterisiert ist.

Bei einem Phasenübergang mit Vervielfachung der Elementarzelle ist es meist schwierig, die Beziehung zwischen der Symmetrie der Ausgangsphase und der der neuen Phase zu finden, den Ordnungsparameter zu bestimmen und eine eindeutige Aussage darüber zu machen, ob der Phasenübergang von erster oder von zweiter Art ist. Da unterschiedliche Vervielfachungen der Elementarzelle selbst bei Phasenübergängen desselben Typs (z. B. bei ferroelektrischen) zu unterschiedlichen Zuständen führen, werden solche Phasenübergänge häufig als völlig neue Typen angesprochen. So werden bei den ferroelektrischen Kristallen Antiferroelektrika, uneigentliche Ferroelektrika (mit Vervielfachung der Elementarzelle), inkommensurable Phasen und die jeweils mit diesen Zuständen verbundenen Phasenübergänge unterschieden. Im folgenden wird gezeigt, daß alle diese „neuen" Zustände von einem einheitlichen Standpunkt aus betrachtet werden können, daß sie alle auf eine Vervielfachung der Elementarzelle zurückgehen, die in den konkreten Fällen (im Sinne des elektrischen Ordnungszustandes) unterschiedliche Zustände liefert.

Eine Reihe von Besonderheiten der Phasenübergänge, die von einer Änderung der Anzahl der Atome in der Elementarzelle (Vervielfachung der Elementarzelle, Entstehen einer Überstruktur) begleitet werden, werden verständlich, wenn man die betreffenden *Punktgruppen* diskutiert. Das ist sehr viel einfacher als die Analyse der Raumgruppen. Die Möglichkeit, einen Zugang auf der

Basis der Punktgruppensymmetrie zu finden, hängt damit zusammen, daß die mit einem Phasenübergang verbundenen physikalischen Erscheinungen letztlich immer makroskopischen Charakter besitzen. Außerdem bleibt bei einer Diskussion der Raumgruppen die physikalische Ursache einer Vervielfachung der Elementarzelle meist vollständig unklar.

Die Diskussion unter Beschränkung auf die Punktgruppensymmetrie beruht neben dem bereits benutzten Prinzip der „Rückkehr" der Makrosymmetrie des Kristalls zur Symmetrie vor dem Phasenübergang noch auf einem weiteren Prinzip: Eine Vervielfachung der Elementarzelle entsteht dann, wenn die *antiparallele* Anordnung energetisch günstiger ist als die parallele Anordnung.

Die irreduziblen Darstellungen der Punktgruppen mit den geometrischen Basen (Tab. 6–10 und Anhang VIII) geben uns die Möglichkeit, die physikalische Ursache eines Phasenüberganges zu erkennen. Aus Tab. 9 folgt beispielsweise, daß in der Kristallklasse $\bar{4}2m$ die irreduzible Darstellung A_2 als einfachste Basis einen axialen Vektor enthält, B_1 einen axialen Tensor und B_2 einen polaren Vektor. Die Symmetriegruppe des Kristalls nach dem jeweiligen Phasenübergang (ohne Vervielfachung der Elementarzelle) ist dementsprechend $\bar{4}$, 222 bzw. $mm2$. Zu einem spontan polarisierten Zustand führt nur der Phasenübergang $\bar{4}2\text{m} \to mm2$, der dem Phasenübergang in KDP bei $-151\,°\text{C}$ entspricht.

Wenn aber ein Phasenübergang unter Vervielfachung der Elementarzelle abläuft, dann ist herauszufinden, unter welchen induzierenden Einwirkungen „interessante" Zustände im elektrischen (ferroelektrischen) Sinn entstehen können. Geht man von einer höchstsymmetrischen Elementarzelle aus und beschränkt sich auf polare und axiale vektorielle Einwirkungen, dann erhält man die in Abb. 51 dargestellten vervielfachten Elementarzellen. Die durch Verdoppelung entstandenen Zellen können also die Symmetriegruppen $2/m$ oder $mm2$ (oder deren Untergruppen) haben, die vervierfachten Zellen die Symmetriegruppen 222 oder mmm (oder deren Untergruppen) und die versechsfachten die Gruppen $\bar{3}m$ oder $\bar{6}m2$ (oder deren Untergruppen).

Entsprechend unseren Voraussetzungen sind die Phasenübergänge unter Vervielfachung der Elementarzelle das Ergebnis der Entstehung einer spontanen Polarisation oder einer spontanen Magnetisierung, und die Vervielfachung der Zelle ist eine Folge davon, daß die antiparallele Orientierung der „Momente" in benachbarten Zellen energetisch günstiger ist als die parallele Orientierung. In der Sprache der Gruppentheorie heißt das, daß Phasenübergänge mit Vervielfachung der Elementarzelle in der den Phasenübergang induzierenden irreduziblen Darstellung als Basisinvariante (*primärer* Umwandlungsparameter) eine Komponente des polaren oder des axialen Vektors besitzen müssen. Die vervielfachte Elementarzelle kann eine andere Punktsymmetrie haben,

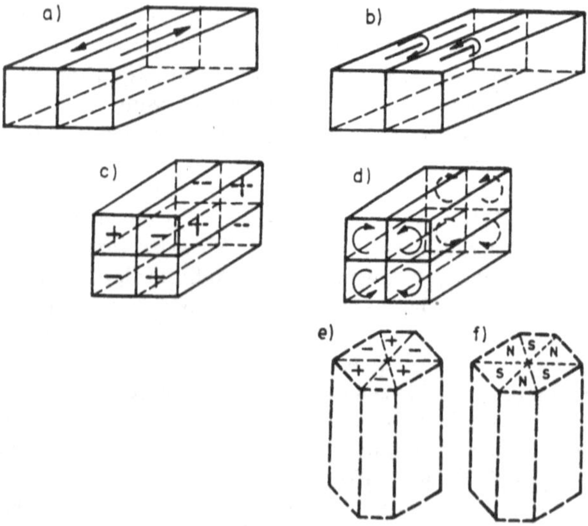

Abb. 51. Vervielfachte Elementarzellen der höchstmöglichen Symmetrie
a) verdoppelt, antipolar: Symmetriegruppe $2/m$;
b) verdoppelt, antiaxial: Symmetriegruppe $mm2$;
c) vervierfacht, antipolar: Symmetriegruppe 222;
d) vervierfacht, antiaxial: Symmetriegruppe mmm;
e) versechsfacht, antipolar: Symmetriegruppe $\bar{3}m$;
f) versechsfacht, antiaxial: Symmetriegruppe $\bar{6}m2$

als sie die Ausgangszelle nach dem Entstehen des primären Umwandlungsparameters hätte. Die als Resultat der Verdoppelung entstandene neue Symmetriegruppe muß also die Gruppe irgendeiner anderen irreduziblen Darstellung des untersuchten Kristalls sein. Diese neue irreduzible Darstellung kann als *sekundär* bezeichnet werden.

In *Antiferroelektrika* werden die Phasenübergänge durch die Herausbildung einer antiparallelen Polarisation der Elementarzellen ohne Entstehung einer makroskopischen spontanen Polarisation („Antipolarisation") bewirkt. Die verdoppelte Elementarzelle eines Antiferroelektrikums kann die Symmetriegruppe $2/m$ oder $\bar{1}$ haben (s. Abb. 51a). Eine durch Vervierfachung der Elementarzelle entstandene (unpolare) antiferroelektrische Phase kann eine der Symmetriegruppen $\bar{4}2m$, $\bar{4}$ und 222 (s. Abb. 51c) besitzen, eine solche mit versechsfachter Elementarzelle eine der Symmetriegruppen $\bar{3}m$, 32, $\bar{6}$ oder $\bar{3}$ (s. Abb. 51e).

Aus den Tafeln der irreduziblen Darstellungen geht hervor, daß es mehrere antiferroelektrische Phasenübergänge gibt, die durch *eindimensionale* irreduzible Darstellungen induziert werden. Sie werden im folgenden vollständig aufgezählt, wobei nur Übergänge aus einer unpolaren Ausgangsphase berücksichtigt werden (in Klammern steht die jeweilige induzierende Darstellung):

$6/mmm \to 3m$ (B_{1g}, B_{2g}); $\bar{6}m2 \to \bar{6}$ (A_2'); $\bar{6}m2 \to 32$ (A_1'); $622 \to 32$ (B_1, B_2); $6/m \to \bar{3}$ (B_g); $6/m \to \bar{6}$ (B_u); $\bar{3}m \to 32$ (A_{1u}); $\bar{3}m \to \bar{3}$ (A_{1g}); $4/mmm \to \bar{4}2m$ (B_{1u}, B_{2u}); $\bar{4}2m \to \bar{4}$ (A_2); $\bar{4}2m \to 222$ (B_1); $422 \to 222$ (B_1, B_2); $4/m \to \bar{4}$ (B_g); $4/m \to 2/m$ (B_g); $mmm \to 2/m$ (B_{1g}, B_{2g}, B_{3g}).

Von den bekannten antiferroelektrischen Phasenübergängen wird der Übergang $\bar{4}2m \to 222$ mit Vervierfachung der Elementarzelle in $NH_4H_2PO_4$ (ADP) bei $-125\,°C$ durch die sekundäre eindimensionale irreduzible Darstellung B_1 beschrieben. Die primäre irreduzible Darstellung ist hier die zweidimensionale Darstellung E, die als Basis-Invarianten die in der Basisebene liegenden Komponenten des polaren Vektors hat.

Man kann auch antiferroelektrische Phasenübergänge untersuchen, die durch zwei- oder dreidimensionale sekundäre Darstellungen induziert werden. Ohne auf Details einzugehen, wollen wir lediglich bemerken, daß solche Übergänge in allen kubischen und in der Mehrzahl der unpolaren rhomboedrischen und hexagonalen Kristalle auftreten können. In einem Kristall der tetragonalen Gruppe $4/mmm$ beispielsweise sind die Übergänge $4/mmm \to 2/m$ (E_g) und $4/mmm \to \bar{1}$ (E_g) möglich. Der erstere beschreibt anscheinend den Phasenübergang in Wolframtrioxid bei 740 °C (unter Vervierfachung der Elementarzelle). Der Phasenübergang in Silberperjodat ($Ag_2H_3JO_6$) bei 20 °C unter Verdoppelung der Elementarzelle ist mit einer Symmetrieänderung $\bar{3}m \to 2/m$ verbunden und wird durch die zweidimensionale irreduzible Darstellung E_g induziert.

Es ist leicht einzusehen, daß in den Kristallen der niedrigsymmetrischen Kristallsysteme antiferroelektrische Phasenübergänge, die durch zwei- und dreidimensionale irreduzible Darstellungen induziert werden, nicht auftreten können.

Aus dem oben Gesagten folgt, daß uneigentliche ferroelektrische Phasenübergänge (unter Entstehung einer spontanen Polarisation, die aber nicht selbst Ordnungsparameter ist) nur durch Darstellungen mit der Symmetrie $mm2$, 2, m oder 1 induziert werden können (s. Abb. 51b). Wie die Tabellen der irreduziblen Darstellungen zeigen, gibt es davon nur einige wenige, die in der folgenden Zusammenstellung vollständig erfaßt sind (in Klammern steht die induzierende Darstellung; es werden gleichfalls nur Phasenübergänge mit einer unpolaren Ausgangsphase betrachtet.):

$\bar{4}2m \to mm2$ (B_2), $\bar{4} \to 2$ (B), $mmm \to mm2$ (B_{1u}, B_{2u}, B_{3u}), $222 \to 2$ (B_1, B_2, B_3), $2/m \to 2$ (A_u), $2/m \to m$ (B_u).

Alle diese Fälle entsprechen uneigentlichen Phasenübergängen mit einer Verdoppelung der Elementarzelle (s. Abb. 51b).

Dem Phasenübergang $\bar{4}m2 \to mm2$ entspricht insbesondere der Übergang in Gadoliniummolybdat (GMO) $Gd_2(MoO_4)_3$ bei einer Temperatur von 163 °C. Ein Phasenübergang mit dieser Symmetrieänderung wird durch die sekundäre eindimensionale irreduzible Darstellung B_2 induziert. Primäre induzierende Darstellung ist hierbei ebenfalls die Darstellung E, die als Basis-Invariante Komponenten des axialen Vektors besitzt. Gerade diese Darstellung ist für die Bildung von *Antiphasendomänen* in GMO verantwortlich.

Der Phasenübergang von Rubidiumtrihydrogenselenit bei −119 °C ist gleichfalls uneigentlich ferroelektrisch und wird durch eine Verdoppelung der Elementarzelle in [100]-Richtung aufgrund der „Antimagnetisierung" in [010]-Richtung charakterisiert. Die Symmetrieänderung ist $222 \to 2$. Als sekundäre irreduzible Darstellung induziert die Darstellung B_1 der Gruppe 222 den Phasenübergang. Die primäre Darstellung ist B_2.

Durch eine sekundäre *zweidimensionale* irreduzible Darstellung induzierte Phasenübergänge unter Entstehung einer spontanen Polarisation können in Kristallen des kubischen Kristallsystems nicht auftreten, da es für diese Kristalle keine zweidimensionalen irreduziblen Darstellungen der Symmetrie $mm2$, m, 2 oder 1 gibt. Sie sind aber in allen unpolaren Kristallen des hexagonalen, rhomboedrischen, tetragonalen, rhombischen und monoklinen Systems erlaubt. So ist in Kristallen der Klasse $\bar{4}2m$ die sekundäre Darstellung E zweidimensional und kann die folgenden ferroelektrischen Phasenübergänge mit Verdoppelung der Elementarzelle induzieren: $\bar{4}2m \to 2, \bar{4}2m \to m, \bar{4}2m \to 1$. Primäre irreduzible Darstellung ist in diesem Fall die Darstellung A_2.

Dreidimensionale Darstellungen können in kubischen Kristallen die Symmetriegruppen $3m$ oder $mm2$ (und deren Untergruppen) besitzen. Das heißt, daß in diesen Kristallen uneigentlich ferroelektrische Phasenübergänge, die durch dreidimensionale sekundäre Darstellungen induziert werden, einer Symmetrieänderung $G \to 3m, 3, mm2, 2, m, 1$ entsprechen müssen. Das können die folgenden Phasenübergänge sein:

$m\bar{3}m \to 1$ (T_{1u}, T_{2u}), $\bar{4}3m \to 1$ (T_1, T_2), $\bar{4}3m \to m$ (T_1, T_2), $\bar{4}3m \to 3$ (T_1), $\bar{4}3m \to mm2$ (T_2), $\bar{4}3m \to 3m$ (T_2), $m\bar{3} \to 1$ (T_u), $m\bar{3} \to m$ (T_u), $m\bar{3} \to mm2$ (T_u), $m\bar{3} \to 3$ (T_u), $23 \to 1$ (T), $23 \to m$ (T) und $23 \to 3$ (T).

Die ihnen entsprechenden primären Darstellungen sind zweidimensional. So können in Boraziten (Gruppe $\bar{4}3m$) Phasenübergänge auftreten, die entweder von der Darstellung T_1 (Gruppen 1, m, 3) oder T_2 (Gruppen 1, m, $mm2$, $3m$) induziert werden. Dem letzteren Fall entsprechen zum Beispiel die Phasenübergänge in $Mg_3B_7O_{13} \cdot Cl$. Die primäre Darstellung ist dabei die Darstellung E der Gruppe $\bar{4}3m$. Der Phasenübergang in Bleizirkonat $PbZrO_3$ bei 230 °C wird anscheinend durch die Darstellung T_2 beschrieben, wenn die Hochtemperaturmodifikation dieses Kristalls die Symmetrie $\bar{4}3m$ hat ($\bar{4}3m \to mm2$). Es ist bekannt, daß bei diesem Phasenübergang eine Vervielfachung der Elementarzelle auftritt. Der uneigentlich ferroelektrische Phasenübergang in Langbeiniten wird gleichfalls durch eine dreidimensionale irreduzible Darstellung induziert: $23 \to 2$ (T).

Zum Abschluß der Diskussion der uneigentlich ferroelektrischen Phasenübergänge soll noch darauf hingewiesen werden, daß sie nicht unbedingt durch die „Antipaarung" axialer Zellen (Abb. 51b) verursacht werden müssen. Wie bereits festgestellt wurde, können niedrigsymmetrische sekundäre irreduzible Darstellungen mit der Symmetrie m, 2 oder 1 auch durch Vervielfachung solcher Zellen bedingt sein, deren primäre Darstellung neben anderen auch Komponenten des polaren Vektors enthält.

Die Vervielfachung der Elementarzellen bei Phasenübergängen kann zur Bildung räumlich modulierter (Schicht-) Strukturen führen. Diese Strukturen und auch die Phasenübergänge, die zu ihrer Entstehung führen, werden allgemein als *inkommensurabel* bezeichnet. Sehr ausführlich wurden in den letzten Jahren inkommensurable Phasenübergänge in Kristallen der Klasse mmm

($NaNO_2$, $SC(NH_2)_2$, $(NH_4)_2BeF_4$, K_2SeO_4, $RbLi(SO_4)$ u. a.) und der Klasse 222 ($NaND_4C_4O_6 \cdot 4D_2O$, $RbH_3(SeO_3)_2$ u. a.) untersucht.

Anhand der irreduziblen Darstellungen und geometrischen Basen der Gruppe *mmm* (Tab. 10) wird deutlich, daß bei einem rein „ferromagnetischen“ Übergang (charakterisiert durch eine einheitliche Richtung von $\boldsymbol{I}_S$ in benachbarten Zellen, den Domänen) die Symmetrieänderung der Formel $mmm \rightarrow 2/m$ entspricht, wenn der Ordnungsparameter eine Rotations-Schwingungsmode ist („Magnetisierung“, Darstellungen B_{1g}, B_{2g}, B_{3g}). Bei einem antiferromagnetischen Phasenübergang dagegen (auch dieser von der Symmetrie erlaubt: beide Richtungen von $\boldsymbol{I}_S$ entlang und entgegen der betrachteten Richtung sind äquivalent) muß eine Überstruktur mit vervierfachter Elementarzelle entstehen (s. Abb. 51d); die Symmetrieänderung wird durch $mmm \rightarrow$ „mmm“ beschrieben.[1]) Dabei entspricht dem oberen und dem unteren Zellenpaar (einzeln betrachtet) in Abb. 51d die Symmetrie *mm*2, also eine polare Struktur.

In dielektrischen Kristallen kann bei Phasenübergängen, die durch eine primäre Darstellung B_{1g}, B_{2g} oder B_{3g} induziert werden, der Charakter der gezeigten antiparallelen Anordnung von „$\boldsymbol{I}_S$“[2]) offensichtlich durch die Wechselwirkung der spontanen Polarisation $\boldsymbol{P}_S$ bestimmt werden. Wenn es sich um einen uneigentlich ferroelektrischen Phasenübergang (mit der Entstehung einer makroskopischen spontanen Polarisation $\boldsymbol{P}_S$) handelt, kommt es letztlich nur zu einer Verdoppelung der Elementarzelle (und nicht zu einer Vervierfachung) mit der Symmetrieänderung $mmm \rightarrow mm2$ (vgl. Abb. 51b). Die räumliche Modulation (die Schichtstruktur) wird in diesem Fall durch das Vorliegen einer „magnetischen“ Wechselwirkung verursacht, von dem Streben, eine räumlich kompensierte Struktur zu erlangen (s. Abb. 51d).

Eben von dieser Art ist der Phasenübergang in K_2SeO_4 mit einer Rotations-Schwingungsmode als „primärem“ und der spontanen Polarisation als „sekundärem“ Umwandlungsparameter. Die inkommensurable Phase stellt in diesem Fall eine eigenartige Mischung eines „antiferromagnetischen“ (vgl. Abb. 51d: vier

---

[1]) Für inkommensurable Phasen ist eine Vervielfachung der Elementarzellen ohne Änderung der Punktsymmetrie der Ausgangsmodifikation charakteristisch.

[2]) Unter $\boldsymbol{I}_S$ wird hier vereinbarungsgemäß eine Rotations-Schwingungsmode verstanden, die die Symmetrie eines axialen Vektors besitzt.

Elementarzellen) und eines uneigentlich ferroelektrischen Zustandes (s. Abb. 51b: zwei Elementarzellen) dar. Hieraus folgt auch die bekannte *Verdreifachung* der Gitterkonstanten in diesem Kristall beim Phasenübergang. Die Struktur des Kristalls sollte dabei in der Nähe von 130 K eher „antiferromagnetisch" sein und bei 93 K eher uneigentlich ferroelektrisch. Dem Phasenübergang in Kaliumselenat völlig analog sollte auch der uneigentlich ferroelektrische Phasenübergang in $(NH_4)_2BeF_4$ im Temperaturbereich 175 – 183 K zu beschreiben sein (Symmetrieänderung: $mmm \to$ inkommensurabel $\to mm2$, Verdoppelung der Elementarzelle). Diese Phasenübergänge werden durch die sekundäre Darstellung B_{2u} und die primäre Darstellung B_{2g} induziert.

Wenn in einem dielektrischen Kristall der Gruppe mmm ein Phasenübergang durch eine primäre Darstellung B_{1u}, B_{2u} oder B_{3u} induziert wird, wird die Symmetrieänderung durch $mmm \to mm2$ beschrieben, sofern es sich dabei um einen normalen ferroelektrischen Phasenübergang handelt. Bei einem antiferroelektrischen Phasenübergang wird die Strukturänderung von einer Vervierfachung der Elementarzelle und von der Symmetrieänderung $mmm \to 222$ begleitet (s. Abb. 51c). In beiden Fällen kann jedoch eine antiferroelektrische inkommensurable Zwischenphase der Symmetrie $2/m$ (Verdoppelung der Elementarzelle, Abb. 51a) entstehen. Wenn der Phasenübergang ferroelektrisch ist, überwiegt bei Temperaturen dicht unterhalb der paraelektrischen Phase diese zentrosymmetrische Struktur. Sie geht bei Abkühlung in die polare Struktur über. Von dieser Art sind die Phasenübergänge in $NaNO_2$ und in $SC(NH_2)$. Die Ursache für das Entstehen der Inkommensurabilität in diesen Kristallen liegt darin, daß nahe T_C, bedingt durch die Entstehung antiferroelektrischer Elementarzellen bei der Paarbildung, die Wechselwirkung der Rotations-Schwingungsmoden benachbarter Paare von Elementarzellen eine gewisse Rolle spielt (jedes Paar in Abb. 51c besitzt die Symmetrie $2/m$, und man kann ihm eine über *vier* Zellen kompensierte „Magnetisierung" zuschreiben).[1]) Der Ordnungsparameter des Phasenübergangs ist im gesamten Temperaturbereich die elektrische Polarisation, die jedoch nahe T_C durch die „Magnetisierung" moduliert wird.

Die inkommensurablen Phasen stellen in den oben untersuchten Fällen eine Mischung der polaren und der unpolaren Modifikation

---

[1]) T_C ist die sog. kritische oder CURIE-Temperatur, bei der der Phasenübergang erfolgt (d. Hrsg.)

dar. Bei Kristallen der Klasse 222 jedoch enthalten die Darstellungen B_1, B_2 und B_3 als Invarianten Komponenten sowohl des polaren als auch des axialen Vektors. Bei einem Phasenübergang 222 → 2 wird das Auftreten einer inkommensurablen Modulation dadurch bedingt, daß beide Richtungen entlang der ausgewählten Achse („vorwärts" und „rückwärts") äquivalent sind, und dadurch, welche Wechselwirkung (die elektrische oder die magnetische) überwiegt. Der Charakter des Phasenübergangs hängt davon ab, welche Wechselwirkung die stärkere ist. In den zur Kristallklasse 222 gehörenden Dielektrika mit überwiegend „elektrischer" Wechselwirkung werden ferroelektrische Phasenübergänge mit einer Symmetrieänderung 222 → 2 auftreten. Dagegen kommt es zu einem inkommensurablen Phasenübergang mit der Symmetrieänderung 222 → 2 und zu einer Vervielfachung der Elementarzelle aufgrund einer „magnetischen" Ordnung (Phasenübergang in $RbH_3(SeO_3)_2$ nahe einer Temperatur von 154 K und auch in deuteriertem Seignettesalz bei 109 K).

7. Kristalle in der modernen Technik

7.1. Einführung

Der moderne Gerätebau, die Elektro- und Funktechnik sowie die Elektronik stützen sich in vieler Hinsicht auf Einkristalle. Alle Kristalle sind in Bezug auf die eine oder andere Eigenschaft anisotrop, und viele Kristalleigenschaften werden unmittelbar durch die Besonderheiten dieser Anisotropie bestimmt: Man kann deshalb die Eigenschaften der Kristalle nur verstehen und beschreiben, wenn man die Kristallsymmetrie kennt und die zu untersuchenden Erscheinungen tensoriell beschreibt.

Die allgemeinen Ausführungen über die Symmetrie in den Kapiteln 1–3 und die Darlegungen in den Kapiteln 4 und 5 über die Symmetrie physikalischer Erscheinungen sind für die Behandlung und Beschreibung praktisch aller Kristalleigenschaften ausreichend. Diese Angaben müssen jedoch noch durch ein allgemeines Symmetrieprinzip – das NEUMANN*sche Prinzip* – ergänzt werden, das den wechselseitigen Zusammenhang zwischen der Symmetrie der Kristalle und ihren Eigenschaften bestimmt. Das Wesen dieses Symmetrieprinzips kann wie folgt formuliert werden: *Alle*

Symmetrieelemente des Kristalls sind auch in den Symmetrieelementen seiner Eigenschaften enthalten; die Symmetrie des Kristalls kann nicht höher sein als die Symmetrie einer beliebigen Eigenschaft des Kristalls. Das Symmetrieprinzip von NEUMANN wird vielfach bei der Auswahl von Kristallklassen benutzt, die eine bestimmte physikalische Eigenschaft besitzen sollen. Diese Auswahl wird nach folgender Regel getroffen (die ihrem Wesen nach nur eine andere Formulierung des NEUMANNschen Prinzips darstellt): *Die Symmetriegruppe eines Kristalls, der eine bestimmte physikalische Eigenschaft aufweisen soll, kann nur eine Untergruppe der Symmetriegruppe dieser Eigenschaft oder diese Symmetriegruppe selbst sein.*

Die Eigenschaften der Kristalle sind ihnen immanent, sie werden durch die Besonderheiten ihres Aufbaus, ihrer Struktur bedingt und nicht durch irgendeine äußere Einwirkung. So können beispielsweise alle dielektrischen Kristalle bezüglich des Lichtdurchgangs durch eine bestimmte „skalare" Figur (eine Kugel, ein zwei- oder ein dreiachsiges Ellipsoid) gemäß den Tensoren (2.13), (2.14) und (2.15) beschrieben werden, ihre optische Aktivität dagegen durch einen „Pseudoskalar" (Tensoren (2.19), (2.20)). Um diese Eigenschaften festzustellen, reicht es aus, Licht durch den Kristall hindurchzuschicken und sich von der Brechung oder der Drehung der Polarisationsebene zu überzeugen.

Kristalle können ohne äußere Einwirkung außerdem eine spontane elektrische Polarisation ($\boldsymbol{P}_S$) oder eine spontane Magnetisierung ($\boldsymbol{I}_S$) aufweisen.

Die Anwendung des NEUMANNschen Prinzips und die Kenntnis der Symmetrie der verschiedenen Richtungen gestatten es, die Kristallklassen mit den genannten Eigenschaften auszuwählen. Eine spontane Polarisation können demnach die Kristalle aus den Klassen 1, 2, 3, 4, 6, m, $mm2$, $3m$, $4mm$ und $6mm$ aufweisen (s. Anhang II). Sie sind Untergruppen der Symmetriegruppe der spontanen Polarisation, d. h. der Gruppe ∞mm. Spontan magnetisierte Kristalle gehören zu den Untergruppen der Symmetriegruppe des Magnetfeldes ∞/m. Das sind die Kristallklassen 1, 2, 3, 4, 6, m, $2/m$, $\bar{6}$, $4/m$, $6/m$, $\bar{1}$, $\bar{3}$ und $\bar{4}$. Die skalare Eigenschaft der Lichtbrechung besitzen die Kristalle aller Klassen (s. Tab. 6–10 und Anhang VIII). Optisch aktiv können Kristalle sein, deren Kristallklassen Untergruppen der Gruppen $\infty 2$ und $\infty/\infty 2$ sind: 1, 2, 3, 4, 6, 222, 32, 422, 622, 23, 432.[1])

---

[1]) Optische Aktivität kann noch in weiteren Kristallklassen auftreten, was weiter unten ausgeführt wird (d. Hrsg.)

Die angeführten Beziehungen zwischen der Symmetrie und den Eigenschaften der Kristalle eröffnen nur die Möglichkeit des Auftretens dieser Eigenschaften (sofern es die Symmetrie gestattet), bedeuten aber nicht, daß solche Eigenschaften wie elektrische Polarisation oder Magnetisierung zwingend aus der Symmetrie folgen. Die Praxis erweist jedoch durchweg eine völlige Übereinstimmung zwischen der „Möglichkeit" und der tatsächlichen „Existenz" dieser Erscheinungen.

In diesem Kapitel wollen wir den Kristallen besondere Aufmerksamkeit widmen, die sich durch besondere elektrische und optische Eigenschaften auszeichnen. In Bezug auf die elektrischen Eigenschaften kann man die Kristalle in drei Gruppen einteilen: Die erste ist die bereits erwähnte Gruppe der polaren Kristalle, die zu 10 Kristallklassen gehören. Die zentrosymmetrischen, *unpolaren* Kristalle gehören zu 11 Kristallklassen: $\bar{1}$, $2/m$, mmm, $4/m$, $4/mmm$, $\bar{3}$, $\bar{3}m$, $6/m$, $6/mmm$, $m\bar{3}$ und $m\bar{3}m$. Die übrigen 11 Kristallklassen: 222, $\bar{4}$, 422, $\bar{4}2m$, 32, $\bar{6}$, 622, $\bar{6}m2$, 23, 432 und $\bar{4}3m$, enthalten die sogenannten *polar-neutralen* Kristalle. In diesen Kristallen gibt es gewöhnliche polare Richtungen, aber keine singulären polaren Richtungen. Die Gesamtheit aller äquivalenten polaren Richtungen führt hier dazu, daß die resultierende „Polarisation" verschwindet (vgl. Abb. 16c).

Die elf Kristallklassen der optisch aktiven Kristalle wurden weiter oben bereits angeführt. Das sind die Kristalle, die *ein* Vorzeichen der Enantiomorphie besitzen. In einigen Kristallen kann jedoch die „Verdrillung" aus verschiedenen Ursachen unterschiedliche Vorzeichen haben (vgl. z. B. den Tensor (2.21)). Das ermöglicht eine optische Aktivität in vier weiteren Kristallklassen: $\bar{4}2m$, $\bar{4}$, $mm2$ und m. In den Kristallklassen mit spontaner Polarisation $3m$, $4mm$ und $6mm$ schließlich führt die Wechselwirkung der elektromagnetischen Welle mit der spontanen Polarisation (die durch den antisymmetrischen Teil eines axialen Tensors zweiter Stufe beschrieben wird) zu einer eigenartigen „transversalen" optischen Aktivität. Damit weisen insgesamt 18 Kristallklassen optische Aktivität auf (vgl. Tab. 3).

7.2. *Kristalle als Pyro- und Piezowandler*

Polare Kristalle (Kristalle mit einer singulären polaren Richtung) werden oft als *Pyroelektrika* bezeichnet. Gewöhnlich gehören die Pyroelektrika zu den *linearen* Dielektrika ($\boldsymbol{P} = \alpha \boldsymbol{E}$, wobei $\boldsymbol{P}$ die el ktrische Polarisation, $\boldsymbol{E}$ das elektrische Feld und α eine Konstante sind.[1]) Die Ferroelektrika sind eine Unterklasse der Pyroelektrika: Es sind die Pyroelektrika, welche Phasenübergänge erfahren und dabei in Bereiche mit unterschiedlicher Richtung der spontanen Polarisation – in Domänen – zerfallen. Im eindomänigen Zustand unterscheiden sich die Ferroelektrika nicht von den linearen Pyroelektrika. Hinsichtlich der Symmetrie ist für die Pyroelektrika charakteristisch, daß sie eine singuläre polare Richtung aufweisen, entlang welcher die spontane elektrische Polarisation $\boldsymbol{P}_S$ gerichtet ist.

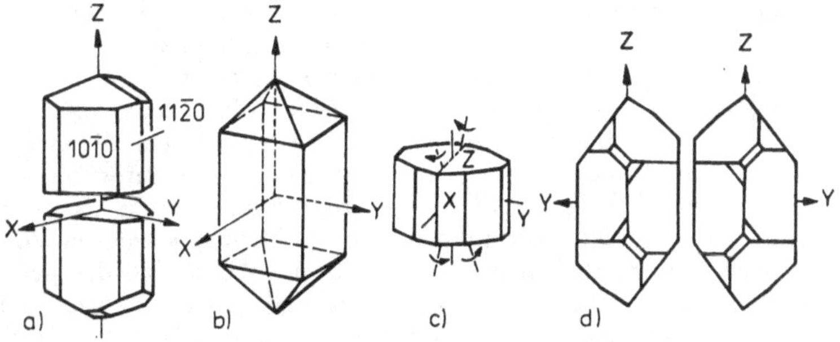

Abb. 52. Kristallpolyeder von Pyroelektrika und Piezoelektrika.
a) Turmalin ($NaMgAl_3B_3 \cdot Si_6(OOH)_{30}$);
b) Kaliumdihydrogenphosphat ($KDP - KH_2PO_4$);
c) Seignette-Salz ($KNaC_4H_4O_6 \cdot 4\,H_2O$);
d) Quarz (SiO_2), rechte und linke Modifikation

Ein typischer Vertreter der linearen Pyroelektrika ist der Turmalin; Vertreter der nichtlinearen Pyroelektrika, der Ferroelektrika also, sind Kaliumdihydrogenphosphat und Seignette-Salz (Abb. 52).

Der Pyroeffekt besteht darin, daß bei einer Änderung der Temperatur auf den Oberflächen, die von der singulären polaren Richtung durchstoßen werden, elektrische Ladungen mit unterschiedlichem Vorzeichen erscheinen. Der polare Vektor der Polarisationsänderung $\Delta \boldsymbol{P}_S$ ist mit einem Skalar (der Temperaturänderung ΔT) über einen polaren Vektor $\boldsymbol{p}$, den pyroelektrischen Koeffizient, entsprechend den in Kap. 4 dargestellten Regeln ver-

[1]) Streng genommen ist α ein polarer Tensor zweiter Stufe und die Pyroelektrika besitzen auch bei $\boldsymbol{E} = 0$ eine spontane Polarisation $\boldsymbol{P}_S \neq 0$ (d. Hrsg.)

knüpft (s. Gl. (4.1)):

$$\Delta \boldsymbol{P}_S = \boldsymbol{p} \Delta T. \tag{7.1}$$

Wenn man infinitesimal kleine Änderungen von T und $\boldsymbol{P}_S$ betrachtet, erhält man die differentielle Beziehung

$$\partial \boldsymbol{P}_S / \partial T = \boldsymbol{p}, \tag{7.2}$$

die den pyroelektrischen Koeffizient $\boldsymbol{p}$ als partielle Ableitung der spontanen Polarisation nach der Temperatur definiert. Aus der Kurve der Funktion $\boldsymbol{P}_S(T)$ wird die Größe von $\boldsymbol{p}$ für eine gegebene Temperatur als Tangens des Anstiegswinkels der Kurve bestimmt.

Die Natur sowohl der spontanen Polarisation als auch des Pyroeffektes sind im allgemeinen ziemlich kompliziert. Die Abhängigkeit von $\boldsymbol{P}_S$ von der Temperatur wird sowohl durch die Dynamik des Kristallgitters, durch die Wärmekapazität des Kristalls als auch durch Ordnungsprozesse verschiedener Strukturelemente (z. B. von Dipolen) bestimmt. Bis vor kurzem wurde angenommen, daß sich $\boldsymbol{P}_S(T)$ in linearen Pyroelektrika monoton ändert und daß $\boldsymbol{p}$ im gesamten Temperaturbereich das gleiche Vorzeichen besitzt. Es konnte jedoch gezeigt werden, daß der pyroelektrische Koeffizient $\boldsymbol{p}$ in solchen Kristallen wie Lithiumsulfat ($Li_2SO \cdot H_2O$), Bariumnitrit ($Ba(NO_2)_2 \cdot 6H_2O$) und anderen sein Vorzeichen wechselt, was davon zeugt, daß $\boldsymbol{P}_S$ bei $\boldsymbol{p} = 0$ ein Maximum oder ein Minimum besitzt (Abb. 53a). Ein solches Verhalten von $\boldsymbol{p}$ ist zu erklären, wenn man annimmt, daß $\boldsymbol{P}_S$ sowohl von der Polarisation des Kristallgitters als auch von der Orientierung von Dipolmomenten (z. B. der Wassermoleküle) abhängt, die nur schwach mit dem Gitter gekoppelt sind. Wenn sich diese Komponenten bei einer Temperaturänderung unterschiedlich verhalten, bereitet es keine Schwierigkeiten, ein Maximum (Minimum) von $\boldsymbol{P}_S$ bei einer gewissen Temperatur zu erhalten.

Die Natur der spontanen Polarisation in den Ferroelektrika ist noch komplizierter: Sie kann durch die Gitterdynamik hervorgerufen werden (Ferroelektrika vom „Verschiebungstyp“) (engl. *displacive* – d. Hrsg.) aber auch durch einen Ordnungsprozeß gewisser Strukturelemente (etwa der Protonen in Wasserstoffbrückenbindungen). In Ferroelektrika vom Verschiebungstyp befindet sich eins der Ionen vor der Entstehung der spontanen Polarisation in einer zentrosymmetrischen Position und verschiebt sich beim Phasenübergang (z. B. das Titanion in $BaTiO_3$)[1]). Zu den

[1]) Im $BaTiO_3$ spielen außerdem auch Ordnungsprozesse eine Rolle (d. Hrsg.)

Ferroelektrika vom „Ordnungs-Unordnungs-Typ“ (engl. *order-disorder* — d. Hrsg.) gehören insbesondere das Seignettesalz und das Kaliumdihydrogenphosphat, bei denen die Entstehung von $\boldsymbol{P}_S$ mit dem Ordnen von Protonen in den Wasserstoffbrückenbindungen verbunden ist. Im allgemeinen ist die Ferroelektrizität eine komplizierte kristallchemische Erscheinung. In einigen Ferroelektrika ändert sich $\boldsymbol{P}_S$ nur langsam mit der Temperatur, und $\boldsymbol{p}$ ist klein; in anderen dagegen, insbesondere bei Phasenübergängen erster Art, findet eine starke, sprunghafte Änderung von $\boldsymbol{P}_S$ statt.

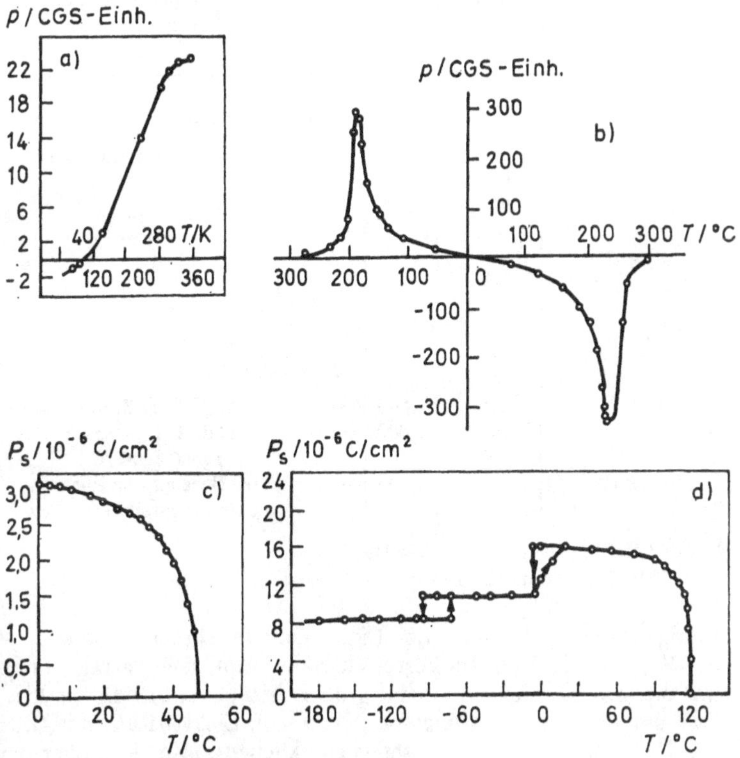

Abb. 53. Zum Pyroeffekt in einigen Kristallen.

a) $\boldsymbol{p}(T)$ für $Li_2SO_4 \cdot H_2O$;

b) $\boldsymbol{p}(T)$ für Seignettesalz;

c) $\boldsymbol{P}_S(T)$ für TGS $(NH_2CH_2COOH)_3H_2SO_4$;

d) $\boldsymbol{P}_S(T)$ für $BaTiO_3$

In Abb. 53 ist die Abhängigkeit $\boldsymbol{P}_S(T)$ für einige Ferroelektrika dargestellt. Anhand der Abbildungen kann man die Größe des pyroelektrischen Koeffizienten (qualitativ) abschätzen.

Lineare Pyroelektrika sind in der Regel durch einen kleinen Betrag des pyroelektrischen Koeffizienten $\boldsymbol{p}$ gekennzeichnet (einige

Tabelle 11.

Pyroelektrische (p) und elektrokalorische (q) Koeffizienten einiger Dielektrika und Ferroelektrika

Kristall	Symmetriegruppe	p[1])	q[2])	Temperatur, für die p und q angegeben sind
		lineare Dielektrika		
ZnO	$6mm$	2,8		Zimmertemperatur
CdS	$6mm$	2,0		„
BeO	$6mm$	1,8		„
Turmalin	$3m$	1,3		„
Lithiumsulfat $Li_2SO_4 \cdot H_2O$	2	25		„
Bariumnitrit $Ba(NO_2)_2 \cdot 6H_2O$	6	8		„
		Ferroelektrika		
$BaTiO_3$	$4mm$	240	−0.45	120 °C ... Zimmertemp.
KH_2PO_4	$mm2$	5000	−0.06	−150 °C ... −152 °C
TGS	2	500	0.22	49 °C ... 37 °C
Seignettesalz	2	300		im Bereich der Phasenübergangstemperaturen

[1]) in CGS-Einheiten: $cm^{-1/2}g^{1/2}s^{-1}K^{-1}$

[2]) in CGS-Einheiten: $K\,cm^{1/2}\,g^{-1/2}\,s$

wenige CGS-Einheiten, die Dimension in diesem System ist $cm^{-1/2}\,g^{1/2}s^{-1}\,K^{-1}$).[3]) In Ferroelektrika kann der Betrag von $\boldsymbol{p}$ um mehrere Größenordnungen größer sein (Tab. 11). Es ist klar, daß man eine Umwandlung von „Wärme in Elektrizität" mit Hilfe des Pyroeffektes um so besser verwirklichen kann, je größer der Betrag von $\boldsymbol{p}$ ist.

Die pyroelektrischen Kristalle fanden in den letzten Jahren eine breite Anwendung. Es werden Pyrowandler verwendet, die in

[3]) Gegenüber dem russ. Original korrigiert (d. Hrsg.)

kurzer Zeit (in sehr kleinen Bruchteilen einer Sekunde) eine Temperatur annehmen und sie mit hoher Genauigkeit ($\approx 10^{-7}$ K) messen. Pyroempfänger können in einem breiten Temperaturbereich arbeiten. Sie finden Verwendung zur Registrierung von Strahlung in den verschiedensten Frequenzbereichen – Röntgenstrahlung, ultraviolettes, sichtbares und infrarotes Licht bis an den Bereich der Dezimeterwellen heran. Es sind Empfänger für die Registrierung von Protonen, Neutronen und Elektronen bekannt. Empfänger hoher Empfindlichkeit gestatten den Nachweis von Strahlungsleistungen bis herab zu $5 \cdot 10^{-11}$ W; sie werden vor allem im infraroten Bereich eingesetzt. Sie ermöglichen den Nachweis biologischer Objekte aus einer Entfernung von 150 m, die Messung ihrer Temperatur wie auch der Temperatur von Industrieanlagen (ebenfalls aus der Entfernung). Mit der Entwicklung der Lasertechnik wurden die Pyroelektrika auch für die Messung der Lasercharakteristika im Zeit- und Energiebereich eingesetzt.

Pyroempfänger gestatten es, Wandler für die Umwandlung unsichtbarer Strahlung in sichtbare zu schaffen: Unsichtbare Strahlung, die auf die Elektrode eines pyroelektrischen Wandlers fokussiert wird, wird von diesem auf einem Fernsehbildschirm wiedergegeben. Es sind Anwendungen von Pyroempfängern in der Medizin, der Biologie, der Chemie u. a. bekannt.

Inzwischen haben auch Arbeiten zur Schaffung von Wandlern begonnen, die unter Ausnutzung des Pyroeffektes thermische Energie in Elektroenergie transformieren. In der Literatur sind Anordnungen beschrieben, die eine Leistungsentnahme von bis zu 2 W/cm^3 Arbeitsvolumen bei einem Wirkungsgrad von 10 ... 20% erlauben.

Zwischen den Elektroden von Pyroempfängern, die die Form von Kondensatoren aufweisen, können sehr hohe Spannungen auftreten. Wie die Berechnung zeigt, entsteht auf den Oberflächen einer senkrecht zur Z-Achse geschnittenen Turmalinplatte (Dicke: 0,1 mm, s. Abb. 52a) bei gleichmäßiger Erwärmung eine elektrische Ladungsdichte von $5 \cdot 10^{-9}$ C/cm^2, die Spannung zwischen den Elektroden beträgt etwa 1200 V. In Ferroelektrika ist $\boldsymbol{p}$ groß, aber auch die Dielektrizitätskonstante ε nimmt sehr große Werte an.[1]) Nichtsdestoweniger wird ε in TGS im Bereich des Phasenübergangs nicht allzu groß, und der Potentialunterschied kann hunderte von Kilovolt erreichen. Bei schneller Erwärmung oder Abkühlung kommt es in einer Platte aus diesem Material infolge des durch den

[1]) Auch ε ist in anisotropen Medien ein Tensor zweiter Stufe (d. Hrsg.)

Pyroeffekt entstehenden „Pyrofeldes" zu einem elektrischen Durchschlag.

Der thermodynamische Zustand eines Kristalls ist umkehrbar in dem Sinne, daß in einem Kristall, der einen Pyroeffekt zeigt, auch der umgekehrte Effekt – der *elektrokalorische Effekt* – auftritt: Das Anlegen eines äußeren elektrischen Feldes $\boldsymbol{E}$ an den Kristall entlang der singulären polaren Richtung bewirkt eine Änderung seiner Temperatur:

$$\Delta T = \boldsymbol{q} \cdot \boldsymbol{E}, \tag{7.3}$$

wobei $\boldsymbol{q}$ der Koeffizient des elektrokalorischen Effektes ist.

Der elektrokalorische und der pyroelektrische Effekt sind einander proportional; gute Pyrowandler sind gleichzeitig auch effektive elektrokalorische Wandler. Wenn bei Erwärmung eines bestimmten Kristalls seine spontane Polarisation $\boldsymbol{P}_\mathrm{S}$ wächst, wächst auch seine Temperatur, wenn $\boldsymbol{E}$ in Richtung von $\boldsymbol{P}_\mathrm{S}$ angelegt wird, bei entgegengesetzter Orientierung von $\boldsymbol{E}$ und $\boldsymbol{P}_\mathrm{S}$, kühlt sich der Kristall ab. In linearen Pyroelektrika ist der elektrokalorische Effekt klein: Eine Turmalinplatte von 1 mm Dicke ändert ihre Temperatur bei Anlegen einer elektrischen Spannung von 300 V um $5 \cdot 10^{-5}$ K.

Bei der Entstehung oder beim Verschwinden der spontanen Polarisation in Ferroelektrika (vgl. Kap. 6) gibt es einen spontanen elektrokalorischen Effekt. Wird ein Kristall mit $\boldsymbol{P}_\mathrm{S} \neq 0$ erwärmt, führt das Verschwinden der spontanen Polarisation zu einer Abkühlung des Kristalls. Diese Erscheinung ist analog dem Auftreten einer latenten Umwandlungswärme. Bei der Abkühlung eines Ferroelektrikums aus der paraelektrischen Phase dagegen geschieht das Umgekehrte: Jedesmal, wenn in ihm eine spontane Polarisation $\boldsymbol{P}_\mathrm{S}$ entsteht, erwärmt er sich aufgrund des elektrokalorischen Effektes und versucht, paraelektrisch zu bleiben. In $BaTiO_3$ zum Beispiel verschwindet die spontane Polarisation bei einer höheren Temperatur, als sie bei der Abkühlung entsteht (s. Abb. 53d).

Der elektrokalorische Effekt liegt der in jüngster Zeit ausgearbeiteten elektrostatischen Kühlung zum Erreichen von Temperaturen nahe dem absoluten Nullpunkt zugrunde (das Prinzip ist analog dem der Ausnutzung des magnetokalorischen Effektes, d. h. der adiabatischen Entmagnetisierung).

Einige allgemeine Angaben über den piezoelektrischen Effekt wurden bereits in Kap. 5 gemacht (vgl. auch die Beziehungen (5.10)–(5.13) und Abb. 31). Piezoelektrische Wandler wandeln letztendlich mechanische Energie in elektrische (direkter Piezoeffekt) oder elektrische in mechanische Energie um (*reziproker* Piezoeffekt). Die Energieumwandlung kann unter verschiedenen elektrischen und mechanischen Randbedingungen, aber auch bei unterschiedlichen Bedingungen des Wärmeaustausches erfolgen. Dem Arbeitsregime des Wandlers bei konstanter Temperatur (isotherme Bedingungen) entsprechen statische Bedingungen: eine langsame Änderung der Deformation r_{ij} oder der mechanischen Spannung t_{ij}, aber auch des elektrischen Feldes $\boldsymbol{E}$ bzw. der dielektrischen Verschiebung $\boldsymbol{D}$. Dem Betrieb von Wandlern bei hohen Frequenzen entsprechen adiabatische Bedingungen, bei denen es nicht zu einem Wärmeaustausch zwischen einzelnen Bereichen des Wandlers kommt.

Die elastischen Kenngrößen (die YOUNGschen Moduln C und die elastischen Nachgiebigkeiten S verändern sich in der Regel nur wenig (etwa um 1%), wenn sie unter verschiedenen Bedingungen des Wärmeaustausches gemessen werden.[1]) Die unter verschiedenen thermischen Bedingungen gemessenen Dielektrizitätskonstanten unterscheiden sich hingegen deutlich, wenn der Kristall pyroelektrisch ist. Ein Maß für die elektromechanische Wandlung ist der *elektromechanische Kopplungsfaktor* K. Er wird durch die Differenz der am elektrisch kurzgeschlossenen Kristall ($E = 0$) und am offenen Kristall ($D = 0$) gemessenen elastischen Konstanten oder durch die Differenz der ε-Werte des mechanisch freien ($t = 0$) und des mechanisch geklemmten ($r = 0$) Kristalls bestimmt:

$$K^2 = \frac{S^E - S^D}{S^E} = \frac{C^D - C^E}{C^D} = \frac{\varepsilon^t - \varepsilon^r}{\varepsilon^t} \tag{7.4}$$

(es ist stets $C^D > C^E$, $S^D < S^E$ und $\varepsilon^t > \varepsilon^r$).

Die unterschiedlichen Arbeitsregime piezoelektrischer Wandler werden (in Übereinstimmung mit den Ausführungen aus dem vorigen Absatz) durch die verschiedenen piezoelektrischen Koeffizienten d (s. (5.11)), g, e und h beschrieben.[2]) In vereinfachter Art und Weise, ohne die Indizes der Tensoren, gehen diese Größen

---

[1]) C und S sind Tensoren 4. Stufe (vgl. Abschn. 5.2.). Wie im russ. Original wird hier in einer vereinfachten Beschreibung der tensorielle bzw. vektorielle Charakter der betrachteten Größen nicht berücksichtigt (d. Hrsg.)

[2]) d, g, e und h sind Tensoren 3. Stufe (vgl. Abschn. 5.2. sowie die Fußnote auf S. 160 — d. Hrsg.)

in folgende Beziehungen ein:

$$\begin{aligned} P &= d \cdot t, & r &= d \cdot E, \\ P &= e \cdot r, & t &= -e \cdot E, \\ E &= -h \cdot r, & t &= -h \cdot P, \\ E &= -g \cdot t, & r &= g \cdot P. \end{aligned} \tag{7.5}$$

Diese Koeffizienten sind miteinander durch die Materialkonstanten ε, $\beta = 1/\varepsilon$, C und S verkoppelt. In der einfachsten (nicht tensoriellen) Form wird diese Kopplung durch die Beziehungen $d = (\varepsilon/4\pi)\, g$, $e = -(\nu/4\pi)\, h$, $d = S \cdot e$, $h = -4\pi\beta \cdot e$ etc. beschrieben.[1]) Die linke Spalte in (7.5) beschreibt die Beziehungen des direkten Piezoeffektes (die rechts stehende mechanische Größe ist vorgegeben, gemessen wird die als Ergebnis der äußeren Einwirkung entstehende elektrische Größe, die auf der linken Seite der entsprechenden Gleichung steht). Die rechte Spalte beschreibt den reziproken Piezoeffekt. Der Koeffizient d charakterisiert gemäß Gleichung (7.5) die beim direkten Piezoeffekt unter der Einwirkung mechanischer Spannungen t entstehende elektrische Polarisation P bzw. dielektrische Verschiebung $D = 4\pi P = 4\pi\sigma$ (mit der Flächenladungsdichte σ).[1]) Beim reziproken Piezoeffekt charakterisiert d die Größe der Deformation r, die beim Anlegen eines elektrischen Feldes E entsteht.

In Abb. 54 sind verschiedene Regime der Signaltransformation (und der Messung der Piezokoeffizienten) dargestellt. Auf der linken Seite der Skizze ist jeweils die „gegebene" Größe dargestellt: Beim direkten Piezoeffekt sind das die mechanischen Spannungen (getrennte Pfeile) und die mechanischen Dehnungen (miteinander verbundene Pfeile); im Falle des reziproken Piezoeffektes dagegen eine Batterie (Spannungsquelle) und Quellen von Ladungen. Im rechten Teil der Skizzen sind die Meßobjekte bzw. Meßgeräte abgebildet: zur Ladungsmessung ein Galvanometer, zur Messung der Potentialdifferenz ein Elektrometer, die Messung der mechanischen Spannungen bzw. Dehnungen wird durch getrennte bzw. miteinander verbundene Pfeile symbolisiert. Experimentell am einfachsten zu realisieren ist die Messung von h und e mit Hilfe des direkten und die Messung von d mit Hilfe des reziproken Piezoeffektes.

Wie aus Abb. 54 folgt, sind Kristalle mit möglichst großen

[1]) Die Beziehungen gelten in dieser Form nur im CGS-System (d. Hrsg.)

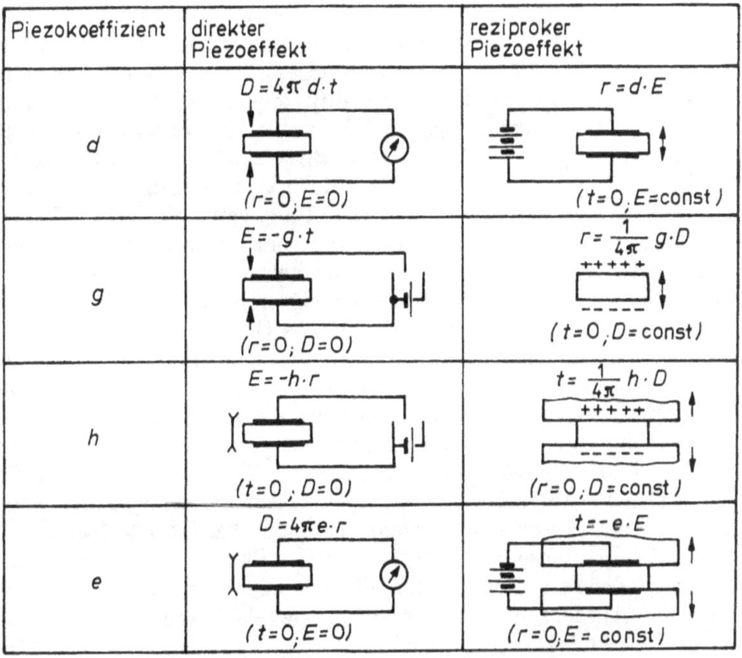

Abb. 54. Schematische Darstellung der piezoelektrischen Wandlung in den verschiedenen Arbeitsregimen (Koeffizienten *d*, *g*, *h*, *e*)

g-Koeffizienten zu verwenden, wenn man unter der Einwirkung mechanischer Spannungen große elektrische Spannungen erzeugen will (Empfänger für Schall und Ultraschall). Eine starke mechanische Deformation bei Anlegen eines elektrischen Feldes entsteht in Kristallen mit einem großen Wert der *d*-Koeffizienten (Schall- und Ultraschallwandler). Um mit Hilfe elektrischer Methoden mechanische Deformationen messen zu können, muß man Kristalle mit möglichst großen *h*- und *e*-Koeffizienten verwenden (piezoelektrische Seismographen und Schallaufnehmer). Wir weisen jedoch darauf hin, daß in vielen Fällen bei der Auswahl eines Kristalls für eine konkrete Anwendung nicht nur das Arbeitsregime und die Größe der entsprechenden Koeffizienten zu berücksichtigen sind, sondern auch andere Kriterien ins Gewicht fallen, wie zum Beispiel seine Lichtdurchlässigkeit, die Technologie der Wandlerherstellung, die Stabilität gegen Feuchtigkeit und Temperatur, die Kosten u. a. m.

Der Piezokristall mit der breitesten Anwendung in den unterschiedlichsten Geräten und Bauelementen ist der Quarz. (Ideale Quarzkristalle sind in Abb. 52d dargestellt; die Besonderheiten des Piezoeffektes in diesem Kristall folgen aus Gl. (5.12) und Abb. 31.) Die zuverlässigsten Werte für die Piezomoduln von Quarz sind $d_{11} = -6.67 \cdot 10^{-8}$ und $d_{14} = 2.56 \cdot 10^{-8}$ (in CGS-Einheiten).[1]) Legt man an eine 1 cm dicke Quarzscheibe (X-Schnitt; vgl. Abb. 31) eine elektrische Spannung von 100 V ($E \| X$), so wird die Scheibe um 21 Å dicker. Andererseits entsteht an der gleichen Scheibe bei Belastung mit einer mechanischen Spannung von $t = 1$ kp/cm² ein Potentialunterschied von 60 V.

Quarz ist ein schwach polarisierbares Dielektrikum ($\varepsilon_{11}^t = 4{,}58$, $\varepsilon_{33}^t = 4{,}70$) mit einem verhältnismäßig kleinen elektromechanischen Kopplungsfaktor (10–14%). Die breite Anwendung, die der Quarz in einer Vielzahl von Geräten und Bauelementen gefunden hat und auch weiter findet, hängt mit einer Reihe wertvoller Eigenschaften zusammen. Seine MOHS-Härte beträgt 7; er ist nicht wasserlöslich und auch gegen die Einwirkung einer Reihe von Säuren stabil; Quarz schmilzt bei 1700 °C (bei 573 °C erfolgt ein Phasenübergang zur Kristallklasse 622, wobei der Quarz jedoch piezoelektrisch bleibt); er weist nur eine geringe thermische Ausdehnung und eine geringe elektrische Leitfähigkeit ($10^{-14} - 10^{-15}\,\Omega^{-1}\,\mathrm{cm}^{-1}$) auf.

Alle ferroelektrischen Kristalle sind – zumindest in der ferroelektrischen Modifikation – piezoelektrisch. Wie bereits erwähnt, bildet die Gesamtheit der Domänen eine Konfiguration, die die Symmetrie des Kristalls vor dem Phasenübergang besitzt (s. Abb. 50). Deshalb zeigen Kristalle, die in der paraelektrischen Modifikation zentrosymmetrisch sind (Bariumtitanat, Triglycinsulfat u. a.), auch nach dem Phasenübergang und dem damit verbundenen Zerfall in Domänen keinen Piezoeffekt. Im „gepolten" eindomänigen Zustand sind diese Kristalle „pyroelektrische" Piezoelektrika. Kristalle dagegen, die vor dem Phasenübergang kein Symmetriezentrum aufweisen, sind nach dem Zerfall in Domänen auch ohne Polung piezoelektrisch (Seignettesalz, Phasen-

---

[1]) Die Dimension der piezoelektrischen Koeffizienten e und h ist die gleiche wie die der Polarisation: $\mathrm{cm}^{-1/2}\,\mathrm{g}^{1/2}\,\mathrm{s}^{-1}$; d und g besitzen die dazu reziproke Dimension $\mathrm{cm}^{1/2}\,\mathrm{g}^{-1/2}\,\mathrm{s}$. (Im SI-System werden e in C/m², h in V/m = N/C, d in m/V = C/N und g in m²/C angegeben – d. Hrsg.)

übergang 222 → 2; Kaliumdihydrogenphosphat, Phasenübergang $\bar{4}2m \rightarrow mm2$ u. a.).

Das Auftreten von Domänen in den Ferroelektrika führt zu einer Reihe von Besonderheiten ihrer piezoelektrischen Eigenschaften. So ist der Piezoeffekt in diesen Kristallen nicht nur mit der normalen „Deformation" verbunden, sondern auch mit der Umorientierung von Domänen. In der Nähe von Phasenübergängen ändern sich aufgrund der Änderung der dielektrischen Eigenschaften des Kristalls einige piezoelektrische Koeffizienten (d und e) sehr stark.

Die piezoelektrischen Eigenschaften der Ferroelektrika sind ausführlich untersucht. Eine Vorstellung von den piezoelektrischen (und von anderen) Eigenschaften von Bariumtitanat und von Seignettesalz kann man anhand der Tabellen 12 und 13 gewinnen.

Tabelle 12.
Dielektrische und piezoelektrische Koeffizienten eines Bariumtitanat-Einkristalls in der tetragonalen Phase (in CGS-Einh., $T = 25\,°C$)

ε	$d \cdot 10^6$	$g \cdot 10^8$
$\varepsilon_{11}^t = 2920$	$d_{15} = 11{,}76$	$g_{15} = 5{,}07$
$\varepsilon_{11}^r = 1970$	$d_{11} = -1{,}04$	$g_{31} = -7{,}67$
$\varepsilon_{33}^t = 168$	$d_{33} = 2{,}57$	$g_{33} = 19{,}17$
$\varepsilon_{33}^r = 110$		

Tabelle 13.
Dielektrische und piezoelektrische Koeffizienten von Seignettesalz (in CGS-Einh., Zimmertemperatur)

ε	$d \cdot 10^6$ $g \cdot 10^8$	[1])
$\varepsilon_{11}^t = 480$	$d_{14} = 1150$	$e_{14} = 140$
$\varepsilon_{22}^t = 12$	$d_{25} = -160$	$e_{27} = -5$
$\varepsilon_{33}^t = 10$	$d_{36} = 35$	$e_{36} = 3{,}5$
$\varepsilon_{11}^r = 220$	$g_{14} = 31$	$h_{14} = 7{,}58$
$\varepsilon_{22}^r = 11$	$g_{25} = -170$	$h_{25} = -5{,}8$
$\varepsilon_{33}^r = 9{,}8$	$g_{36} = 44$	$h_{36} = 4{,}8$

[1]) Die Größenordnung von e und h sind im russ. Original nicht angegeben (d. Hrsg.).

Kaliumdihydrogenphosphat (KDP) ist in der paraelektrischen Phase oberhalb $-150\,°C$ linear piezoelektrisch. Bei Zimmertemperatur betragen die entsprechenden Koeffizienten $d_{14} = 4 \cdot 10^{-8}$ CGS-Einh., $\varepsilon_{11} = 4{,}6$ und $\varepsilon_{33} = 21{,}8$. Die Entstehung der spontanen Polarisation unterhalb $-150°$ ist mit dem Auftreten einer spontanen Scherung über den Koeffizienten $g_{36} = 5.5 \cdot 10^{-7}$ CGS-Einh. verbunden. Im ferroelektrischen Bereich ist $g_{33} = 8 \cdot 10^{-8}$ CGS-Einh. $NH_4H_2PO_4$ (ADP) ist in der paraelektrischen Modifikation (oberhalb $-123\,°C$) ein gutes Piezoelektrikum ($\varepsilon_{33} = 14{,}0$, $d_{36} = 148 \cdot 10^{-8}$, $g_{36} = 118 \cdot 10^{-8}$ CGS-Einh.). Triglycinsulfat (TGS) hat bei Zimmertemperatur (d. h. in der ferroelektrischen Phase folgende piezoelektrische Koeffizienten und Dielektrizitätskonstanten (in CGS-Einh.):

$$g_{22} = -25{,}2 \cdot 10^{-8}, \qquad d_{22} = -83{,}8 \cdot 10^{-8},$$

$$g_{21} = -59{,}2 \cdot 10^{-8}, \qquad d_{21} = -44{,}2 \cdot 10^{-8},$$

$$g_{23} = 15{,}2 \cdot 10^{-8}, \qquad d_{23} = 136 \cdot 10^{-8},$$

$$\varepsilon_{11} = 8{,}7, \qquad \varepsilon_{22} = 25, \qquad \varepsilon_{33} = 4{,}7, \qquad \varepsilon_{13} = 0{,}5.$$

Die praktischen Anwendungen der Piezoelektrizität sind sehr vielgestaltig; im Bereich der Industrie gibt es eine Vielzahl von Betrieben und Kombinaten, die auf diesem Gebiet arbeiten. Der Piezoquarz wurde zunächst für die Messung verschiedener physikalischer Größen („Piezometrie“) sowie als Sender und Empfänger von Schall bzw. Ultraschall (insbesondere auf dem Gebiet der Unterwasserortung) angewendet. In der Folgezeit erweiterten sich sowohl das Gebiet der Anwendungen als auch der Kreis der verwendeten Kristalle. Außer Quarz werden in den verschiedensten Geräten und Bauelementen Lithiumniobat, ADP, KDP, Seignettesalz und verbreitet auch keramische Piezoelektrika eingesetzt, wie Bariumtitanat, Bleititanatzirkonat und andere mehrkomponentige (polykristalline) Materialien. In jüngster Zeit werden auch Pulver von Piezokeramiken gemischt und mit anderen, nicht piezoelektrischen Materialien kombiniert (piezoelektrische Verbundwerkstoffe). Solche Kombinationen erlauben die Konstruktion außerordentlich effektiver Wandler für spezielle Anwendungen, z. B. als Empfänger in Hydrophonen. Der elektromechanische Kopplungsfaktor ferroelektrischer Wandler ist sehr groß, in einigen Materialien erreicht er 70 ... 80%.

Eines der Anwendungsgebiete von Piezokristallen sind Sender und Empfänger von Schall bzw. Ultraschall. In der Funk- und Radiotechnik sowie in der Elektronik finden piezoelektrische

Resonatoren breite Anwendung zur Frequenzstabilisierung von Generatoren (bis zu Frequenzen von 10^9 Hz) und in Filtern mit hoher Selektivität. Piezoelektrische Resonatoren aus Quarz besitzen eine hohe Güte ($10^5 \ldots 10^6$), eine hohe Stabilität (Frequenzabweichung von einer Sekunde in 70 Jahren!) und eine geringe Empfindlichkeit gegenüber Temperaturänderungen. In den letzten Jahren finden piezoelektrische Mikrobauelemente eine breite Anwendung in elektronischen Uhren zur Gewährleistung einer hohen Ganggenauigkeit.

Die bereits erwähnten piezokeramischen Materialien stellen *piezoelektrische Texturen* dar – das sind anisotrope polykristalline Materialien, die einen Piezoeffekt aufweisen. Texturen besitzen eine Symmetrie, die den CURIE-Gruppen (s. Abb. 5) entspricht. Piezoelektrisch sind solche Texturen, die den CURIE-Gruppen ∞ (z. B. menschliche und tierische Knochen), ∞mm (z. B. eine gepolte Keramik) und $\infty 2$ (z. B. eine Textur aus orientiert angeordneten Kristalliten von Seignettesalz, Holz) angehören.

Der Piezoeffekt in pyroelektrischen Kristallen spielt insofern eine besondere Rolle, als diese Kristalle als Sensor für eine hydrostatische (allseitige) Druck- bzw. Zugbeanspruchung dienen können. Der „skalare“ Druck wirkt in den Kristallen ebenso wie eine homogene „skalare“ Erwärmung oder Abkühlung.

Piezoelektrika haben in letzter Zeit eine wichtige Anwendung in der Akustoelektronik gefunden. Es handelt sich hier um ein Gebiet der Elektronik, das sich mit der Untersuchung und der praktischen Anwendung von Wechselwirkungen des Elektronenstroms mit dem Kristallgitter im Festkörper befaßt. Die Rede ist dabei vor allem von der Verstärkung elastischer Wellen mit Hilfe der piezoelektrischen Halbleiter CdS, CdSe, InSb, GaAs. Zu dieser Verstärkung kommt es durch die CHERENKOV-Strahlung der Raumladungen, die wiederum durch die Schallwelle selbst verursacht wird: Eine Raumladung, die sich in Richtung der Schallwelle mit Überschallgeschwindigkeit bewegt, sendet Phononen aus. Prinzipiell kann eine Verstärkung von elastischen Wellen auch in nichtpiezoelektrischen Halbleitern erfolgen (z. B. in Ge). In piezoelektrischen Halbleitern ist aber die Wechselwirkung der akustischen Welle mit dem Driftstrom der Ladungsträger viel effektiver, da die sich durch den Kristall ausbreitende Welle aufgrund des Piezoeffektes von einem elektrischen Feld begleitet wird.

Bei der Ultraschallverstärkung fällt die Welle eines Quarzwandlers, nachdem sie einen Schalleiter aus Quarzglas durchlaufen hat, auf einen piezoelektrischen Halbleiterkristall, an den ein konstantes elektrisches Feld angelegt wird. Das verstärkte Signal wird mit Hilfe eines Quarzempfängers aufgezeichnet. Die Orientierung des Kristalls erfolgt in der Regel so, daß eine transversale Schallwelle von einem longitudinalen elektrischen Feld begleitet wird. Geräte, die auf der Grundlage von CdS-Kristallen arbeiten, ermöglichen eine Verstärkung um mehrere 10 dB bei Frequenzen von einigen 10 MHz. Diese Kristalle sind für Schallverstärker besonders geeignet, da sie einen um etwa eine Größenordnung höheren Piezomodul aufweisen als Quarz und da sie außerdem lichtempfindlich sind, so daß die Ladungsträgerkonzentration in weiten Grenzen (um einen Faktor von $10^5 \ldots 10^6$) variiert werden kann.

Die Wechselwirkung des Elektronenstroms mit dem Kristallgitter führt zu einer Reihe weiterer Erscheinungen. Eine Schallwelle, die durch einen piezoelektrischen Halbleiter hindurchläuft, gibt einen Teil ihres Impulses an die Elektronen ab, so daß an den Enden des nicht kurzgeschlossenen Halbleiters ein Potentialunterschied auftritt. Wird der Stromkreis geschlossen, fließt ein akustoelektrischer Strom. Diese Erscheinung wird als *akustoelektrischer Effekt* bezeichnet.

Neben der Verstärkung elastischer Wellen kann es in piezoelektrischen Halbleitern auch zur Anregung spontaner Schwingungen kommen (akustisches Rauschen), wenn die Driftgeschwindigkeit der Ladungsträger größer ist als die Phasengeschwindigkeit der entsprechenden Wellen. Eine Verstärkung und die Erzeugung von Schallwellen ist auch durch einen Ladungsträgerstrom möglich, der über der Oberfläche (z. B. in einer Elektrode – d. Hrsg.) oder in einem Spalt eines piezoelektrischen Halbleiters fließt. Die unterschiedlichen akustoelektrischen Systeme finden nach und nach wichtige praktische Anwendungsgebiete.

7.3. *Kristalle als optische Wandler*

Viele dielektrische Kristalle werden als Wandler für Licht verwendet. Hierher gehören die Anwendung des FARADAY-Effektes, der Magneto- und der Elektrogyration, des *elektrooptischen* Effektes (POCKELS-Effekt) und die mit der Frequenz-Vervielfachung zusammenhängenden Erscheinungen (Erzeugung höherer Harmonischer). Die Wechselwirkung des Lichts mit einem Kristall kann zu einer „Verzerrung“ der optischen Eigenschaften des Kristalls führen, was bei der optischen Speicherung von Bildern genutzt wird.

Ein äußeres elektrisches Feld „deformiert“ die optische Indikatrix (FRESNEL-Ellipsoid) eines Kristalls, es verändert seine Doppelbrechung. Diese Erscheinung wird als elektrooptischer Effekt bezeichnet. Analytisch wird sie durch die Änderung der Polarisierbarkeit $\Delta \mathbf{a}$ in Abhängigkeit vom äußeren Feld $\boldsymbol{E}$ bzw. der Polarisation $\boldsymbol{P}$ beschrieben:

$$\Delta a_{ij} = r_{ijk} E_k; \qquad \Delta a_{ij} = m_{ijk} P_k. \tag{7.6}$$

Die Polarisierbarkeit ist im allgemeinen ein polarer Tensor zweiter Stufe, der mit dem Tensor der Dielektrizitätskonstanten $\boldsymbol{\varepsilon}$ über die Beziehung $\mathbf{a} = \boldsymbol{\varepsilon}^{-1}$ zusammenhängt. Für eine reine Elektronenpolarisation gilt ferner $\boldsymbol{\varepsilon} = \mathbf{n}^2$ und $\mathbf{a} = 1/\mathbf{n}^2$. ($\mathbf{n}^2$ wird aus den

Tabelle 14.
Koeffizienten des linearen elektrooptischen Effekts für einige lineare Dielektrika

Kristall	Symmetrie	$r \cdot 10^8$, CGS-Einh.	Halbwellenspannung[1]) ($\lambda = 5461$ Å) /kV
SiO_2	32	$r_{11} = 0{,}59$	33
		$r_{41} = 1{,}4$	
$NaMgSi_6Al_3B_3(O, OH)_{30}$	$3m$	$r_{22} = 0{,}9$	
$NaClO_3$	23	$r_{41} = 1{,}19$	200
ZnS	$\bar{4}3m$	$r_{41} = 5{,}0$	10
CuCl	$\bar{4}3m$	$r_{41} = 18{,}4$	6,2
$C(CH_2OH)_4$	$\bar{4}(2)$	$r_{52} = 4{,}38$	
		$r_{32} - r_{12} = 2{,}09$	
CdS	$6mm$	$r_{51} = 11{,}1$	
$(CH_2)_6N_4$	$\bar{4}3m$	$r_{41} = 5{,}1$	15
GaAs	$\bar{4}3m$	$r_{41} = 12{,}5$	
$K_2S_2O_6$	32	$r_{11} = 0{,}79$	
$Cs_2C_4H_4O_6$	32	$r_{11} = 3{,}00$	
$(C_6H_{12}O_6)_2 \cdot NaBr \cdot H_2O$	32	$r_{11} = 0{,}30$	
$LiKSO_4$	6	$r_{11} - r_{33} = 4{,}80$	
$(NH_4)_2Cd_2(SO_4)_3$	$\bar{4}3m$	$n_0 r_{41} = 8{,}70$	
$(NH_4)_2Mn_2SO_4)_3$	$\bar{4}3m$	$n_0 r_{41} = 6{,}30$	
$Na_3SbS_4 \cdot 9\,H_2O$	23	$n_0 r_{41} = 16{,}32$	
ZnSe	$\bar{4}3m$	$r_{41} = 4{,}82$	
$Na_3(AlSiO_4)(OHCl)_2$	$\bar{4}3m$	$r_{41} = 5{,}0$	

[1]) Spannung zur Erzeugung eines Gangunterschiedes $\lambda/2$.

Quadraten der Brechungsindizes gebildet – d. Hrsg.). Der Tensor der elektrooptischen Koeffizienten r_{ijk} ist ein Tensor dritter Stufe, analog dem Tensor der Piezomoduln (s. (5.11)). Sowohl der piezoelektrische als auch der elektrooptische Effekt sind also nur in nicht zentrosymmetrischen Kristallen zu beobachten; beide treten stets gemeinsam in Erscheinung.

Der bei Zimmertemperatur effektivste und am breitesten angewendete elektrooptische Kristall ist das Kaliumdihydrogenphosphat (KDP-KH_2PO_4). Der Tensor (die Matrix) der elektrooptischen Koeffizienten hat für diesen Kristall (Kristallklasse $\bar{4}2m$) die Form

	E_2	E_2	E_3
Δa_1	0	0	0
Δa_2	0	0	0
Δa_3	0	0	0
Δa_4	r_{14}	0	0
Δa_5	0	r_{14}	0
Δa_6	0	0	r_{36}

(7.7)

($a_{11} = a_{11}$, $a_{22} = a_2$, $a_{33} = a_3$, $a_{23} = a_{32} = a_4$, $a_{31} = a_{13} = a_5$, $a_{12} = a_{21} = a_6$).[1] Im Bereich des Phasenübergangs tritt in Ferroelektrika ein spontaner elektrooptischer Effekt auf, der durch das Entstehen (bzw. Verschwinden) von $\boldsymbol{P}_S$ hervorgerufen wird. Wenn der Kristall in der Ausgangsphase zentrosymmetrisch ist, ist der elektrooptische Effekt quadratisch[2]):

$$\Delta a_{ij} = M_{ijkl} P_k P_l \tag{7.8}$$

(P_i Komponenten der elektrischen Polarisation).

Einige charakteristische Werte des linearen und des quadratischen elektrooptischen Effekts sind in den Tabellen 14–16 angeführt. Die Tabellen machen deutlich, daß wegen der Größe ihrer Koeffizienten die Kristalle des Barium-Natrium-Niobat, des Barium-Strontium-Niobat, des Lithiumniobat und des Lithiumtantalat besonderes Interesse verdienen. Leider ist es sehr schwie-

---

[1]) Diese Schreibweise wird als Voigt-Notation bezeichnet – vgl. Anhang IX (d. Hrsg.)

[2]) Den quadratischen elektrooptischen Effekt (Kerr-Effekt) gibt es auch in den nicht-zentrosymmetrischen Kristallen, der sich dann dem (zumeist größeren) linearen elektrooptischen Effekt (Pockels-Effekt) überlagert (d. Hrsg.)

Tabelle 15.
Koeffizienten des linearen elektrooptischen Effektes für einige Ferroelektrika [1])

Kristall	Symmetrie	$r \cdot 10^8$, CGS-Einh.	$m \cdot 10^8$, CGS-Einh.	Halbwellenspannung [2]) ($\lambda = 5461$ Å)/kV
KH_2PO_4(KDP)	$\bar{4}2m$	$r_{63} = -30$	$m_{63} = -24{,}3$	8
		$r_{41} = 26$	–	–
KD_2PO_4	$\bar{4}2m$	$r_{63} = -70$	–	3,4
KH_2AsO_4	$\bar{4}2m$	$r_{63} = -39$	–	6,2
RbH_2PO_4	$\bar{4}2m$	$r_{63} = -33$	–	7,3
$KNaC_4H_4O_6 \cdot 4\,H_2O$	222	$r_{41} = -6{,}0$	$m_{41} = 2{,}24$	–
		$r_{52} = -5{,}1$	–	–
		$r_{63} = 0{,}95$	–	–
$BaTiO_3$ (tetragonale Phase)	$4mm$	–	$m_{33} = 18{,}7$	–
$NH_4H_2PO_4$	$\bar{4}2m$	$r_{63} = -25$	–	10
		$r_{41} = 62$	–	
$NH_4H_2AsO_4$	$\bar{4}2m$	$r_{63} = -19$	–	13
$LiNbO_3$	$3m$	$r_{22} = -19$	–	2,8
$Ba_2NaNb_5O_{15}$	$mm2$	$r_{33} = 180$	–	1,7
$Sr_{0,75}Ba_{0,25}Nb_2O_6$	$4mm$	$r_{33} = 4000$	–	$5 \cdot 10^{-2}$
$Sr_2KNb_5O_{15}$	$4mm$ oder 4	$r_{11} = 400$	–	

[1]) z. T. in der paraelektrischen Phase (d. Hrsg.).
[2]) Spannung zur Erzeugung eines Gangunterschiedes $\lambda/2$.

rig, von den ersteren beiden Verbindungen hinreichend große und optisch homogene Kristalle zu züchten.

Schon seit verhältnismäßig langer Zeit wird dem Lithiumniobat und dem Lithiumtantalat große Aufmerksamkeit gewidmet. Ihre Struktur (Pseudo-Ilmenit) und ihre Eigenschaften sind gut bekannt. In den vorangegangenen Abschnitten wurde bereits darauf hingewiesen, daß $LiNbO_3$ bei Zimmertemperatur ferroelektrisch ist. Es hat die Symmetriegruppe $3m$ (das ist die Symmetrie einer Domäne.); die Härte (nach Mohs) beträgt 5. $LiNbO_3$ ist wasserunlöslich. Wegen seiner optischen, piezoelektrischen, piezooptischen und elektrooptischen Eigenschaften findet dieser Kristall großes praktisches Interesse. Er besitzt hohe Brechzahlen (bei $\lambda = 0{,}60\,\mu$m: $n_0 = 2{,}2967$, $n_e = 2{,}2082$), große Dielektrizitätskonstanten ($\varepsilon_{11}^S =$

Tabelle 16.
Koeffizienten des quadratischen elektrooptischen Effekts für einige Ferroelektrika[1])

Kristall	Symmetrie	Brechzahl	$M \cdot 10^{12}$, CGS-Einh.
$BaTiO_2$	$m\bar{3}m$	2,42	$M_{33} = 1{,}88$
			$M_{11} - M_{12} = 1{,}44$
$SrTiO_2$	$m\bar{3}m$	2,38	$M_{11} - M_{12} = 1{,}55$
$KTaO_3$	$m\bar{3}m$	2,24	$M_{11} - M_{12} = 1{,}77$
			$M_{44} = 1{,}33$
$KTa_{0,65}Nb_{0,35}O_3$	$m\bar{3}m$	2,29	$M_{11} - M_{12} = 1{,}93$
			$M_{11} = 1{,}5$
			$M_{12} = 0{,}43$
			$M_{44} = 1{,}83$
KH_2PO_4	$\bar{4}2m$	—	$M_{33} = -2{,}86$
$KNaC_4H_4O_6 \cdot 4\,H_2O$	222	—	$M_{11} = -1\,500$
$(NH_2CH_2COOH)_3 \cdot H_2O$	$2/m$	1,49	$M_{12} = 12$
			$M_{22} = 4$
			$M_{32} = 13$
			$M_{52} = 9$
$LiNbO_3$	$\bar{3}m$	2,29	$n_o{}^3 M_{11} - n_e{}^3 M_{33} = 7$

[1]) In der paraelektrischen Phase (d. Hrsg.).

44, $\varepsilon_{33}^S = 29$, $\varepsilon_{11}^T = 84$, $\varepsilon_{33}^T = 30$), große piezoelektrische Koeffizienten ($d_{15} = 6{,}8 \cdot 10^{11}$ As/N, $e_{15} = 3{,}7$ As/m²) und gute photoelastische Konstanten ($P_{31} = 0{,}178$, $P_{33} = 0{,}088$). Hinsichtlich der Erzeugung der zweiten Harmonischen (s. u.) ist $LiNbO_3$ um etwa 90—100mal effektiver als KDP.

In Bauelementen zur Modulation von Licht mittels akustischer Wellen (*Akustooptik*) werden $LiNbO_3$-Kristalle nicht nur als Sender und Empfänger verwendet. Sie sind darüber hinaus ein Medium, in dem über den eigentlichen Piezoeffekt elastische Wellen angeregt werden, an welchen dann eine Modulation oder eine Beugung des Lichtes stattfindet. Das ist insbesondere dadurch möglich, daß dieser Kristall einen sehr hohen Brechungsindex besitzt, denn die Intensität des gebeugten Lichtstrahls ist proportional zur sechsten Potenz des Brechungsindex.

Aus elektrooptischen Kristallen werden optische Modulatoren und Schalter gebaut. Der einfachste Fall ist dabei die „Aufhellung" eines optisch isotropen (kubischen) Kristalls (zwischen gekreuzten Polarisatoren — d. Hrsg.) unter Einwirkung eines elektrischen Feldes, das den Kristall doppelbrechend macht. Lichtmodulatoren werden in optischen Informations- und Kommunikationssystemen, in Geräten zur Schallaufzeichnung beim Kinofilm, beim Farbfernsehen, in automatischen Polarimetern und in Geräten für Zeitlupenaufnahmen verwendet. Elektrooptische Wandler finden auch in steuerbaren schmalbandigen Polarisations-Interferenzfiltern für Licht Anwendung; sie werden in Lasern zur Güteschaltung von Quantengeneratoren eingesetzt (Abb. 55). Ein einkanaliges Kommunikationssystem auf Laser-Basis kann mit elektrooptischen Kristallen (KDP) ausgerüstet werden, die eine Modulationsfrequenz bis zu 10^{10} Hz ermöglichen.

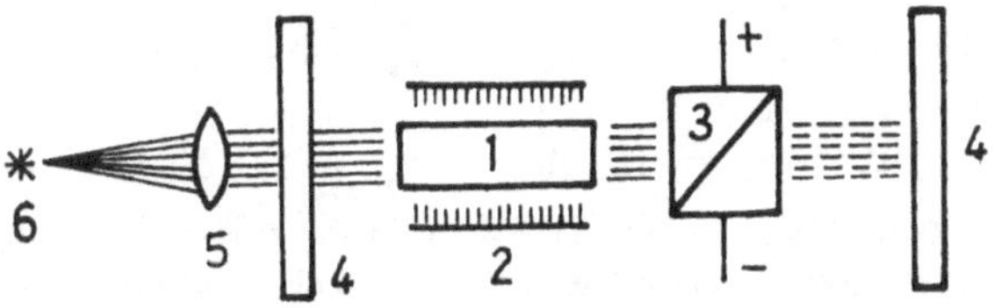

Abb. 55. Schema eines Gerätes zur Erzeugung von Laser-Impulsen.

1 — Rubin-Kristall; 2 — Pumplichtquelle; 3 — elektrooptischer Schalter; 4 — Spiegel; 5 — Kondensor; 6 — Brennpunkt

Das gleiche Ziel läßt sich auch mit ferroelektrischen Kristallen bei Temperaturen nahe der Phasenübergangstemperatur verwirklichen, bei welcher sie einen großen quadratischen elektrooptischen Effekt besitzen ($BaTiO_3$, $LiNbO_3$ u. a.).

Oft ist es für bestimmte Zwecke notwendig, langwellige Laserstrahlung in „kurzwellige“ Strahlung (zum Beispiel in sichtbares Licht) zu transformieren. Optisch anisotrope elektrooptische Kristalle (z. B. KDP) ermöglichen es, auf dem Wege der *Erzeugung höherer Harmonischer* der Frequenz der einfallenden Strahlung diese Frequenz zu „vervielfachen“, etwa zu verdoppeln. Im einfachsten Fall wird die ursprüngliche Welle mit der Frequenz ω in eine Welle mit der doppelten Frequenz 2ω transformiert, wenn der Brechungsindex n_o^{ω} für den ordentlichen Strahl der Grundfrequenz ω und der Brechungsindex $n_e^{2\omega}$ für den außerordentlichen Strahl der zweiten Harmonischen übereinstimmen. Das kann in optisch positiven Kristallen erfüllt sein.

Die Richtung im Kristall, in der diese Forderung der Phasensynchronisation erfüllt ist, bildet mit der c-Achse einen bestimmten Winkel θ. Für KDP zum Beispiel wird die Synchronisationsrichtung für eine Wellenlänge von $\lambda = 6972$ Å durch die Winkel $\theta = 52°$ und $\varphi = 45°$ bestimmt (φ ist der Winkel zur X-Achse in der XY-Ebene; s. Abb. 52b). Die Erzeugung von Harmonischen wird durch einen polaren Tensor dritter Stufe beschrieben, der symmetrisch bezüglich aller drei Indizes ist. Im niedrigstsymmetrischen Fall (Kristallklasse 1) besitzt dieser Tensor 10 unabhängige Koeffizienten (und nicht 18, wie z. B. der Tensor der piezoelektrischen Koeffizienten). Im folgenden sind die Beträge einiger Koeffizienten d^*_{ij} dieses Tensors im CGS-System angegeben:

– KDP und Rubinlaser:
$d^*_{36} = 1{,}00 \cdot 10^{-9}$; $d^*_{14} = 0{,}95 \cdot 10^{-9}$;
– CdS und Neodymlaser:
$d^*_{15} = 35 \cdot 10^{-9}$; $d^*_{31} = 32 \cdot 10^{-9}$ [1]); $d^*_{33} = 63 \cdot 10^{-9}$;
– $BaTiO_3$ und Neodymlaser:
$d^*_{15} = 35 \cdot 10^{-9}$; $d^*_{31} = 37 \cdot 10^{-9}$ [1]); $d^*_{33} = 14 \cdot 10^{-9}$.

In einigen ferroelektrischen Kristallen entsteht unter der Einwirkung eines intensiven Laserstrahls eine lokale stabile, aber reversible Änderung der Doppelbrechung, die als *optische Verzerrung* [2]) bezeichnet wird. Diese Erscheinung ist im Grunde elektrooptischer Natur. Der Effekt fand bereits Anwendung in holografischen Speicherzellen zur Aufzeichnung räumlicher Hologramme mit hoher Auflösung.

Die bei der Bestrahlung entstehende Änderung der Doppelbrechung (manchmal auch als fotoinduzierte Änderung bezeichnet) tritt in der Regel dann auf, wenn an den Kristall ein elektrisches Gleichfeld von einigen kV/cm angelegt wird. In $LiNbO_3$, $LiTaO_3$ und in Strontium-Barium-Niobat (SBN) wird dieser Effekt auch ohne Gleichfeld beobachtet: $\delta\Delta n \approx 10^{-4} \ldots 10^{-3}$.

Der Effekt der optischen Verzerrung wurde bei einer ganzen Reihe von Kristallen beobachtet. Der qualitativen Interpretation liegt die Vorstellung von einer lokalen Wechselwirkung der spontanen Polarisation mit Nichtgleichgewichts-Ladungsträgern zugrunde, die durch die Laserbestrahlung angeregt werden (*photovoltaischer Effekt*). Die Untersuchung der Einwirkung von Nichtgleichgewichts-Ladungsträgern auf die Eigenschaften der halbleitenden Ferroelektrika zeigt, daß die Belichtung des Kristalls zu

---

[1]) Da der Tensor symmetrisch bezüglich aller drei Indizes ist, sollte eigentlich $d^*_{15} = d^*_{113} = d^*_{311} = d^*_{31}$ gelten – vgl. Anhang IX (d. Hrsg.)

[2]) Engl. *optical damage*. Es handelt sich um den photorefraktiven Effekt (d. Hrsg.).

einer sofortigen Änderung der Größe der spontanen Polarisation und damit zu einer entsprechenden Änderung der Doppelbrechung führen muß. Makroskopische Messungen von $\Delta \boldsymbol{P}_S$ und $\delta \Delta n$ unterstrichen die Proportionalität zwischen diesen beiden Größen ($\delta \Delta n \sim \Delta \boldsymbol{P}_S$). An $LiNbO_3$ wurde gezeigt, daß der beobachtete Wert von $\delta \Delta n \simeq 10^{-5}$ einer Konzentration von Nichtgleichgewichts-Ladungsträgern in der Größenordnung $N \simeq 10^{16}$ bis 10^{17} cm^{-3} entspricht.

Mikroskopisch besteht der Effekt der optischen Verzerrung darin, daß die lokal angeregten Nichtgleichgewichts-Ladungsträger unter der Wirkung eines inneren elektrischen Feldes aus dem belichteten Gebiet in dunkle Gebiete driften. In Ferroelektrika ist dieses innere Feld offensichtlich das Feld der spontanen Polarisation $\boldsymbol{P}_S$. Am Rande des Lichtflecks werden die Ladungsträger in energetisch tiefliegenden Zuständen eingefangen, wobei die räumliche Verteilung der Ladungsträger die Herausbildung eines beträchtlichen lokalen Raumladungsfeldes $\boldsymbol{E}_S$ verursacht. Dieses Feld ist die Ursache für den Effekt der optischen Verzerrung. Ein äußeres Feld in Richtung von $\boldsymbol{P}_S$ verkleinert $\delta \Delta n$, ein entgegengesetzt gerichtetes Feld vergrößert $\delta \Delta n$.

Eine direkte Anwendung der optischen Verzerrung besteht in der Erzeugung (und Speicherung) einer Abbildung auf der Oberfläche (oder im Innern) des Kristalls aufgrund der Tatsache, daß unterschiedliche Punkte des Kristalls eine unterschiedliche Belichtung erfahren. Das „Bild“ kann mehrere Wochen lang erhalten bleiben. Eine Erwärmung des Kristalls oder eine wiederholte Belichtung der gesamten Oberfläche führt schließlich zum „Löschen“ des Bildes.

Der Effekt der optischen Verzerrung kann nicht nur in Ferroelektrika, sondern auch in pyroelektrischen und in polarneutralen Kristallen ohne ein äußeres elektrisches Feld auftreten (verantwortlich dafür ist $\boldsymbol{P}_S$ oder die Anisotropie des inneren Feldes). In zentrosymmetrischen Kristallen kann der Effekt ebenfalls auftreten, aber offenbar nur unter der Einwirkung eines äußeren Feldes auf den Kristall.

Die tensorielle Beschreibung und die Symmetrieaspekte der Elektrogyration wurden in Kap. 5 behandelt. Das Auftreten (oder eine Änderung) der optischen Aktivität, die durch einen symmetrischen axialen Tensor zweiter Stufe (g_{ij}) beschrieben wird, wird unter der Einwirkung eines elektrischen Feldes $\boldsymbol{E}$ in allen Kristallen beobachtet, die axiale Richtung aufweisen. Besonders einfach und leicht zu überschauen ist der Fall, in welchem der Kristall vor dem

Anlegen des Feldes nicht optisch aktiv ist. So hat beispielsweise für die zentrosymmetrischen Kristalle der Klassen $4/m$ und $6/m$ die Matrix der Koeffizienten $\gamma_{ijk}(g_{ij} = \gamma_{ijk}E_k)$ die Form

$$\begin{matrix} 0 & 0 & \gamma_{31} \\ 0 & 0 & \gamma_{31} \\ 0 & 0 & \gamma_{33} \\ \gamma_{41} & \gamma_{51} & 0 \\ \gamma_{51} & -\gamma_{41} & 0 \\ 0 & 0 & 0 \end{matrix} \tag{7.9}$$

(s. Anhang IX – d. Hrsg.). Aus (7.9) folgt, daß ein in Richtung der optischen Achse angelegtes elektrisches Feld in diesen Kristallen eine Gyration

$$g_{33} = \gamma_{33}E_3 \tag{7.10}$$

hervorruft.

Die Methode zur Untersuchung der Elektrogyration ist im Prinzip sehr einfach: In den Fällen, in denen der longitudinale Effekt untersucht werden soll (Feld parallel zur Lichtausbreitungsrichtung), wird der mit durchsichtigen Elektroden versehene Kristall zwischen gekreuzte Polarisatoren gebracht (Dunkelstellung). Bei Anlegen eines elektrischen Feldes kommt es zu einer Aufhellung, und der Winkel, um den der Analysator gedreht werden muß, um wieder Dunkelheit zu erreichen, bestimmt die spezifische Drehung. Die Registrierung des durchgehenden Lichtes erfolgt gewöhnlich mit Hilfe eines Sekundärelektronen-Vervielfachers.

Phasenübergänge in Ferroelektrika unter Entstehen (bzw. Verschwinden) der spontanen Polarisation $\boldsymbol{P}_S$ liefern die Möglichkeit, eine *spontane* Elektrogyration zu beobachten. Diese Erscheinung wurde an einer Reihe von Kristallen untersucht. Insbesondere für Triglycinsulfat (TGS), Bleigermanat ($5PbO \cdot 3GeO_2$) u. a. konnte gezeigt werden, daß unterhalb T_c die spezifische Drehung der Polarisationsebene von Licht in der Tat proportional zu $\boldsymbol{P}_S$ ist.

In einigen Ferroelektrika führt die Entstehung von $\boldsymbol{P}_S$ in entgegengesetzten Richtungen zur Herausbildung von Domänen mit unterschiedlichen „Vorzeichen" der Enantiomorphie und damit auch unterschiedlichen Vorzeichen der optischen Aktivität. Hieraus folgt, daß in diesen Kristallen bei der Umpolarisierung der Domänen ein Wechsel des Vorzeichens der optischen Aktivität und eine Hysterese der Gyration zu beobachten ist.

Die Beobachtung der *induzierten* Elektrogyration in linearen Dielektrika ist nur bei besonders ausgefeilter Experimentiertechnik möglich. Eine *lineare* Elektrogyration wurde an den Kristallen α-HJO_3, $LiJO_3$, $PbMoO_4$ und einigen anderen beobachtet, gemessen und untersucht. Die Untersuchung der Elektrogyration im optisch zweiachsigen Kristall α-HJO_3 (Kristallklasse 222) wird durch die gleichzeitig auftretenden elektrooptischen und piezoelektrischen Effekte erschwert. Der experimentell gefundene Wert des Elektrogyrations-Koeffizienten γ_{52} für diesen Kristall ist $(4{,}33 \pm 0{,}7) \cdot 10^{-13}$ m/V bei einer Wellenlänge $\lambda = 632{,}8$ nm.

In den einachsigen Kristallen der Kristallklassen 4, 6, 3 u. a. wird die Messung der Elektrogyration durch elektrooptische Erscheinungen und durch den Piezoeffekt nicht wesentlich erschwert, wenn das elektrische Feld und die Wellennormale parallel zur optischen Achse gerichtet sind (die Kristalle bleiben dann optisch einachsig). Bei $LiJO_3$-Kristallen, die zur Kristallklasse 6 gehören, wurde die Messung der Elektrogyration bei einer Temperatur von $-140\,°C$ durchgeführt, da diese Kristalle bei Zimmertemperatur eine Ionenleitfähigkeit aufweisen. Der erhaltene Wert für den Elektrogyrations-Koeffizienten γ_{33} ist $(1{,}57 \pm 0{,}30) \cdot 10^{-13}$ m/V, wobei die piezoelektrische Deformation einen Anteil von 17% zum experimentell ermittelten Wert beiträgt. Die in Abbildung 56a dargestellte Abhängigkeit des spezifischen Drehwinkels von der

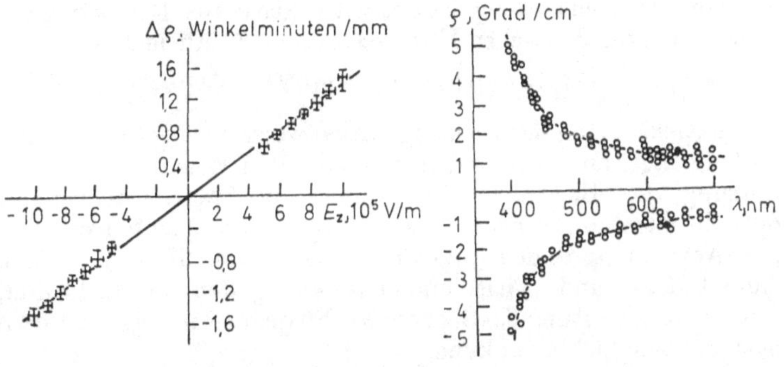

Abb. 56. Elektrogyration von $LiJO_3$- und $PbMoO_4$-Kristallen.

a) Abhängigkeit der spezifischen Drehung der Polarisationsebene von der elektrischen Feldstärke E_Z in $LiJO_3$;

b) Dispersion der induzierten elektrooptischen Aktivität von $PbMoO_4$ in einem statischen Feld von $E = \pm 10$ kV/cm, schwarzer Kreis: $\lambda = 632{,}8$ nm elektrischen Feldstärke macht den linearen Charakter der Elektrogyration deutlich, obwohl der Effekt verhältnismäßig klein ist.

Von größtem Interesse ist die Elektrogyration in Bleimolybdat ($PbMoO_4$). In diesem linearen zentrosymmetrischen Dielektrikum, das zur Kristallklasse $4/m$ gehört, führt ein elektrisches Feld entlang der vierzähligen Drehachse zur Entstehung einer Elektrogyration, deren Größe durch die Gleichung (7.10) bestimmt ist. Begleitende Effekte (Piezoeffekt, elektrooptischer Effekt) treten nicht auf, so daß die Elektrogyration in reiner Form vorliegt.

Die spezifische Drehung ϱ besitzt in $PbMoO_4$ bei leicht erreichbaren Feldern (≈ 10 kV/cm) mit einigen Grad eine beachtliche Größe. Die Erscheinung zeigt eine Dispersion: Bei $E = 10$ kV/cm und $\lambda = 700$ nm ist $\varrho = 1{,}5$ Grad/cm, bei $\lambda = 400$ nm dagegen ist $\varrho = 5$ Grad/cm (Abb. 56b). Der Wert des Koeffizienten γ_{33} (Feld und Wellennormale parallel zur optischen Achse) bei $\lambda = 517$ nm beträgt $\gamma_{33} = (1{,}23 \pm 0.12) \cdot 10^{-12}$ m/V.

Die *quadratische* Elektrogyration wird durch einen axialen Tensor vierter Stufe beschrieben, der den Tensor g_{ij} mit dem Quadrat des elektrischen Feldes $E_l E_m$ verknüpft. Wie die Analyse der axialen Tensoren vierter Stufe zeigt, kann die quadratische Elektrogyration nur in nichtzentrosymmetrischen Kristallen auftreten. Experimentell wurde diese Erscheinung in Quarzkristallen festgestellt. Das elektrische Feld war dabei entlang der kristallphysikalischen Achsen gerichtet, und die ebene, polarisierte Lichtwelle breitete sich entlang der optischen Achse aus. Der Betrag des gemessenen quadratischen Elektrogyrations-Koeffizienten ist

$$\beta_{3311} = (4{,}51 \pm 0{,}34) \cdot 10^{-20}\ \mathrm{m^2/V^2}.$$

Die Erscheinung der Elektrogyration wurde erst vor kurzer Zeit vorhergesagt, entdeckt und untersucht. Bauelemente unter Ausnutzung der Elektrogyration können in Steuersystemen für optische Strahlung, insbesondere in optischen Quantengeneratoren, Anwendung finden (und finden sie bereits). Hierher gehören Amplituden- und Phasenmodulatoren, gesteuerte Lichtfilter, Geräte zur Abtastung des Spektrums (Frequenzscanning) und Bauelemente zur Lichtablenkung.

Die bereits früher erwähnte Erscheinung, daß in einigen Kristallen unter der Einwirkung einer Torsion eine elektrische Polarisation entsteht, ist eine eigenartige „elektromechanische Umkehrung“ der Elektrogyration. Beide Erscheinungen werden durch axiale Tensoren dritter Stufe beschrieben. Eine derartige Polarisation wurde experimentell an Kaliumtartrat, an Scheelit und an einigen anderen Kristallen nachgewiesen. Eine Vorstellung von der Größe des Effektes kann man aus folgenden Daten ableiten: Ein Torsionsmoment der Größe $\approx 0{,}02$ kp · cm führt in Scheelit zu einem Potentialunterschied von $\simeq 0{,}1$ V. Eine praktische Anwendung dieser Erscheinung muß man in der „Piezometrie“ zur Messung von Drehmomenten suchen.

Die Magnetogyration – die Entstehung (oder die Änderung) der optischen Aktivität unter der Einwirkung eines magnetischen Feldes: $g_{ij} = \delta_{ijk} H_k$ – wurde bisher kaum untersucht. Die Entdeckung dieses Effektes besitzt heute mehr eine wissenschaftliche als eine praktische Bedeutung. Die Untersuchungen zeigen, daß die Vergrößerung der Drehung der Polarisationsebene durch die Magnetogyration in unmagnetischen linearen Dielektrika etwa um zwei Größenordnungen kleiner ist als die durch den FARADAY-Effekt hervorgerufene Änderung. Die prinzipielle physikalische Bedeutung der Magnetogyration besteht darin, daß die Verallgemeinerungen des Prinzips der Symmetrie der kinetischen Koeffizienten (Kap. 4) die Existenz dieses Effektes zwingend fordern.

Die Magnetogyration wird stets durch den FARADAY-Effekt begleitet; die Trennung beider Erscheinungen ist möglich, da sie unterschiedliche „Parität“ besitzen. Bei Umkehr der Lichtausbreitungsrichtung ändert sich beim FARADAY-Effekt auch die Richtung der Drehung der Polarisationsebene, bei der Magnetogyration dagegen bleibt sie erhalten. Die Magnetogyration wurde bisher an Bleigermanat ($5PbO \cdot 3GeO_2$) und an CdS untersucht (Abb. 57).

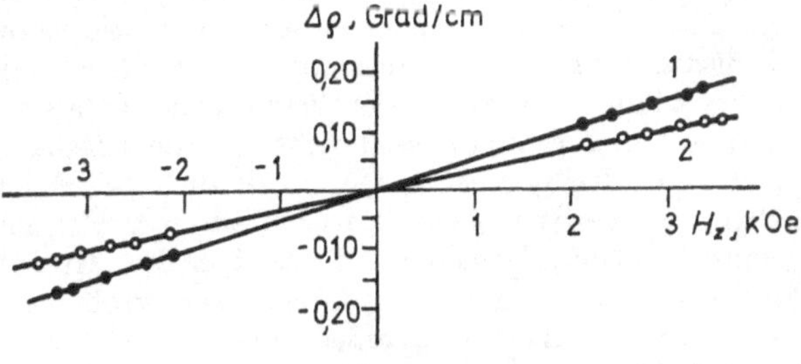

Abb. 57. Auf die Magnetogyration zurückzuführender Anteil der Drehung der Polarisationsebene von Licht (nach Abzug des FARADAY-Effektes) in Abhängigkeit von der magnetischen Feldstärke.

1 – CdS;
2 – $5PbO \cdot GeO_3$ (Bleigermanat, dotiert mit Europium)

Schlußwort

Der Autor hat den Wunsch, daß der Leser nach der Lektüre dieses Buches zu dem Schluß gelangt, daß die Symmetrie eines der allgemeinsten Instrumente zum Verständnis beliebiger Erscheinungen der Natur darstellt. Die Symmetrie gestattet es, auf verhältnismäßig einfachem Wege festzustellen, ob diese oder jene Erscheinung prinzipiell möglich ist oder nicht. Sie macht aber keine Aussage darüber, ob diese Erscheinung auch tatsächlich auftritt. Die Symmetrie liefert also *notwendige*, aber keine *hinreichenden* Bedingungen für das Auftreten bestimmter Erscheinungen. Andererseits ermöglicht die Symmetrie eindeutige Aussagen darüber, welche Erscheinungen nicht erlaubt sind: Was aus Symmetriegründen nicht zulässig ist, kann in der Realität nicht beobachtet werden.

Ein einfaches Beispiel zur Illustration des Gesagten: Piezoelektrische Eigenschaften können der Symmetrie nach in allen Kristallen auftreten, die kein Symmetriezentrum besitzen. Daraus folgt jedoch nicht, daß sie in jedem beliebigen derartigen Kristall auch unbedingt gefunden werden. Andererseits kann man mit Sicherheit feststellen, daß in zentrosymmetrischen Kristallen kein Piezoeffekt auftreten kann. Ein anderes Beispiel: Die „Überlagerung" der Symmetrie einer Lösung von Zucker (Symmetrie einer Kugel ohne Spiegelebenen, $\infty/\infty 2$) mit der Symmetrie eines axialen Vektors (z. B. des Vektors der Rotationsbewegung, Gruppe ∞/m) führt im Ergebnis auf die polare Gruppe ∞. Hieraus folgt, daß man (in Richtung der Polarität) „oben" und „unten" unterscheiden kann, wenn man eine solche Lösung rotieren läßt. Die Rotation einer Kochsalzlösung (Symmetriegruppe einer Kugel mit Spiegelebenen, $\infty/\infty mm$) erzeugt dagegen keine solche Polarität: „oben" und „unten" dieser Lösung sind nicht zu unterscheiden.

Die „Allgemeinheit" der Symmetrie hat jedoch auch ihre Kehrseite: Wenn man nur die Symmetrieeigenschaften einer Erscheinung kennt, kann man im allgemeinen nichts über die „Größe" des Effekts aussagen; man kann nicht erfahren, ob er „groß" oder „klein" ist, in welchen Fällen er „größer" und in welchen er „kleiner" sein wird. Hieraus folgt, daß die Symmetrie dort wertvolle Dienste leisten kann, wo es auf *qualitative* und nicht auf *quantitative* Aussagen über bestimmte Erscheinungen ankommt, dort also, wo sie zur Klassifikation und zur Systematisierung von Erscheinungen benutzt wird. In diesem Buch wurde die Symmetrie zur Systematisierung der Elementarteilchen und zur Klassifikation der Phasenübergänge in Kristallen benutzt.

Eine weitere wichtige Schlußfolgerung besteht darin, daß die Anzahl der „Grundregeln“ der Symmetrie begrenzt ist: Es sind deren vier, und welche Erscheinung in der Natur wir auch beobachten, sie folgt immer der Maßstabsregel, der Rechte-(Linke-) Hand-Regel, der Kreiselregel oder der Schraubenregel. Zwei dieser Regeln entsprechen geraden Erscheinungen (die Maßstabs- und die Schraubenregel), die beiden anderen ungeraden Erscheinungen, die die Verknüpfung ausschließlich vektorieller Größen beschreiben.

Die hauptsächliche Folgerung aus der Anwendung der Symmetrie auf die Erkenntnis der Natur besteht darin, daß alle Gesetze der Symmetrie (ihre „Regeln“) durch die Symmetrie der objektiven Wirklichkeit — des Raumes und der Zeit — bestimmt sind. Die Existenz eines eindeutigen „Vorzeicnens des Raumes“ — des Weltalls — und einer „antisymmetrischen“ Zeit führt dazu, daß in der Realität nur solche Erscheinungen möglich sind, die die Forderung nach Invarianz bei der *Inversion der Zeit*, der Operation des Inversionszentrums ($\mathsf{T} = \mathsf{C}$), genügen: Die linken und die rechten Seiten von Beziehungen, die reale Erscheinungen beschreiben, müssen sich bei dieser Operation so verhalten, daß, wenn eine der Seiten ihr Vorzeichen wechselt, auch die andere ihr Vorzeichen nicht beibehalten kann.

Darin besteht auch das Grundgesetz der Symmetrie, das aus der Symmetrie von Raum und Zeit folgt. Wir weisen noch einmal darauf hin, daß dieses Verständnis der Symmetrie der Erscheinungen auf der (im Buch eingeführten) Verallgemeinerung des Prinzips der Symmetrie der kinetischen Koeffizienten (ONSAGER-Prinzip) auf Erscheinungen beruht, die durch axiale Tensoren beschrieben werden. In letzter Konsequenz ist die bekannte Forderung an reale Vorgänge nach Invarianz bei der Zeitumkehr R ($t \to -t$) äquivalent der Forderung nach Invarianz bei der Inversion der Zeit T.

Anhang I

Die Symmetriegruppen endlicher dreidimensionaler Figuren[1])

I	II	III	IV	V	VI	VII	VIII
1	2	$\bar{2}$	$\bar{4}$	$1/m$	$2/m$	$1/2$	$2/2$
3	4	$\bar{6}$	$\bar{8}$	$3/m$	$4/m$	$3/2$	$4/2$
5	6	$\overline{10}$	$\overline{12}$	$5/m$	$6/m$	$5/2$	$6/2$
7	8	$\overline{14}$	$\overline{16}$	$7/m$	$8/m$	$7/2$	$8/2$
.	.	.	.	.	.	.	.
.	.	.	.	.	.	.	.
.	.	.	.	.	.	.	.
∞		$\overline{\infty}$ (∞/m)		∞/m		$\infty 2$	

IX	X	XI	XII	XIII	XIV
$1m$	$2mm$	$\bar{2}m$	$\bar{4}mm$	$1/mm$	$2/mmm$
$3m$	$4mm$	$\bar{6}m$	$\bar{8}mm$	$3/mm$	$4/mmm$
$5m$	$6mm$	$\overline{10}m$	$\overline{12}mm$	$5/mm$	$6/mmm$
$7m$	$8mm$	$\overline{14}m$	$\overline{16}mm$	$7/mm$	$8/mmm$
.	.	.	.	.	.
.	.	.	.	.	.
.	.	.	.	.	.
∞mm		$\overline{\infty}mm$ (∞/mmm)		∞/mmm	

XV	XVI	XVII	XVIII	XIX
23	$m\bar{3}$	432 532	$\bar{4}3m$	$m\bar{3}m$ $m5m$[2])
∞/∞	$\infty/\infty/m$ ($\infty/\infty/mmm$)	$\infty/\infty 2$ (∞/∞)	$\infty/\infty mm$ ($\infty/\infty/mmm$)	$\infty/\infty/mmm$

[1]) Gegenüber dem russ. Original korrigiert; vgl. auch Anhang X (d. Hrsg.).
[2]) Internationales Symbol: $m\bar{3}\bar{5}$ oder $\bar{5}\bar{3}m$ (d. Hrsg.).

Anhang II

Kristallsysteme und Syngonien [1])

Syngonie und Parameter der Elementarzelle	Kristall-system	Nr. d. Kristall-klasse	Bezeichnung der Kristallklasse [2])	Symmetrie-elemente [3])	Symbol nach	
					SCHOEN-FLIES	*International Tables for Crystallography*
triklin $a \neq b \neq c$; $\alpha \neq \beta \neq \gamma$	triklin	1	monoedrisch (triklin-pedial)	1	C_1	1
		2	pinakoidal (triklin-pinakoidal)	$\hat{2} \equiv C$	$C_1 = S_2$	$\bar{1}$
monoklin $a \neq b \neq c$; $\alpha = \gamma = 90°$; $\beta \neq 90°$	monoklin	3	diedrisch axial (monoklin-sphenoidisch)	2	C_2	2
		4	diedrisch nicht-axial (monoklin-domatisch)	m	$C_{1h} = C_s$	m
		5	prismatisch (monoklin-prismatisch)	2, m, C	C_{2h}	$2/m$
rhombisch $a \neq b \neq c$; $\alpha = \beta = \gamma = 90°$	rhombisch	6	rhombisch-tetraedrisch (rhombisch-disphenoidisch)	(3)2	$D_2 = V$	222

Anhang II (Fortsetzung)

Syngonie und Parameter der Elementarzelle	Kristall-system	Nr. d. Kristall-klasse	Bezeichnung der Kristallklasse [2])	Symmetrie-elemente [3])	Symbol nach SCHOENFLIES	Symbol nach *International Tables for Crystallography*
		7	rhombisch-pyramidal	2, (2)m	C_{2v}	$mm2$
		8	rhombisch-dipyramidal	(3)2, (3)m, C	$D_{2h} = V_h$	mmm
tetragonal $a = b \neq c$; $\alpha = \beta = \gamma = 90°$	tetragonal	9	tetragonal-pyramidal	4	C_4	4
		10	tetragonal-tetraedrisch (tetragonal-disphenoidisch)	$\hat{4}$	S_4	$\bar{4}$
		11	tetragonal-trapezoedrisch	4, (4)2	D_4	422
		12	ditetragonal-pyramidal	4, (4)m	C_{4v}	$4mm$
		13	tetragonal-dipyramidal	4, m, C	C_{4h}	$4/m$
		14	tetragonal-skalenoedrisch	$\hat{4}$, (2)2, (2)m	$D_{2d} = V_d$	$\bar{4}2m$
		15	ditetragonal-dipyramidal	4, 4(2), (5)m; C	D_{4h}	$4/mmm$
hexagonal $a = b \neq c$;	rhombo-edrisch	16	trigonal-pyramidal	3	C_3	3
		17	rhomboedrisch	$\hat{6}$, C	$C_{3i} = S_6$	$\bar{3}$

$\gamma = 120°$		18	trigonal-trapezoedrisch	3, (3)2	D_3	32
$\alpha = \beta = 90°$		19	ditrigonal-pyramidal	3, (3)m	C_{3v}	3m
		20	ditrigonal-skalenoedrisch	$\hat{6}$, (3)2, (3)m, C	D_{3d}	$\bar{3}m$
	hexagonal	21	hexagonal-pyramidal	6	C_6	6
		22	trigonal-dipyramidal	3, m	C_{3h}	$\bar{6}$
		23	hexagonal-trapezoedrisch	6, (6)2	D_6	622
		24	dihexagonal-pyramidal	6, (6)m	C_{6v}	6mm
		25	hexagonal-dipyramidal	6, m, C	C_{6h}	6/m
		26	ditrigonal-pyramidal	3, (3)2, (4)m	D_{3h}	$\bar{6}m2$
		27	dihexagonal-dipyramidal	6, (6)2, (7)m; C	D_{6h}	6/mmm
kubisch $a = b = c$; $\alpha = \beta = \gamma = 90°$	kubisch	28	tritetraedrisch (tetraedrisch-pentagondodekaedrisch)	(3)2, (4)3	T	23
		29	trioktaedrisch (pentagon-ikositetraedrisch)	(3)4, (4)3, (6)2	O	432
		30	hexatetraedrisch (hexakistetraedrisch)	(3)$\hat{4}$, (4)3, (6)m	T_d	$\bar{4}3m$
		31	didodekaedrisch	(3)2, (4)$\hat{6}$, (3)m, C	T_h	$m\bar{3}$
		32	hexaoktaedrisch (hexakisoktaedrisch)	(3)4, (4)$\hat{6}$, (6)2, (9)m, C	O_h	$m\bar{3}m$

[1]) Syngonie entspricht dem Begriff der Kristallfamilie (vgl. *International Tables for Crystallography* — d. Hrsg.).

[2]) In Klammern, sofern abweichend, die im Deutschen gebräuchliche Bezeichnung nach GROTH (hinzugefügt vom Hrsg. — vgl. *International Tables for Crystallography*).

[3]) $\hat{2}$, $\hat{4}$, $\hat{6}$ Drehspiegelachsen; C Symmetriezentrum; m Spiegelebene; in Klammern: Anzahl der betreffenden Symmetrieelemente (d. Hrsg.).

Anhang III

Kanonische Formen und volle Symmetrie der polaren Tensoren zweiter Stufe

Größe	kanonische Form des Tensors	Gruppe der vollen Symmetrie des Tensors	Lage der Achsen
Skalar	$\begin{matrix} a_{11} & 0 & 0 \\ 0 & a_{11} & 0 \\ 0 & 0 & a_{11} \end{matrix}$	$\infty/\infty/mmm$	beliebig
polarer Tensor	$\begin{matrix} a_{11} & 0 & 0 \\ 0 & a_{11} & 0 \\ 0 & 0 & a_{33} \end{matrix}$	∞/mmm	Die Drehachse ∞ entspricht der Z-Achse
	$\begin{matrix} a_{11} & 0 & 0 \\ 0 & a_{22} & 0 \\ 0 & 0 & a_{33} \end{matrix}$	mmm	Die zweizähligen Drehachsen entsprechen den Achsen X, Y und Z
	$\begin{matrix} a_{11} & 0 & 0 \\ 0 & -a_{11} & 0 \\ 0 & 0 & 0 \end{matrix}$	$\underline{4}/mm\underline{m}$	Die vierzählige Drehachse entspricht der Z-Achse, die zweizähligen Drehachsen den Achsen X und Y
axialer Vektor	$\begin{matrix} 0 & -a_{12} & 0 \\ a_{12} & 0 & 0 \\ 0 & 0 & 0 \end{matrix}$	$\infty/m\underline{m}\underline{m}$	Die Drehachse ∞ entspricht der Z-Achse
Kombination eines Skalars und eines	$\begin{matrix} a_{11} & -a_{12} & 0 \\ a_{12} & a_{11} & 0 \end{matrix}$	∞/m	Die Drehachse ∞ des axialen Vektors entspricht der Z-Achse

Kombination eines polaren Tensors und eines axialen Vektors	$\begin{array}{ccc} a_{11} & -a_{12} & 0 \\ a_{12} & a_{11} & 0 \\ 0 & 0 & a_{33} \end{array}$	∞/m	Die Drehachsen ∞ des polaren Tensors und des axialen Vektors entsprechen der Z-Achse
	$\begin{array}{ccc} a_{11} & -a_{12} & 0 \\ a_{12} & a_{22} & 0 \\ 0 & 0 & a_{22} \end{array}$	$2/m$	Die Drehachse ∞ des polaren Tensors entspricht der X-Achse, die des axialen Vektors der Z-Achse
	$\begin{array}{ccc} a_{11} & -a_{12} & 0 \\ a_{12} & a_{22} & 0 \\ 0 & 0 & a_{33} \end{array}$	$2/m$	Die zweizähligen Drehachsen des polaren Tensors entsprechen den Achsen X, Y und Z; die Drehachse ∞ des axialen Vektors entspricht der Z-Achse
	$\begin{array}{ccc} a_{11} & -a_{12} & 0 \\ a_{12} & -a_{11} & 0 \\ 0 & 0 & 0 \end{array}$	$m\underline{m}\underline{m}$	Die Antidrehachse $\underline{4}$ des polaren Tensors und die Drehachse ∞ des axialen Vektors entsprechen beide der Z-Achse
	$\begin{array}{ccc} a_{11} & -a_{12} & a_{13} \\ a_{12} & -a_{11} & -a_{13} \\ -a_{13} & a_{13} & 0 \end{array}$	$\underline{2}/\underline{m}$	Die vierzählige Drehachse des polaren Tensors entspricht der Z-Achse; die Achse des axialen Vektors liegt in einer der Antispiegelebenen des polaren Tensors, aber nicht in der Z-Achse
	$\begin{array}{ccc} a_{11} & -a_{12} & a_{13} \\ a_{12} & a_{11} & -a_{23} \\ -a_{13} & a_{23} & a_{33} \end{array}$	$\bar{1}$	Die Drehachse ∞ des polaren Tensors entspricht der Z-Achse, die des axialen Vektors fällt mit keiner der Achsen X, Y oder Z zusammen
	$\begin{array}{ccc} a_{11} & -a_{12} & a_{13} \\ a_{12} & a_{22} & -a_{23} \\ -a_{13} & a_{23} & a_{33} \end{array}$	$\bar{1}$	Die zweizähligen Drehachsen des polaren Tensors entsprechen den Achsen X, Y und Z; die Drehachse ∞ des axialen Vektors fällt mit keiner dieser Achsen zusammen

Anhang IV

Kanonische Formen und volle Symmetrie der axialen Tensoren zweiter Stufe

Größe	kanonische Form des Tensors	Gruppe der vollen Symmetrie des Tensors	Lage der Achsen
Pseudoskalar	$\begin{matrix} A_{11} & 0 & 0 \\ 0 & A_{11} & 0 \\ 0 & 0 & A_{11} \end{matrix}$	$\infty/\infty/\underline{m}\underline{m}\underline{m}$	beliebig
axialer Tensor	$\begin{matrix} A_{11} & 0 & 0 \\ 0 & A_{11} & 0 \\ 0 & 0 & A_{33} \end{matrix}$	$\infty/\underline{m}\underline{m}\underline{m}$	Die Drehachse ∞ entspricht der Z-Achse
	$\begin{matrix} A_{11} & 0 & 0 \\ 0 & A_{22} & 0 \\ 0 & 0 & A_{33} \end{matrix}$	$\underline{m}\underline{m}\underline{m}$	Die zweizähligen Drehachsen entsprechen den Achsen Y, X und Z
	$\begin{matrix} A_{11} & 0 & 0 \\ 0 & -A_{11} & 0 \\ 0 & 0 & 0 \end{matrix}$	$\underline{4}/\underline{m}\underline{m}\underline{m}$	Die Antidrehachse $\underline{4}$ entspricht der Z-Achse, die zweizähligen Drehachsen entsprechen den Achsen X und Y
polarer Vektor	$\begin{matrix} 0 & -A_{21} & 0 \\ A_{12} & 0 & 0 \\ 0 & 0 & 0 \end{matrix}$	$\infty/\underline{m}mm$	Die Drehachse ∞ entspricht der Z-Achse
Kombination eines Pseudoskalars und eines polaren Vektors	$\begin{matrix} A_{11} & -A_{12} & 0 \\ A_{12} & A_{11} & 0 \\ 0 & 0 & A \end{matrix}$ [illegible]	$\infty/\underline{m}$	Die Drehachse ∞ des polaren Vektors entspricht der Z-Achse

Kombination eines axialen Tensors und eines polaren Vektors	$\begin{matrix} A_{11} & -A_{12} & 0 \\ A_{12} & A_{11} & 0 \\ 0 & 0 & A_{33} \end{matrix}$	$\infty/\underline{m}$	Die Drehachsen ∞ des axialen Tensors und des polaren Vektors entsprechen der *Z*-Achse
	$\begin{matrix} A_{11} & 0 & 0 \\ 0 & A_{11} & -A_{23} \\ 0 & A_{23} & A_{33} \end{matrix}$	$2/\underline{m}$	Die Achse ∞ des axialen Tensors entspricht der *Z*-Achse; die des polaren Vektors der *X*-Achse
	$\begin{matrix} A_{11} & -A_{12} & 0 \\ A_{12} & A_{22} & 0 \\ 0 & 0 & A_{33} \end{matrix}$	$2/\underline{m}$	Die zweizähligen Drehachsen des axialen Tensors entsprechen den Achsen *X*, *Y* und *Z*; die Drehachse ∞ des polaren Vektors entspricht der *Z*-Achse
	$\begin{matrix} A_{11} & -A_{12} & 0 \\ A_{12} & -A_{11} & 0 \\ 0 & 0 & 0 \end{matrix}$	$\underline{m}mm$	Die Antidrehachse $\underline{4}$ des axialen Tensors und die Drehachse ∞ des polaren Vektors entsprechen der *Z*-Achse
	$\begin{matrix} A_{11} & -A_{12} & A_{13} \\ A_{12} & -A_{11} & -A_{13} \\ -A_{13} & A_{13} & 0 \end{matrix}$	$\underline{2}/m$	Die Antidrehachse $\underline{4}$ des axialen Tensors entspricht der *Z*-Achse; die Drehachse ∞ des polaren Vektors liegt in einer der Spiegelebenen des axialen Tensors
	$\begin{matrix} A_{11} & -A_{12} & A_{13} \\ A_{12} & A_{11} & -A_{23} \\ -A_{13} & A_{23} & A_{33} \end{matrix}$	$\underline{\bar{1}}$	Die Drehachse ∞ des axialen Tensors entspricht der *Z*-Achse, die des polaren Vektors liegt beliebig bezüglich der Achsen *X*, *Y* oder *Z*
	$\begin{matrix} A_{11} & -A_{12} & A_{13} \\ A_{12} & A_{22} & -A_{23} \\ -A_{13} & A_{23} & A_{33} \end{matrix}$	$\underline{\bar{1}}$	Die zweizähligen Drehachsen des axialen Tensors entsprechen den Achsen *X*, *Y* und *Z*; die Drehachse ∞ des polaren Vektors liegt beliebig bezüglich dieser Achsen

Anhang V

Die kristallographischen Gruppen der vollen Symmetrie

lfd. Nr.	Kristallsystem	Symbol der Gruppe	Operationen der vollen Symmetrie [1])
1	triklin	1	1
2		$\underline{\bar{1}}$	$1\underline{C}$
3		$\bar{1}$	$1\bar{C}$
4	monoklin	$\underline{2}$	$1\underline{2}$
5		2	12
6		$\underline{m}$	$1\underline{\mathrm{m}}$
7		m	$1\mathrm{m}$
8		$\underline{2}/\underline{m}$	$1\underline{2}\underline{\mathrm{m}}\mathrm{C}$
9		$2/\underline{m}$	$12\underline{\mathrm{m}\mathrm{C}}$
10		$\underline{2}/m$	$1\underline{2}\mathrm{m}\underline{\mathrm{C}}$
11		$2/m$	$12\mathrm{m}\mathrm{C}$
12	rhombisch	$2\underline{2}\underline{2}$	$12\underline{2}\underline{2}'$
13		222	$122'2''$
14		$\underline{m}\underline{m}2$	$12\underline{\mathrm{mm}}'$
15		$m\underline{m}\underline{2}$	$1\underline{2}\mathrm{m}\underline{\mathrm{m}}$
16		$mm2$	$12\mathrm{mm}'$
17		$m\underline{m}\underline{m}$	$12\underline{2}\underline{2}'\mathrm{m}\underline{\mathrm{mm}}'\mathrm{C}$
18		$\underline{m}\underline{m}\underline{m}$	$122'2''\underline{\mathrm{mm}}'\underline{\mathrm{m}}''\underline{\mathrm{C}}$
19		$\underline{m}mm$	$12\underline{2}\underline{2}'\mathrm{mm}'\underline{\mathrm{mC}}$
20		mmm	$122'2''\mathrm{mm}'\mathrm{m}''\mathrm{C}$

21	tetragonal	$\underline{4}$	$1\underline{4}2\underline{4}^{-1}$
22		4	1424^{-1}
23		$4\underline{2}\underline{2}$	$12\underline{4}\underline{4}^{-1}22\underline{2}\underline{2}$
24		$4\underline{2}\underline{2}$	$1244^{-1}2\underline{2}\underline{2}'\underline{2}'$
25		422	$1244^{-1}222'2'$
26		$\underline{4}/m$	$1\underline{4}2\underline{4}^{-1}m\bar{4}\bar{4}^{-1}C$
27		$4/\underline{m}$	$1424^{-1}\underline{m}\bar{4}\bar{4}^{-1}C$
28		$\underline{4}/\underline{m}$	$1\underline{4}2\underline{4}^{-1}\underline{m}\bar{4}\bar{4}^{-1}C$
29		$4/m$	$1424^{-1}m\bar{4}\bar{4}^{-1}C$
30		$\underline{4}mm$	$12\underline{4}\underline{4}^{-1}mm\underline{m}\underline{m}$
31		$4\underline{m}\underline{m}$	$1244^{-1}\underline{m}\underline{m}\underline{m}'\underline{m}'$
32		$4mm$	$1244^{-1}mmm'm'$
33		$\underline{4}/mm\underline{m}$	$1\underline{4}\underline{4}^{-1}\bar{4}\bar{4}^{-1}C22'2'\underline{2}\underline{2}mm'm'\underline{m}\underline{m}$
34		$4/\underline{m}\underline{m}\underline{m}$	$144^{-1}\underline{\bar{4}}\underline{\bar{4}}^{-1}C22'2'2''2''\underline{m}\underline{m}'\underline{m}'\underline{m}''\underline{m}''$
35		$4/m\underline{m}\underline{m}$	$144^{-1}\bar{4}\bar{4}^{-1}C2\underline{2}\underline{2}\underline{2}'\underline{2}'m\underline{m}\underline{m}\underline{m}'\underline{m}'$
36		$4/\underline{m}mm$	$144^{-1}\bar{4}\bar{4}^{-1}C2\underline{2}\underline{2}\underline{2}'\underline{2}'\underline{m}mmm'm'$
37		$\underline{4}/\underline{m}m\underline{m}$	$144^{-1}\bar{4}\bar{4}^{-1}C22'2'\underline{2}\underline{2}mm\underline{m}\underline{m}'\underline{m}'$
38		$4/mmm$	$144^{-1}\bar{4}\bar{4}^{-1}C22'2'2''2''mm'm'm''m''$
39		$\underline{\bar{4}}$	$1\bar{4}\bar{4}^{-1}2$
40		$\bar{4}$	$1\underline{\bar{4}}\underline{\bar{4}}^{-1}2$
41		$\bar{4}2\underline{m}$	$12\bar{4}\bar{4}^{-1}2\underline{2}\underline{m}\underline{m}$
42		$\underline{\bar{4}}\underline{2}m$	$12\underline{\bar{4}}\underline{\bar{4}}^{-1}\underline{2}\underline{2}mm$
43		$\underline{\bar{4}}2\underline{m}$	$12\underline{\bar{4}}\underline{\bar{4}}^{-1}2'2'\underline{m}\underline{m}$
44		$\bar{4}2m$	$12\bar{4}\bar{4}^{-1}2'2'mm$
45	rhomboedrisch	3	133^{-1}
46		$3\underline{2}$	$133^{-1}\underline{2}\underline{2}\underline{2}$
47		32	$133^{-1}222$
48		$3\underline{m}$	$133^{-1}\underline{m}\underline{m}\underline{m}$
49		$3m$	$133^{-1}mmm$

Anhang V (Fortsetzung)

lfd. Nr.	Kristallsystem	Symbol der Gruppe	Operationen der vollen Symmetrie [1])
50	rhomboedrisch	$\underline{\bar{3}}$	$133^{-1}C\underline{\bar{6}\bar{6}}^{-1}$
51		$\bar{3}$ (C_{3i})	$133^{-1}\bar{C}\bar{6}\bar{6}^{-1}$
52		$\bar{3}\underline{m}$	$133^{-1}\underline{mmm}222C\underline{\bar{6}\bar{6}}^{-1}$
53		$\underline{\bar{3}}m$	$133^{-1}mmm\underline{222}\underline{C}\bar{6}\bar{6}^{-1}$
54		$\bar{3}\underline{m}$	$133^{-1}\underline{mmm}\underline{222}\bar{C}\bar{6}\bar{6}^{-1}$
55		$\bar{3}m$	$133^{-1}mmm222\bar{C}\bar{6}\bar{6}^{-1}$
56	hexagonal	$\underline{\bar{6}}$	$133^{-1}\underline{m\bar{3}\bar{3}}^{-1}$
57		$\bar{6}$ (C_{3h})	$133^{-1}m\bar{3}\bar{3}^{-1}$
58		$\underline{\bar{6}}\underline{m}\underline{2}$	$133^{-1}\underline{222}\underline{m}\underline{\bar{3}\bar{3}}^{-1}\underline{m}'\underline{m}'\underline{m}'$
59		$\underline{\bar{6}}m2$	$133^{-1}222\underline{m\bar{3}\bar{3}}^{-1}mmm$
60		$\bar{6}\underline{m}\underline{2}$	$133^{-1}\underline{222}m\bar{3}\bar{3}^{-}/\underline{mmm}$
61		$\bar{6}m2$	$133^{-1}222m\bar{3}\bar{3}^{-1}mmm$
62		$\underline{6}$	$1\underline{66}^{-1}33^{-1}\underline{2}$
63		6	$166^{-1}33^{-1}2$
64		$6\underline{2}2$	$1\underline{66}^{-1}33^{-1}\underline{22}'\underline{2}'\underline{2}'222$
65		$6\underline{22}$	$166^{-1}33^{-1}2\underline{222}\underline{2}'\underline{2}'\underline{2}'$
66		622	$166^{-1}3^{-1}322''2'2''2''2''$
67		$\underline{6}/\underline{m}$	$1\underline{66}^{-1}\bar{3}\bar{3}^{-1}\underline{2}C\bar{3}\bar{3}^{-1}\underline{66}^{-1}\underline{m}$
68		$\underline{6}/m$	$1\underline{66}^{-1}33^{-1}\underline{2}C\bar{3}\bar{3}^{-1}\underline{66}^{-1}m$
69		$6/\underline{m}$	$166^{-1}33^{-1}2\bar{C}\underline{33}^{-1}\bar{6}\bar{6}^{-1}\underline{m}$
70		$6/m$	$166^{-1}33^{-1}2\bar{C}\bar{3}\bar{3}^{-1}\bar{6}\bar{6}^{-1}m$
71		$\underline{6}m\underline{m}$	$1\underline{66}^{-1}33^{-1}\underline{2}\underline{mmm}mmm$
72		$6\underline{mm}$	$166^{-1}33^{-1}33^{-1}2\underline{mmmm}'\underline{m}'\underline{m}'$

73		$6mm$	$166^{-1}33^{-1}2\mathrm{mmmm'm'm'}$
74		$\underline{6}/\underline{m}m\underline{m}$	$1\underline{6}\underline{6}^{-1}33^{-1}\underline{2}\underline{2}'\underline{2}'\underline{2}'222\mathrm{C}\underline{3}\underline{3}^{-1}\bar{6}\bar{6}^{-1}\underline{\mathrm{m}}\mathrm{mmm}\underline{\mathrm{m}}'\underline{\mathrm{m}}'\underline{\mathrm{m}}'$
75		$\underline{6}/mm\underline{m}$	$1\underline{6}\underline{6}^{-1}33^{-1}\underline{2}\underline{2}'\underline{2}'\underline{2}'222\mathrm{C}\bar{3}\bar{3}^{-1}\underline{\bar{6}}\underline{\bar{6}}^{-1}\mathrm{mm'm'm'}\underline{\mathrm{mmm}}$
76		$6/\underline{m}\underline{m}\underline{m}$	$166^{-1}33^{-1}22'2'2'2''2''2''\underline{\mathrm{C}}\bar{3}\bar{3}^{-1}\underline{\bar{6}}\underline{\bar{6}}^{-1}\underline{\mathrm{m}}\underline{\mathrm{m}}'\underline{\mathrm{m}}'\underline{\mathrm{m}}''\underline{\mathrm{m}}''\underline{\mathrm{m}}''$
77		$6/m\underline{m}\underline{m}$	$16^{-1}633^{-1}2\underline{2}\underline{2}\underline{2}\underline{2}'\underline{2}'\underline{2}'\mathrm{C}\bar{3}\bar{3}^{-1}\bar{6}\bar{6}^{-1}\mathrm{m}\underline{\mathrm{mmmm}}'\underline{\mathrm{m}}'\underline{\mathrm{m}}'$
78		$6/\underline{m}mm$	$166^{-1}33^{-1}2\underline{2}\underline{2}\underline{2}\underline{2}'\underline{2}'\underline{2}'\underline{\mathrm{C}}\bar{3}\bar{3}^{-1}\bar{6}\bar{6}^{-1}\underline{\mathrm{m}}\mathrm{mmmm'm'm'}$
79		$6/mmm$	$166^{-1}33^{-1}22'2'2'2''2''2''\mathrm{C}\bar{3}\bar{3}^{-1}\bar{6}\bar{6}^{-1}\mathrm{mm'm'm'm''m''m''}$
80	kubisch	23	1, (4) 3, (4) 3^{-1}, (3) 2
81		$\underline{\bar{4}}3\underline{m}$	1, (4) 3, (4) 3^{-1}, (3) 2, (6) $\underline{\mathrm{m}}$, (3) $\underline{\bar{4}}$, (3) $\underline{\bar{4}}^{-1}$
82		$\bar{4}3m$	1, (4) 3, (4) 3^{-1}, (3) 2, (6) m, (3) $\bar{4}$, (3) $\bar{4}^{-1}$
83		$\underline{m}3$	1, (4) 3, (4) 3^{-1}, (3) 2, $\underline{\mathrm{C}}$, (4) $\underline{\bar{6}}$, (4) $\underline{\bar{6}}^{-1}$, (3) $\underline{\mathrm{m}}$
84		$m\bar{3}$ [2]	1, (4) 3, (4) 3^{-1}, (3) 2, C, (4) $\bar{6}$, (4) $\bar{6}^{-1}$, (3) m
85		$\underline{4}3\underline{2}$	1, (4) 3, (4) 3^{-1}, (3) 2, (6) $\underline{2}$, (3) $\underline{4}$, (3) $\underline{4}^{-1}$
86		432	1, (4) 3, (4) 3^{-1}, (3) 2, (6) 2′, (3) 4, (3) 4^{-1}
87		$\underline{m}3m$	1, (4) 3, (4) 3^{-1}, (3) 2, (6) $\underline{2}$, (3) $\underline{4}$, (3) $\underline{4}^{-1}$,
			$\underline{\mathrm{C}}$, (4) $\underline{6}$, (4) $\bar{6}^{-1}$, (3) $\underline{\mathrm{m}}$, (6) m, (3) $\bar{4}$, (3) $\bar{4}^{-1}$
88		$m\bar{3}\underline{m}$ [2]	$\bar{1}$, (4) 3, (4) 3^{-1}, (3) $\bar{2}$, (6) $\underline{2}$, (3) $\underline{4}$, (3) $\underline{4}^{-1}$,
			C, (4) 6 (4) 6^{-1}, (3) m, (6) $\underline{\mathrm{m}}$,(3) $\underline{\bar{4}}$, (3) $\underline{\bar{4}}^{-1}$
89		$\underline{m}3\underline{m}$	1, (4) 3, (4) 3^{-1}, (3) 2, (6) 2′, (3) 4, (3) 4^{-1},
			$\underline{\mathrm{C}}$, (4) $\underline{\bar{6}}$, (4) $\underline{\bar{6}}^{-1}$, (3) $\underline{\mathrm{m}}$, (6) $\underline{\mathrm{m}}'$, (3) $\underline{\bar{4}}$, (3) $\underline{\bar{4}}^{-1}$
90		$m\bar{3}m$ [2]	$\bar{1}$, (4) 3, (4) 3^{-1}, (3) 2, (6) 2′, (3) 4, (3) 4^{-1},
			C, (4) $\bar{6}$, (4) $\bar{6}^{-1}$, (3) m, (6) m, (3) $\bar{4}$, (3) $\bar{4}^{-1}$

[1]) Zur Unterscheidung gleicher Operationen, die zu verschiedenen Klassen konjugierter Elemente gehören, werden ein bzw. zwei Striche verwendet (z. B. 2, 2′; $\underline{\mathrm{m}}$, $\underline{\mathrm{m}}'$, $\underline{\mathrm{m}}''$ usw.) (d. Hrsg.).

[2]) Symbol gegenüber dem russ. Original verändert (d. Hrsg.)

Anhang VI

Die Stabilität einiger Elementarteilchen als Folge der Symmetrie von Raum und Zeit

Es ist möglich und vernünftig, die Ursache für die Stabilität solcher Elementarteilchen, wie des Elektrons, des Protons u. a., zu suchen, indem man von den Erkenntnissen über die Symmetrie unseres Weltgebäudes ausgeht. Der Grundgedanke dabei ist die Feststellung, daß offenbar nur die Elementarteilchen stabil sein können, die mit der Symmetrie des Raumes und der Zeit in unserer Realität in Übereinstimmung stehen.

Wenn man von reinen Symmetrieüberlegungen ausgeht, kann man zur Lösung dieser Aufgabe die geometrischen Figuren benutzen, die die Symmetrie von Raum und Zeit widerspiegeln (s. Abb. 24), und die Figuren, die der Symmetrie der Elementarteilchen entsprechen (s. Abbn. 37–43). Ferner wird die grundlegende Aussage benötigt, daß alle realen physikalischen Erscheinungen der Operation der Zeitumkehr R ($t \rightarrow -t$) bzw. (was letztlich das gleiche bedeutet) der Operation der Inversion der Zeit T ($\bar{1} = $ C) gehorchen müssen, wobei C die Operation der räumlichen Inversion darstellt.

In unserer Realität kann dem Raum die Symmetrie eines Skalars und eines axialen Vektors zugeschrieben werden und der Zeit die eines Pseudoskalars und eines polaren Vektors. In Abb. 35 sind solche einfachsten (nur „aus Raum" bzw. nur „aus Zeit" bestehenden) „Teilchen" dargestellt, die die Operation T befriedigen: Die Operation $\bar{1} = $ C ändert die Vorzeichen des Skalars und des axialen Vektors nicht und führt dazu, daß die beiden Richtungen des polaren Vektors und die beiden „Vorzeichen" der Enantimorphie des Pseudoskalars gleichberechtigt sind.

Die Bedingung, daß alle realen Erscheinungen der Operation T gehorchen müssen (s. Abb. 23a), schränkt die Betrachtung auf die geometrischen Figuren ein, die in Abb. 35a (Abb. 35b ist auszuschließen, da unser Raum nur ein Vorzeichen besitzt!), in Abb. 35c, d, in Abb. 35e (beide Orientierungen des polaren Vektors „nach oben" und „nach unten") und schließlich in Abb. 35f (eine Orientierung des axialen Vektors) dargestellt sind. Es ist daher offensichtlich, daß das skalare und axialvektorielle Teilchen „eines Vorzeichens" (das Photon, s. Abb. 37) stabil ist. Stabile

Teilchen sind anscheinend besonders bei denjenigen Kombinationen zu erwarten, die sowohl den „Raum“ als auch die „Zeit“ enthalten.

Aus der Vielzahl der in Abb. 41 dargestellten Teilchen müssen also nur die untersucht werden, die zwei-, drei- oder vierfache Kombinationen der eben besprochenen Formen sind. Dabei ist es offensichtlich müßig, über Paare aus den in Abb. 35c und 35d dargestellten Formen zu diskutieren. Das gilt auch für Paare, die entgegengesetzte Orientierungen des polaren Vektors darstellen (s. Abb. 35e). Hieraus folgt insbesondere, daß es in unserer Realität keine „Zeitquanten“ geben kann, da die Wirklichkeit der Forderung der Zeitinversion T gehorcht; die Zeit ist stetig. Zweifache vektorielle Kombinationen (ein polarer und ein axialer Vektor) führen zur Bildung der stabilen Neutrinos ν_1 und $\bar{\nu}_2$ (s. Abb. 37).

Bei der Untersuchung der paarweisen Kombinationen aus dem „Raum“ und der „Zeit“ (ihrer angeregten Zustände) muß auf die Kombinationen hingewiesen werden, die das Elektron und das Proton darstellen. Diese Teilchen sind bezüglich ihres pseudoskalaren Teils entgegengesetzt, und man könnte deshalb ihre gegenseitige Annihilation erwarten. Diese Annihilation wird nur durch einige Besonderheiten der Symmetrie und der Stabilität des Protons verhindert. Die Paare der π-Mesonen (s. Abb. 38) stellen Kombinationen dar, die zu ihrer „Entartung“, zu ihrem Zerfall in rein skalare Teilchen führen. Diese Entartung entspricht der Bose-Einstein-Kondensation von Teilchen mit ganzzahligem Spin (insbesondere mit dem Spin null). Paare von Teilchen, die in jedem ihrer Bestandteile entgegengesetzte pseudoskalare, aber identische skalare Vorzeichen besitzen (s. Abb. 46a, d), können auf sehr komplizierte Art und Weise zerfallen.

Man kann zeigen, daß von den zwei möglichen Zuständen des Protons (s. Abb. 39; der andere Zustand besitzt das entgegengesetzte Vorzeichen der Pseudoskalar-Komponente) nur einer stabil sein kann. Wie bereits in Kap. 5 dargelegt wurde, bestimmt die „vektorielle“ Komponente, ob eine Ladung vorhanden sein kann oder nicht, während das Vorzeichen der Ladung durch die „skalare“ Komponente bestimmt wird. Damit die Teilchen des betrachteten Paares stabil sein können (sie müssen dazu das gleiche Vorzeichen der elektrischen Ladung für beide „skalare“ Komponente haben), darf man nur einen der pseudoskalaren Bestandteile nehmen, und zwar den, der mit dem Vorzeichen des Skalars übereinstimmt. Wenn man die Vorzeichen des Skalars in Abb. 35a und des Pseudoskalars in Abb. 35c als positiv annimmt, wird nur die Kombination stabil sein, die in Abb. 39 als p bezeichnet ist. Man kann weiter zeigen, daß die dreifachen Kombinationen von Anregungen vom Typ der geladenen K-Mesonen (Abb. 38) nicht stabil sind. Diese Feststellung gilt auch für die dreifachen Kombinationen, die die Teilchen Λ_2, Λ_4, Σ_2^0, Σ_4^0 (Abb. 40) darstellen. Berücksichtigt man die vor kurzem entdeckten τ-Leptonen, kann man die Teilchen Λ_1 und Σ_1^0 (Abb. 40) offenbar als τ-Lepton mit einer Ruhemasse von 1,780 GeV behandeln. Dieses Teilchen kann stabil sein, da es eine Kombination zweier stabiler Teilchen – G (s. u.) und Neutrino – darstellt.

Einige Beispiele für Teilchen, die Kombinationen aus vier Anregungen darstellen, sind in Abb. 36 dargestellt (11 und 12). Stabile Vierfach-Kombinationen sollten in der skalaren Komponente positiv und in der pseudoskalaren Komponente negativ sein. Hierzu gehören das Neutron $\bar{n}$ (Abb. 39) und ein Teilchen, das sich von $\bar{n}$ im Vorzeichen des Pseudoskalars unterscheidet und das $\bar{\nu}_1$ an Stelle von ν_2 „enthält" (s. Abb. 37).

Von Seiten der Symmetrie her können also insbesondere solche gut bekannten Teilchen, wie das Photon, das Elektron- und das Myonneutrino (ν_1 und ν_2), das Elektron e^-, das Proton p und die Neutronen n_1 und n_2 als stabil bezeichnet werden. Die Stabilität des Elektrons (und des Positrons) folgt dabei daraus, daß die „Konfiguration" (die Symmetrie also) des Protons eindeutig bestimmt ist: Bei der Bildung von Atomen werden alle energetischen Zustände durch Elektronen besetzt, wodurch das Positron bei der Entfernung eines Elektrons aus dem „Elektronensee" als Antiteilchen des Elektrons („Loch") entsteht. Besäße die pseudoskalare Komponente des Protons das entgegengesetzte Vorzeichen, so wären alle energetischen Zustände durch die Konfiguration des „Positrons" besetzt und das Elektron wäre dessen Antiteilchen. Dabei würde sich auch die Konfiguration des Neutrons entsprechend ändern. Eine Entscheidung darüber, welche der gezeigten möglichen Konfigurationen des „Elektrons", des „Protons" und des „Neutrons" nun wirklich unserer Realität entsprechen, kann man durch Experimente herbeiführen, bei denen die Parität des Raumes gestört wird (s. Abb. 44).

Als neues stabiles Teilchen tritt in dieser Betrachtung das G-Teilchen auf, das man als Elementarteilchen des expandierenden Raumes betrachten kann. Diesem Teilchen muß offensichtlich die Eigenschaft zugeschrieben werden, die Gravitation (Massenanziehung) zu erzeugen. In der Systematik der Elementarteilchen wird es als neutrales skalares π°-Meson bezeichnet.

Aufgrund der elektrostatischen Anziehung ihrer beiden entgegengesetzt geladenen Bestandteile („Elektron“ und π-Meson) könnte man erwarten, daß die Neutronen n_1 und n_2 stabil sind. Das π-Meson ist jedoch selbst nicht stabil, woraus die verhältnismäßig schwache Stabilität der Neutronen resultiert.

Zum Abschluß soll noch erwähnt werden, daß ungeachtet des qualitativen Charakters dieser Betrachtungen auf der Grundlage der Symmetrie von Raum und Zeit die Stabilität der bekannten Elementarteilchen richtig wiedergegeben wird. Dieser Zugang kann offenbar auch bei der Diskussion des bekannten Problems der Stabilität des Protons von Nutzen sein.

Anhang VIIa

Symmetrieänderung beim Entstehen einer spontanen elektrischen Polarisation in tetragonalen, rhombischen, monoklinen und triklinen Kristallen [2])

Symmetrie der paraelektrischen Phase	Richtung der spontanen Polarisation [1])						
	[001]	[100]	[110]	[$hk0$]	[$h0l$]	[hhl]	[hkl]
$4/mmm$	$4mm$ (2)	$mm2$ (4)	$mm2$ (4)	m (8)	m (8)	m (8)	1 (16)
$4/m$	4 (2)	m (4)	m (4)	m (4)	1 (8)	1 (8)	1 (8)
422	4 (2)	2 (4)	2 (4)	1 (8)	1 (8)	1 (8)	
$\bar{4}2m$	$mm2$ (2)	2 (4)	m (4)	1 (8)	1 (8)		
$\bar{4}$	2 (2)	1 (4)	1 (4)	1 (4)			
	[001]	[010]	[100]	[$hk0$]	[$h0l$]	[$0kl$]	[hkl]
mmm	$mm2$ (2)	$mm2$ (2)	$mm2$ (2)	m (4)	m (4)	m (4)	1 (8)
222	2 (2)	2 (2)	2 (2)	1 (4)	1 (4)	1 (4)	
$2/m$	2 (2)	m (2)	m (2)	m (2)	1 (4)	1 (4)	1 (4)
$\bar{1}$	1 (2)	1 (2)	1 (2)	1 (2)	1 (2)	1 (2)	1 (2)

[1]) Siehe Fußnote Seite 195.
[2]) Siehe Fußnote Seite 195.

Anhang VIIb

Symmetrieänderung beim Entstehen einer spontanen elektrischen Polarisation in hexagonalen und rhomboedrischen Kristallen [2])

Symmetrie der paraelektrischen Phase	Richtung der spontanen Polarisation [1])						
	[0001]	$[10\bar{1}0]$	$[11\bar{2}0]$	$[hki0]$	$[hh\overline{2h}l]$	$[h0\bar{h}l]$	$[hkil]$
6/*mmm*	6*mm* (2)	*mm*2 (6)	*mm*2 (6)	*m* (12)	*m* (12)	*m* (12)	1 2(4)
6/*m*	6 (2)	*m* (6)	*m* (6)	*m* (6)	1 (12)	1 (12)	1 (12)
622	6 (2)	2 (6)	2 (6)	1 (12)	1 (12)	1 (12)	
$\bar{6}m2$	3*m* (2)		*m* (6)			2 (6)	
$\bar{6}$	3 (2)						
$\bar{3}m$	3*m* (2)	2 (6)	*m* (6)	1 (12)	1 (12)	*m* (6)	1 (12)
$\bar{3}$	3 (2)	1 (6)	1 (6)	1 (6)	1 (6)	1 (6)	1 (6)
32	3 (2)		1 (6)			1 (6)	

[1]) In Klammern: Anzahl äquivalenter Richtungen (Index der Untergruppe bzw. Anzahl der Domänen — d. Hrsg.)

[2]) Bez. kubischer Kristalle s. Tab. 5, S. 119 (d. Hrsg.).

Anhang VIII

Charaktere und geometrische Basen der kristallographischen Punktgruppen [1])

$C_1 = 1$

Skalar	Pseudoskalar	polarer Vektor	axialer Vektor	polarer Tensor	axialer Tensor	Darstellungen	Symmetrieoperationen
1	2	3	4	5	6	7	8
							1
 a	 A	 $\pm A_{xy}, \pm A_{xz}, \pm A_{yz}$	 $\pm a_{xy}, \pm a_{xz}, \pm a_{yz}$	 $a_{xx}, a_{yy}, a_{zz}, a_{xy}, a_{xz}, a_{yz}$	 $A_{xx}, A_{yy}, A_{zz}, A_{xy}, A_{xz}, A_{yz}$	A	1

$C_i = \bar{1}$

1	2	3	4	5	6	7	8	
							1	c
 a			 $\pm a_{xy}, \pm a_{xz}, \pm a_{yz}$	 $a_{xx}, a_{yy}, a_{zz}, a_{xy}, a_{xz}, a_{yz}$		A_g	1	1
	 A	 $\pm A_{xy}, \pm A_{xz}, \pm A_{yz}$			 $A_{xx}, A_{yy}, A_{zz}, A_{xy}, A_{xz}, A_{yz}$	A_u	1	−1

$S_1 = C_s = m,\ Z \| m$

1	2	3	4	5	6	7	8	
							1	m
 a		 $\pm A_{xz}, \pm A_{yz}$	 $\pm a_{xy}$	 $a_{xx}, a_{yy}, a_{zz}, a_{xy}$	 $A_{xz}, A_{zx} = A_{xz}, A_{yz}, A_{zy} = A_{yz}$	A'	1	1
	A	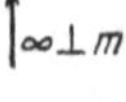 $\pm A_{xy}$	 $\pm a_{xz}, \pm a_{yz}$	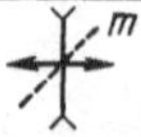 $a_{xz}, a_{zx} = a_{xz}, a_{yz}, a_{zy} = a_{yz}$	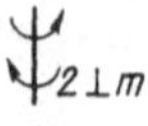 $A_{xx}, A_{yy}, A_{zz}, A_{xy}$	A''	1	−1

$C_2 = 2,\ Z \parallel 2$

Skalar	Pseudoskalar	polarer Vektor	axialer Vektor	polarer Tensor	axialer Tensor	Darstellungen	Symmetrieoperationen 1	2
1	2	3	4	5	6	7	8	
a	A	$\infty \parallel 2$ $\pm A_{xy}$	$\infty \parallel 2$ $\pm a_{xy}$	$2 \parallel 2$ $a_{xx}, a_{yy}, a_{zz}, a_{xy}$	$2 \parallel 2$ $A_{xx}, A_{yy}, A_{zz}, A_{xy}$	A	1	1
		$\infty \perp 2$ $\pm A_{xz}, \pm A_{yz}$	$\infty \perp 2$ $\pm a_{xz}, \pm a_{yz}$	$2 \parallel z$ $a_{yz}, a_{zy} = a_{yz}$ $a_{xz}, a_{zx} = a_{xz}$	$2 \parallel z$ $A_{yz}, A_{zy} = A_{yz}$ $A_{xz}, A_{zx} = A_{xz}$	B	1	−1

$D_2 = 222,\ X \parallel 2'',\ Y \parallel 2',\ Z \parallel 2$

1	2	3	4	5	6	7	8: 1	2	2′	2″
a	A			$2 \parallel 2$ $2 \parallel 2'$ $2 \parallel 2''$ a_{xx}, a_{yy}, a_{zz}	$2 \parallel 2$ $2 \parallel 2'$ $2 \parallel 2''$ A_{xx}, A_{yy}, A_{zz}	A	1	1	1	1
		$\infty \parallel z$ $\pm A_{xy}$	$\infty \parallel z$ $\pm a_{xy}$	$2''$, $2'$ $a_{xy}, a_{yx} = a_{xy}$	$2''$, $2'$ $A_{xy}, A_{yx} = A_{xy}$	B_1	1	1	−1	−1
		$\infty \parallel y$ $\pm A_{xz}$	$\infty \parallel y$ $\pm a_{xz}$	$2''$, 2 $a_{xz}, a_{zx} = a_{xz}$	$2''$, 2 $A_{xz}, A_{zx} = A_{xz}$	B_2	1	−1	1	−1
		$\infty \parallel x$ $\pm A_{yz}$	$\infty \parallel x$ $\pm a_{yz}$	2, $2'$ $a_{yz}, a_{zy} = a_{yz}$	2, $2'$ $A_{yz}, A_{zy} = A_{yz}$	B_3	1	−1	−1	1

$C_{2v}=mm2,\ Z\|2$

1	2	3	4	5	6	7	8: 1	8: 2	8: $m_{\perp x}$	8: $m_{\perp y}$
a		$\infty\|2$ $\pm A_{xy}$		$2\|2$, $2\|m$, $2\|m$ a_{xx}, a_{yy}, a_{zz}	y, x $A_{xy}, A_{yx}=A_{xy}$	A_1	1	1	1	1
	A		$\infty\|2$ $\pm a_{xy}$	y, x $a_{xy}, a_{yx}=a_{xy}$	$2\|2$, $2\|m$, $2\|m$ $A_{xx}, A_{yy}=A_{zz}$	A_2	1	1	-1	-1
		$\infty\|y$ $\pm A_{xz}$	$\infty\|x$ $\pm a_{yz}$	$\perp x$, 2 $a_{xz}, a_{zx}=a_{xz}$	$\perp y$, 2 $A_{yz}, A_{zy}=A_{yz}$	B_1	1	-1	1	-1
		$\infty\|x$ $\pm A_{yz}$	$\infty\|y$ $\pm a_{xz}$	$\perp y$, 2 $a_{yz}, a_{zy}=a_{yz}$	$\perp x$, 2 $A_{xz}, A_{zx}=A_{xz}$	B_2	1	-1	-1	1

$C_4=4,\ Z\|4$

1	2	3	4	5	6	7	8: 1	8: 4	8: 2	8: 4^{-1}
a	A	$\infty\|4$ $\pm A_{xy}$	$\infty\|4$ $\pm a_{xy}$	$\infty\|4$ a_{xx}, a_{xx}, a_{zz}	$\infty\|4$ A_{xx}, A_{yy}, A_{zz}	A	1	1	1	1
				$\perp z$ $a_{xx}, -a_{xx}, a_{xy}$	$\perp z$ $A_{xx}, -A_{xx}, A_{xy}$	B	1	-1	1	1
		$\infty\perp 4$ $\pm A_{xz}$	$\infty\perp 4$ $\pm a_{xz}$	x, z $a_{xz}, a_{zx}=a_{xz}$	z, $\perp y$ $A_{xz}, A_{zx}=A_{xz}$	E	1	i	-1	-i
		$\infty\perp 4$ $\pm A_{yz}$	$\infty\perp 4$ $\pm a_{yz}$	y, z $a_{yz}, a_{zy}=a_{yz}$	z, $\perp x$ $A_{yz}, A_{zy}=A_{yz}$	E	1	-i	-1	i

$S_4 = \bar{4},\ Z \parallel \bar{4}$

1	2	3	4	5	6	7	8			
							1	4	2	$\bar{4}^{1}$
a			$\infty \parallel \bar{4}$ $\pm a_{xy}$	$\infty \parallel \bar{4}$ a_{xx}, a_{xx}, a_{zz}	$\perp \bar{4}$ $A_{xx}, -A_{xx}, A_{xy}$	A	1	1	1	1
	A	$\infty \parallel \bar{4}$ $\pm A_{xy}$		$\perp \bar{4}$ $a_{xx}, -a_{xx}, a_{xy}$	$\infty \parallel \bar{4}$ A_{xx}, A_{xx}, A_{zz}	B	1	−1	1	−1
		$\infty \perp \bar{4}$ $\pm A_{xz}$	$\infty \perp \bar{4}$ $\pm a_{xz}$	z $\perp y$ $a_{xz}, a_{zx} = a_{xz}$	z $\perp y$ $A_{xz}, A_{zx} = A_{xz}$	E	1	i	−1	$-i$
		$\infty \perp \bar{4}$ $\pm A_{yz}$	$\infty \perp \bar{4}$ $\pm a_{yz}$	z $\perp x$ $a_{yz}, a_{zy} = a_{yz}$	z $\perp x$ $A_{yz}, A_{zy} = A_{yz}$	E	1	$-i$	−1	i

$D_4 = 422,\ Z \parallel 4$

1	2	3	4	5	6	7	8				
							1	$4, 4^{-1}$	2	$2x, 2y$	$2xy, 2\bar{x}y$
a	A			$\infty \parallel 4$ a_{xx}, a_{xx}, a_{zz}	$\infty \parallel 4$ A_{xx}, A_{xx}, A_{zz}	A_1	1	1	1	1	1
		$\infty \parallel 4$ $\pm A_{xy}$	$\infty \parallel 4$ $\pm a_{xy}$			A_2	1	1	1	−1	−1
				y x $a_{xx}, -a_{xx}$	y x $A_{xx}, -A_{xx}$	B_1	1	−1	1	1	−1
				y x $a_{xy}, a_{yx} = a_{xy}$	y x $A_{xy}, A_{yx} = A_{xy}$	B_2	1	−1	1	−1	1
		$\pm A_{xz}$ $\pm A_{yz}$	$\pm a_{xz}$ $\pm a_{yz}$	z $\perp y$ $a_{xz}, a_{zx} = a_{xz}$ z $\perp x$ $a_{yz}, a_{zy} = a_{yz}$	z $\perp y$ $A_{xz}, A_{zx} = A_{xz}$ z $\perp x$ $A_{yz}, A_{zy} = A_{yz}$	E	2	0	−2	0	0

$C_{4v} = 4mm,\ z \parallel 4$

1	2	3	4	5	6	7	8: 1	8: $4, 4^{-1}$	8: 2	8: m_x, m_y	8: $m_{xy}, m_{x\bar{y}}$
● a		$\infty \parallel 4$ $\pm A_{xy}$		$\infty \parallel 4$ a_{xx}, a_{xx}, a_{zz}		A_1	1	1	1	1	1
	◎ A		$\infty \parallel 4$ $\pm a_{xy}$		$\infty \parallel 4$ A_{xx}, A_{xx}, A_{zz}	A_2	1	1	1	−1	−1
				y, x $a_{xx}, -a_{xx}$	y, x $A_{xy}, A_{yx} = A_{xy}$	B_1	1	−1	1	1	−1
				y, x $a_{xy}, a_{yx} = a_{xy}$	y, x $A_{xx}, -A_{xx}$	B_2	1	−1	1	−1	1
		$\pm A_{xz}$ $\pm A_{yz}$	$\pm a_{xz}$ $\pm a_{yz}$	z, $\perp y; \perp x$ $a_{xz}, a_{zx} = a_{xz}$ $a_{yz}, a_{zy} = a_{yz}$	z, $\perp y; \perp x$ $A_{xz}, A_{zx} = A_{xz}$ $A_{yz}, A_{zy} = A_{yz}$	E	2	0	−2	0	0

$C_{4h} = 4/m,\ z \parallel 4$

1	2	3	4	5	6	7	8: 1	8: $\hat{4}, \hat{4}^{-1}$	8: 2	8: C	8: $4, 4^{-1}$	8: m
● a			$\infty \parallel 4$ $\pm a_{xy}$	$\infty \parallel 4$ a_{xx}, a_{xx}, a_{zz}		A_g	1	1	1	1	1	1
				$\perp z$ $a_{xx}, -a_{xx}, a_{xy}$		B_g	1	−1	1	1	−1	1
			$\pm a_{xz}$ $\pm a_{yz}$	z, $\perp y; \perp x$ $a_{xz}, a_{zx} = a_{xz}$ $a_{yz}, a_{zy} = a_{yz}$		E_g	2	0	−2	2	0	−2
	◎	$\infty \parallel 4$ $\pm A_{xy}$			$\infty \parallel 4$ A_{xx}, A_{xx}, A_{zz}	A_u	1	1	1	−1	−1	−1
					$\perp z$ $A_{xx}, -A_{xx}, A_{xy}$	B_u	1	−1	1	−1	1	−1
		$\pm A_{xz}$ $\pm A_{yz}$			z, $\perp y; \perp x$ $A_{xz}, A_{zx} = A_{xz}$ $A_{yz}, A_{zy} = A_{yz}$	E_u	2	0	−2	−2	0	2

$D_{4h} = 4/mmm,\ Z \parallel 4,\ X, Y \parallel 2', 2''$

1	2	3	4	5	6	7	8									
							1	$4, 4^{-1}$	2	$2', 2'$	$2'', 2''$	C	$\bar{4}, \bar{4}^{-1}$	$m_{\perp z}$	$m_{\perp x}, m_{\perp y}$	m_{xy}, m_{xy}
				$\infty \parallel 4$ a_{xx}, a_{xx}, a_{zz}		A_{1g}	1	1	1	1	1	1	1	1	1	1
			$\infty \parallel 4$ $\pm a_{xy}$			A_{2g}	1	1	1	−1	−1	1	1	1	−1	−1
				y x $a_{xx}, -a_{xx}$		B_{1g}	1	−1	1	1	−1	1	−1	1	1	−1
				y x $a_{xy}, a_{yx} = c_{xy}$		B_{2g}	1	−1	1	−1	1	1	−1	1	−1	1
			$\pm a_{xz}$ $\pm a_{yz}$	$\perp y; \perp x$ $a_{xz}, a_{zx} = a_{xz}$ $a_{yz}, a_{zy} = a_{yz}$		E_g	2	0	−2	0	0	2	0	−2	0	0
	A				$\infty \parallel 4$ A_{xx}, A_{xx}, A_{zz}	A_{1u}	1	1	1	1	1	−1	−1	−1	−1	−1
		$\infty \parallel 4$ $\pm A_{xy}$				A_{2u}	1	1	1	−1	−1	−1	−1	−1	1	1
					y x $A_{xx}, -A_{xx}$	B_{1u}	1	−1	1	1	−1	−1	1	−1	−1	1
					y x $A_{xy}, A_{yx} = A_{xy}$	B_{2u}	1	−1	1	−1	1	−1	1	−1	1	−1
		$\pm A_{xz}$ $\pm A_{yz}$			$\perp y; \perp x$ $A_{xz}, A_{zx} = A_{xz}$ $A_{yz}, A_{zy} = A_{yz}$	E_u	2	0	−2	0	0	−2	0	2	0	0

$C_3 = 3,\ Z \parallel 3$

1	2	3	4	5	6	7	8: 1	3	3^{-1}
a	A	∞∥z $\pm A_{xy}$	∞∥z $\pm a_{xy}$	∞∥z a_{xx}, a_{xx}, a_{zz}	∞∥z A_{xx}, A_{xx}, A_{zz}	A	1	1	1
		$\pm A_{yz}$ $\pm A_{xz}$ $\perp z$ 120°	$\pm a_{yz}$ $\pm a_{xz}$ $\perp z$ 120°	$\perp x,\ \perp y$ $a_{yz}, a_{zy}=a_{yz}$ $a_{xz}, a_{zx}=a_{xz}$	$\perp x,\ \perp y$ $A_{yz}, A_{zy}=A_{yz}$ $A_{xz}, A_{zx}=A_{xz}$	E	1	ε	ε^*
		$\pm A_{yz}$ $\pm A_{xz}$	$\pm a_{yz}$ $\pm a_{xz}$	$\perp z$ $a_{xx}, -a_{xx}, a_{xy}$	$\perp z$ $A_{xx}, -A_{xx}, A_{xy}$	E	1	ε^*	ε
							$\varepsilon = \exp(2\pi i/3)$		

$S_6(C_{3i}) = \bar{3},\ Z \parallel \hat{6}$

1	2	3	4	5	6	7	8: 1	3	3^{-1}	C	$\hat{6}$	$\hat{6}^{-1}$
a			∞∥z $\pm a_{xy}$	∞∥z a_{xx}, a_{xx}, a_{zz}		A_g	1	1	1	1	1	1
			$\pm a_{yz}$ $\pm a_{xz}$ $\perp z$ 120°	$\perp x,\ \perp y$ $a_{yz}, a_{zy}=a_{yz}$ $a_{xz}, a_{zx}=a_{xz}$		E_g	1	ε	ε^*	1	ε	ε^*
			$\pm a_{yz}$ $\pm a_{xz}$	$\perp z$ $a_{xx}, -a_{xx}, a_{xy}$		E_g	1	ε^*	ε	1	ε^*	ε
	A	∞∥z $\pm A_{xy}$			∞∥z A_{xx}, A_{xx}, A_{zz}	A_u	1	1	1	-1	-1	-1
		$\pm A_{yz}$ $\pm A_{xz}$ $\perp z$ 120°			$\perp x,\ \perp y$ $A_{yz}, A_{zy}=A_{yz}$ $A_{xz}, A_{zx}=A_{xz}$	E_u	1	ε	ε^*	-1	$-\varepsilon$	$-\varepsilon^*$
		$\pm A_{yz}$ $\pm A_{xz}$			$\perp z$ $A_{xx}, -A_{xx}, A_{xy}$	E_u	1	ε^*	ε	-1	$-\varepsilon^*$	$-\varepsilon$
							$\varepsilon = \exp(2\pi i/3)$					

$D_3 = 32,\ Z \parallel 3$

1	2	3	4	5	6	7	8		
							1	$3, 3^{-1}$	2,2,2
a	A			$\infty \parallel$ a_{xx}, a_{xx}, a_{zz}	A_{xx}, A_{xx}, A_{zz}	A_1	1	1	1
		$\infty \parallel z$ $\pm A_{xy}$	$\infty \parallel z$ $\pm a_{xy}$			A_2	1	1	−1
		$\pm A_{yz}$ $\pm A_{xz}$ 120° $\perp z$	$\pm a_{yz}$ $\pm a_{xz}$ 120° $\perp z$	$\perp x, \perp y;\ a_{xz}, a_{xz}, a_{yz}, a_{yz}$ $\perp z$ $a_{xx}, -a_{xx}, a_{xy}$	$\perp x, \perp y;\ A_{xz}, A_{xz}, A_{yz}, A_{yz}$ $\perp z$ $A_{xx}, -A_{xx}, A_{xy}$	E	2	−1	0

$C_{3v} = 3m,\ Z \parallel 3,\ X \parallel m$

1	2	3	4	5	6	7	1	$3, 3^{-1}$	m,m,m
a		$\pm A_{xy}$		$\infty \parallel Z$ a_{xx}, a_{xx}, a_{zz}		A_1	1	1	1
	A		$\pm a_{xy}$		$\infty \parallel Z$ A_{xx}, A_{xx}, A_{zz}	A_2	1	1	−1
		$\pm A_{yz}$ 120° $\perp z$	$\pm a_{xz}$ 120° $\perp z$	$\perp x, \perp y;\ a_{yz}, a_{yz}, a_{xz}, a_{xz}$ $\perp z$ $a_{xx}, -a_{xx}, a_{xy}$	$\perp x, \perp y;\ A_{yz}, A_{yz}, A_{xz}, A_{xz}$ $\perp z$ $A_{xx}, -A_{xx}, A_{xy}$	E	2	−1	0

$C_{3h}=\bar{6},\ Z \parallel 3$

1	2	3	4	5	6	7	8					
							1	3	3^{-1}	m	$\hat{3}$	$\hat{3}^{-1}$
a			$\infty \parallel z$ $\pm a_{xy}$	$\infty \parallel z$ a_{xx}, a_{xx}, a_{zz}		A'	1	1	1	1	1	1
		$\pm A_{xz}$ $\perp z$ $120°$		$\perp z$	$\perp x,\ \perp y$	E'	1	ε	ε^*	1	ε	ε^*
		$\pm A_{yz}$		$a_{xx}, -a_{xx}, a_{xy}$	z $A_{yz}, A_{zy}=A_{yz}$ $A_{xz}, A_{zx}=A_{xz}$		1	ε^*	ε	1	ε^*	ε
	A	$\infty \parallel z$ $\pm A_{xy}$			$\infty \parallel z$ A_{xx}, A_{xx}, A_{zz}	A''	1	1	1	−1	−1	−1
			$\pm a_{xz}$ $\perp z$	$\perp x,\ \perp y$	$\perp z$	E''	1	ε	ε^*	−1	$-\varepsilon$	$-\varepsilon^*$
			$\pm a_{yz}$	z $a_{yz}, a_{zy}=a_{yz}$ $a_{xz}, a_{zx}=a_{xz}$	$A_{xx}, -A_{xx}, A_{xy}$		1	ε^*	ε	−1	$-\varepsilon^*$	$-\varepsilon$
							$\varepsilon=\exp(2\pi i/3)$					

$C_6=6,\ Z \parallel 6$

1	2	3	4	5	6	7	8					
							1	6	3	2	3^{-1}	6^{-1}
a	A	$\infty \parallel z$ $\pm A_{xy}$	$\infty \parallel z$ $\pm a_{xy}$	$\infty \parallel z$ a_{xx}, a_{xx}, a_{zz}	$\infty \parallel z$ A_{xx}, A_{xx}, A_{zz}	A	1	1	1	1	1	1
		$\perp z$	$\perp z$			B	1	−1	1	−1	1	−1
		$\pm A_{yz}$ $120°$ $\perp z$	$\pm a_{yz}$ $\perp z$	$\perp x$ $a_{yz}, a_{zy}=a_{yz}$ z	$\perp x$ $A_{yz}, A_{zy}=A_{yz}$ z	E_1	1	ε	$-\varepsilon^*$	−1	$-\varepsilon$	ε^*
		$\pm A_{xx}$	$\pm a_{xz}$	$\perp y$ $a_{xz}, a_{zx}=a_{xz}$	$\perp y$ $A_{xz}, A_{zx}=A_{xz}$		1	ε^*	$-\varepsilon$	−1	$-\varepsilon^*$	ε
				$\perp z$	$\perp z$	E_2	1	$-\varepsilon^*$	$-\varepsilon$	1	$-\varepsilon^*$	$-\varepsilon$
				$a_{xx}, -a_{xx}, a_{xy}$	$A_{xx}, -A_{xx}, A_{xy}$		1	$-\varepsilon$	$-\varepsilon^*$	1	$-\varepsilon$	$-\varepsilon^*$
							$\varepsilon=\exp(2\pi i/6)$					

$C_{6v} = 6mm,\ Z \parallel 6,\ X \parallel m,\ Y \parallel m'$

1	2	3	4	5	6	7	8					
							1	$6, 6^{-1}$	$3, 3^{-1}$	2	m, m, m	m', m', m'
a		$\infty \parallel Z$ $\pm A_{xy}$		$\infty \parallel Z$ a_{xx}, a_{xx}, a_{zz}		A_1	1	1	1	1	1	1
	A		$\infty \parallel Z$ $\pm a_{xy}$		$\infty \parallel Z$ A_{xx}, A_{xx}, A_{zz}	A_2	1	1	1	1	−1	−1
		$\perp Z$ x	$\perp Z$ x			B_1	1	−1	1	−1	1	−1
		$\perp Z$ x	$\perp Z$ x			B_2	1	−1	1	−1	−1	1
		$\pm A_{yz}$ $\perp Z$ $\pm A_{xz}$	$\pm a_{yz}$ $\perp Z$ $\pm a_{xz}$	$\perp x, \perp y$ $a_{yz}, a_{zy} = a_{yz}$ $a_{xz}, a_{zx} = a_{xz}$	$\perp x, \perp y$ $A_{yz}, A_{zy} = A_{yz}$ $A_{xz}, A_{zx} = A_{xz}$	E_1	2	1	−1	−2	0	0
				x y $\perp Z$ $a_{xx}, -a_{xx}$	x $\perp Z$ y $A_{xx}, -A_{xx}$	E_2	2	−1	−1	2	0	0

$D_{3h} = \bar{6}m2,\ Z \parallel 3,\ m \perp Z$

1	2	3	4	5	6	7	8					
							1	$3, 3^{-1}$	$2, 2, 2$	m	$\bar{3}, \bar{3}^{-1}$	m', m', m'
a				$\infty \parallel 3$ a_{xx}, a_{xx}, a_{zz}		A_1'	1	1	1	1	1	1
			$\infty \parallel Z$ $\pm a_{xy}$			A_2'	1	1	−1	1	1	−1
		$\pm A_{yz}$ $\perp Z$ $\pm A_{xz}$		x $\perp Z$ y $a_{xx}, -a_{xx}, a_{xy}$	$\perp x$ $\perp y$ Z $A_{yz}, A_{zy} = A_{yz}$ $A_{xz}, A_{zx} = A_{xz}$	E'	2	−1	0	2	−1	0
	A				$\infty \parallel Z$ A_{xx}, A_{xx}, A_{zz}	A_1''	1	1	1	−1	−1	−1
		$\infty \parallel Z$ $\pm A_{xy}$				A_2''	1	1	−1	−1	−1	1
			$\pm a_{yz}$ $\perp Z$ $\pm a_{xz}$	$\perp x$ $\perp y$ Z $a_{yz}, a_{zy} = a_{yz}$ $a_{xz}, a_{zx} = a_{xz}$	x $\perp Z$ y $A_{xx}, -A_{xx}, A_{xy}$	E''	2	−1	0	−2	1	0

$C_{6h}=6/m,\ z\,||\,6$

1	2	3	4	5	6	7	8: 1	6	3	2	3^{-1}	6^{-1}	C	$\bar{3}^{-1}$	$\bar{6}^{-1}$	m	$\bar{6}$	$\bar{3}$
a			$\infty\,\|\,z$ $\pm a_{xy}$	$\infty\,\|\,z$ a_{xx}, a_{xx}, a_{zz}		A_g	1	1	1	1	1	1	1	1	1	1	1	1
			$\perp z$			B_g	1	−1	1	−1	1	−1	1	−1	1	−1	1	−1
			$\pm a_{yz}$ $\perp z$ $\pm a_{xz}$	$\perp x$ $\perp y$ z $a_{yz}, a_{zy}=a_{yz}$ $a_{xz}, a_{zx}=a_{xz}$		E_{1g}	1	ε	$-\varepsilon^*$	−1	$-\varepsilon$	ε^*	1	ε	$-\varepsilon^*$	−1	$-\varepsilon$	ε^*
							1	ε^*	$-\varepsilon$	−1	$-\varepsilon^*$	ε	1	ε^*	$-\varepsilon$	−1	$-\varepsilon^*$	ε
				$\perp z$ $a_{xx}, -a_{xx}, a_{xy}$		E_{2g}	1	$-\varepsilon^*$	$-\varepsilon$	1	$-\varepsilon^*$	$-\varepsilon$	1	$-\varepsilon^*$	$-\varepsilon$	1	$-\varepsilon^*$	$-\varepsilon$
							1	$-\varepsilon$	$-\varepsilon^*$	1	$-\varepsilon$	$-\varepsilon^*$	1	$-\varepsilon$	$-\varepsilon^*$	1	$-\varepsilon$	$-\varepsilon^*$
	A	$\infty\,\|\,z$ $\pm A_{xy}$			$\infty\,\|\,z$ A_{xx}, A_{xx}, A_{zz}	A_u	1	1	1	1	1	1	−1	−1	−1	−1	−1	−1
		$\perp z$				B_u	1	−1	1	−1	1	−1	−1	1	−1	1	−1	1
		$\pm A_{yz}$ $\perp z$ $\pm A_{xz}$			$\perp x$ $\perp y$ z $A_{yz}, A_{zy}=A_{yz}$ $A_{xz}, A_{zx}=A_{xz}$	E_{1u}	1	ε	$-\varepsilon^*$	−1	$-\varepsilon$	ε^*	−1	$-\varepsilon$	ε^*	1	ε	$-\varepsilon^*$
							1	ε^*	$-\varepsilon$	−1	$-\varepsilon^*$	ε	−1	$-\varepsilon^*$	ε	1	ε^*	$-\varepsilon$
					$\perp z$ $A_{xx}, -A_{xx}, A_{xy}$	E_{2u}	1	$-\varepsilon^*$	$-\varepsilon$	1	$-\varepsilon^*$	$-\varepsilon$	−1	ε^*	ε	−1	ε^*	ε
							1	$-\varepsilon$	$-\varepsilon^*$	1	$-\varepsilon$	$-\varepsilon^*$	−1	ε	ε^*	−1	ε	ε^*

$\varepsilon=\exp(2\pi i/6)$

$D_{6h} = 6/mmm,\ Z \parallel 6, 2;\ X \parallel 2', m'';\ Y \parallel 2'', m'$

1	2	3	4	5	6	7	8											
							1	$6, 6^{-1}$	$3, 3^{-1}$	2	$2', 2', 2'$	$2'', 2'', 2''$	C	$\hat{3}, \hat{3}^{-1}$	$\hat{6}, \hat{6}^{-1}$	m	m', m', m'	m'', m'', m''
a				$\infty \parallel z$ a_{xx}, a_{xx}, a_{zz}		A_{1g}	1	1	1	1	1	1	1	1	1	1	1	1
			$\infty \parallel z$ $\pm a_{xy}$			A_{2g}	1	1	1	1	−1	−1	1	1	1	1	−1	−1
			x			B_{1g}	1	−1	1	−1	1	−1	1	−1	1	−1	1	−1
			x			B_{2g}	1	−1	1	−1	−1	1	1	−1	1	−1	−1	1
			$\pm a_{yz}$ $\perp z$ $\pm a_{xz}$	$\perp x$ z $\perp y$ $a_{yz}, a_{zy} = a_{yz}$ $a_{xz}, a_{zx} = a_{xz}$		E_{1g}	2	1	−1	−2	0	0	2	1	−1	−2	0	0
				x y $\perp z$ $a_{xx}, -a_{xx}$		E_{2g}	2	−1	−1	2	0	0	2	−1	−1	2	0	0
	A				$\infty \parallel z$ A_{xx}, A_{xx}, A_{zz}	A_{1u}	1	1	1	1	1	1	−1	−1	−1	−1	−1	−1
		$\infty \parallel z$ $\pm A_{xy}$				A_{2u}	1	1	1	1	−1	−1	−1	−1	−1	−1	1	1
		x				B_{1u}	1	−1	1	−1	1	−1	−1	1	−1	1	−1	1
		x				B_{2u}	1	−1	1	−1	−1	1	−1	1	−1	1	1	−1
		$\pm A_{yz}$ $\perp z$ $\pm A_{xz}$			$\perp x$ $\perp y$ z $A_{yz}, A_{zy} = A_{yz}$ $A_{xz}, A_{zx} = A_{xz}$	E_{1u}	2	1	−1	−2	0	0	−2	−1	1	2	0	0
					$\perp z$ y x $A_{xx}, -A_{xx}$	E_{2u}	2	−1	−1	2	0	0	−2	1	1	−2	0	0

$T = 23$

1	2	3	4	5	6	7	8: 1	8: 2	8: 3	8: 3^{-1}
a	A			a_{xx}, a_{xx}, a_{xx}	A_{xx}, A_{xx}, A_{xx}	A	1	1	1	1
				$\perp z, \perp x, \perp y$	$\perp z, \perp x, \perp y$	E	1	1	ε	ε^*
				$a_{xx}, -a_{xx}$ $a_{yy}, -a_{yy}$; $a_{zz}, -a_{zz}$;	$A_{xx}, -A_{xx}$ $A_{yy}, -A_{yy}$ $A_{zz}, -A_{zz}$		1	1	ε^*	ε
		$\pm A_{yz}$ $\pm A_{xz}$ $\pm A_{xy}$	$\pm a_{yz}$ $\pm a_{xz}$ $\pm a_{xy}$	$\perp x, \perp y$ $\perp z$ $a_{yz}, a_{zy} = a_{yz}$ $a_{xz}, a_{zx} = a_{xz}$ $a_{xy}, a_{yx} = a_{xy}$	$\perp x, \perp y$ $\perp z$ $A_{yz}, A_{zy} = A_{yz}$ $A_{xz}, A_{zx} = A_{xz}$ $A_{xy}, A_{yx} = A_{xy}$	T	3	−1	0	0

$\varepsilon = \exp(2\pi i/3)$

$O = 432$

1	2	3	4	5	6	7	8: 1	8: 4	8: $2(4^2)$	8: 3	8: 2'
a	A			a_{xx}, a_{xx}, a_{xx}	A_{xx}, A_{xx}, A_{xx}	A_1	1	1	1	1	1
						A_2	1	−1	1	1	1
				$\perp x, \perp y, \perp z$ $a_{yy}, -a_{yy}$ $a_{zz}, -a_{zz}$ $a_{xx}, -a_{xx}$	$\perp x, \perp y, \perp z$ $A_{yy}, -A_{yy}$ $A_{zz}, -A_{zz}$ $A_{xx}, -A_{xx}$	E	2	0	2	−1	0
		$\pm A_{xy}$ $\pm A_{yz}, \pm A_{xz}$	$\pm a_{xy}$ $\pm a_{yz}, \pm a_{xz}$			T_1	3	1	−1	0	−1
				$\perp x, \perp y$ $\perp z$ $a_{yz}, a_{zy} = a_{yz}$ $a_{xz}, a_{zx} = a_{xz}$ $a_{xy}, a_{yx} = a_{xy}$	$\perp x, \perp y$ $\perp z$ $A_{yz}, A_{zy} = A_{yz}$ $A_{xz}, A_{zx} = A_{xz}$ $A_{xy}, A_{yx} = A_{xy}$	T_2	3	−1	−1	0	1

$T_h = m\bar{3}$

1	2	3	4	5	6	7	8: 1	2	3	3^{-1}	C	m	$\bar{6}^{-1}$	$\bar{6}$
 a			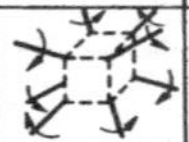			A_g	1	1	1	1	1	1	1	1
				$x, \perp y, \perp z$  $a_{xx}, -a_{xx}$ $a_{yy}, -a_{yy}$ $a_{zz}, -a_{zz}$		E_g	1	1	ε	ε^*	1	1	ε	ε^*
							1	1	ε^*	ε	1	1	ε^*	ε
			$\pm a_{xy}$ 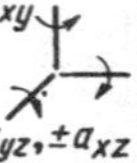 $\pm a_{yz}, \pm a_{xz}$	$\perp x, \perp y$  $\perp z$ $a_{xy}, a_{yx} = a_{xy}$ $a_{yz}, a_{zy} = a_{yz}$ $a_{xz}, a_{zx} = a_{xz}$		T_g	3	−1	0	0	3	−1	0	0
	 A	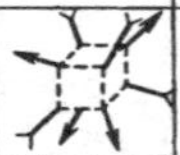				A_u	1	1	1	1	−1	−1	−1	−1
					$\perp x, \perp y, \perp z$  $A_{xx}, -A_{xx}$ $A_{yy}, -A_{yy}$ $A_{zz}, -A_{zz}$	E_u	1	1	ε	ε^*	−1	−1	$-\varepsilon$	$-\varepsilon^*$
							1	1	ε^*	ε	−1	−1	$-\varepsilon^*$	$-\varepsilon$
		$\pm A_{xy}$ 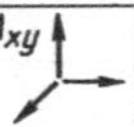 $\pm A_{yz}, \pm A_{xz}$			$\perp x, \perp y$  $\perp z$ $A_{xy}, A_{yx} = A_{xy}$ $A_{yz}, A_{zy} = A_{yz}$ $A_{xz}, A_{zx} = A_{xz}$	T_u	3	−1	0	0	−3	1	0	0

$\varepsilon = exp(2\pi i/3)$

$O_h = m\bar{3}m$

1	2	3	4	5	6	7	8: 1	3	2	4	4^2	C	$\hat{4}$	$\hat{6}$	(3)m	(6)m'
 a						A_{1g}	1	1	1	1	1	1	1	1	1	1
			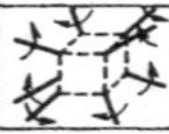			A_{2g}	1	1	−1	−1	1	1	−1	1	1	−1
				$\perp x,y,z$  $a_{yy},-a_{yy}$ $a_{zz},-a_{zz}$ $a_{xx},-a_{xx}$		E_g	2	−1	0	0	2	2	0	−1	2	0
			$\pm a_{xy}$ 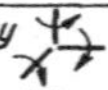 $\pm a_{yz}, \pm a_{xz}$			T_{1g}	3	0	−1	1	−1	3	1	0	−1	−1
				$\perp x,y,z$  $a_{yz}, a_{zy} = a_{yz}$ $a_{xz}, a_{zx} = a_{xz}$ $a_{xy}, a_{yx} = a_{xy}$		T_{2g}	3	0	1	−1	−1	3	−1	0	−1	1
	 A					A_{1u}	1	1	1	1	1	−1	−1	−1	−1	−1
						A_{2u}	1	1	−1	−1	1	−1	1	−1	−1	1
					$\perp x,y,z$  $A_{yy},-A_{yy}$ $A_{zz},-A_{zz}$ $A_{xx},-A_{xx}$	E_u	2	−1	0	0	2	−2	0	1	−2	0
		$\pm A_{xy}$ 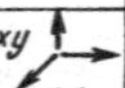 $\pm A_{yz}, \pm A_{xz}$				T_{1u}	3	0	−1	1	−1	−3	−1	0	1	1
					$\perp x,y,z$  $A_{yz}, A_{zy} = A_{yz}$ $A_{xz}, A_{zx} = A_{xz}$ $A_{xy}, A_{yx} = A_{xy}$	T_{2u}	3	0	1	−1	−1	−3	1	0	1	−1

$T_d = \bar{4}3m$

Skalar	Pseudoskalar	polarer Vektor	axialer Vektor	polarer Tensor	axialer Tensor	Darstellungen	Symmetrieoperationen				
							8				
1	2	3	4	5	6	7	1	$\hat{4}$	2	3	m
 a		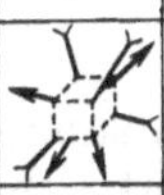				A_1	1	1	1	1	1
	 A					A_2	1	-1	1	1	-1
				$\perp x$ $\perp y, \perp z$  $a_{xx}, -a_{xx}$ $a_{yy}, -a_{yy}$ $a_{zz}, -a_{zz}$	$\perp x, \perp y$ $\perp z$  $A_{xx}, -A_{xx}$ $A_{yy}, -A_{yy}$ $A_{zz}, -A_{zz}$	E	2	0	2	-1	0
			$\pm a_{xy}$ 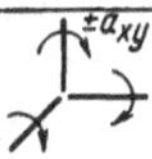 $\pm a_{yz}, \pm a_{xz}$		$\perp x$ $\perp y, \perp z$  $A_{xy}, A_{yx}=A_{xy}$ $A_{yz}, A_{zy}=A_{yz}$ $A_{xz}, A_{zx}=A_{xz}$	T_1	3	1	-1	0	-1
		$\pm A_{xy}$ 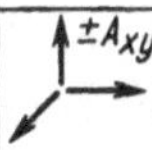 $\pm A_{yz}, \pm A_{xz}$		$\perp x$ $\perp y, \perp z$  $a_{xy}, a_{yx}=a_{xy}$ $a_{yz}, a_{zy}=a_{yz}$ $a_{xz}, a_{zx}=a_{xz}$		T_2	3	-1	-1	0	1

[1]) Bez. der Gruppen $2/m$, $\bar{3}m$, 622, $\bar{4}2m$ und mmm siehe Tab. 6—10, S. 130—139 (d. Hrsg.)

Anhang IX

(hinzugefügt vom Hrsg.)

Zusammenhang zwischen Voigt-*Notation und gewöhnlicher Schreibweise von Tensorkomponenten*

Ist ein Tensor symmetrisch bezüglich der Vertauschung zweier Indizes (z. B. $r_{ij} = r_{ji}$; $d_{ijk} = d_{ikj}$), dann reduziert sich dadurch die Anzahl seiner unabhängigen Komponenten. Der Schreibaufwand zur expliziten Darstellung des Tensors läßt sich verringern, indem man nach Voigt das betreffende Indexpaar (z. B. ij) durch nur einen Index μ ersetzt (sog. Matrixschreibweise). Dabei besteht die folgende Zuordnung:

ij	11	22	33	23, 32	31, 13	12, 21
μ	1	2	3	4	5	6

Der neue Index μ durchläuft die Werte 1 bis 6. Um auch mit dieser Schreibweise die physikalischen Gleichungen in unveränderter Form beizubehalten, muß bei manchen Tensoren für die Komponenten mit $\mu = 4, 5, 6$ noch ein Faktor 2 eingefügt werden. Dadurch verlieren die betreffenden Komponenten ihre durch (2.7) bzw. (2.8) gekennzeichneten Tensoreigenschaften und behalten lediglich den Charakter von Matrixkoeffizienten.

Für die im Buch erwähnten Tensoren bestehen zwischen beiden Schreibweisen die folgenden Transformationsbeziehungen (i, j, k, $l = 1, 2, 3$).

Mechanische Dehnung: $r_{ij} = r_{ji}$

$$r_\mu = \begin{cases} r_{ij} & (\mu = 1, 2, 3) \\ 2r_{ij} & (\mu = 4, 5, 6) \end{cases}$$

Mechanische Spannung:

$$t_{ij} = t_{ji}$$

$$t_\mu = t_{ij} \qquad (\mu = 1, \ldots, 6)$$

Piezomoduln:

$$d_{ijk} = d_{ikj} \qquad d_{i\mu} = \begin{cases} d_{ijk} & (\mu = 1, 2, 3) \\ 2d_{ijk} & (\mu = 4, 5, 6) \end{cases}$$

$$g_{ijk} = g_{ikj} \qquad g_{i\mu} = \begin{cases} g_{ijk} & (\mu = 1, 2, 3) \\ 2g_{ijk} & (\mu = 4, 5, 6) \end{cases}$$

$$e_{ijk} = e_{ikj} \qquad e_{i\mu} = e_{ijk} \ (\mu = 1, \ldots, 6)$$

$$h_{ijk} = h_{ikj} \qquad h_{i\mu} = h_{ijk} \ (\mu = 1, \ldots, 6)$$

Linearer elektrooptischer Effekt (POCKELS-Effekt):

$$r_{ijk} = r_{ikj} \qquad r_{i\mu} = r_{ijk} \ (\mu = 1, \ldots, 6)$$

$$m_{ijk} = m_{ikj} \qquad m_{i\mu} = m_{ijk} \ (\mu = 1, \ldots, 6)$$

Elektrogyrationstensor: $\gamma_{ijk} = \gamma_{ikj}$

$$\gamma_{i\mu} = \gamma_{ijk} \ (\mu = 1, \ldots, 6)$$

Quadratischer elektrooptischer Effekt (KERR-Effekt):

$$M_{ijkl} = M_{jilk} \ (ij,\ ji \leftrightarrow \mu;\ kl,\ lk \leftrightarrow \nu)$$

$$M_{\mu\nu} = \begin{cases} M_{ijkl} & (\mu = 1, \ldots, 6;\ \nu = 1, 2, 3) \\ 2M_{ijkl} & (\mu = 1, \ldots, 6;\ \nu = 4, 5, 6) \end{cases}$$

Anhang X

(hinzugefügt vom Hrsg.)

Systematik der Punktgruppen nach den International Tables for Crystallography (*IT*)
(mit N als ganzer Zahl ≥ 0)

Symbol nach		Ordnung der Gruppe	Allgemeine Form	Kristallographische Gruppen	
HERMANN-MAUGUIN	SCHOEN-FLIES			HERMANN-MAUGUIN	SCHOEN-FLIES
$4N$-gonales System (eine einzelne n-fache Symmetrieachse mit $n = 4N$)					
n	C_n	n	n-gonale Pyramide	4	C_4
$\bar{n}$	S_n	n	$\frac{1}{2}n$-gonales Streptoeder	$\bar{4}$	S_4
n/m	C_{nh}	$2n$	n-gonale Dipyramide	$4/m$	C_{4h}
$n22$	D_n	$2n$	n-gonales Trapezoeder	422	D_4
nmm	C_{nv}	$2n$	di-n-gonale Pyramide	$4mm$	C_{4v}
$\bar{n}2m$	$D_{(1/2)nd}$	$2n$	n-gonales Skalenoeder	$\bar{4}2m$	D_{2d}
$n/mm; \frac{n}{m}\frac{2}{m}\frac{2}{m}$	D_{nh}	$4n$	di-n-gonale Dipyramide	$4/mmm$	D_{4h}
$(2N + 1)$-gonales System (eine einzelne n-fache Symmetrieachse mit $n = 2N + 1$)					
n	C_n	n	n-gonale Pyramide	1; 3	C_1; C_3
$\bar{n} = n \times \bar{1}$	C_{ni}	$2n$	n-gonales Streptoeder	$\bar{1}$; $\bar{3} = 3 \times \bar{1}$	C_i; C_{3i}

$n2$	D_n	2_n	n-gonales Trapezoeder	32	D_3
nm	C_{nv}	$2n$	di-n-gonale Pyramide	$3m$	C_{3v}
$\bar{n}m;\ \bar{n}\,\frac{2}{m}$	D_{nd}	$4n$	di-n-gonales Skalenoeder	$\bar{3}m$	D_{3d}
(4N + 2)-gonales System (eine einzelne n-fache Symmetrieachse mit $n = 4N + 2$)					
n	C_n	n	n-gonale Pyramide	2; 6	C_2; C_6
$\bar{n} = \frac{1}{2}\,n/m$	$C_{(1/2)nh}$	n	$\frac{1}{2}n$-gonale Dipyramide	$\bar{2} \equiv m$; $\bar{6} \equiv 3/m$	C_s; C_{3h}
n/m	C_{nh}	$2n$	n-gonale Dipyramide	$2/m$; $6/m$	C_{2h}; C_{6h}
$n22$	D_n	$2n$	n-gonales Trapezoeder	222; 622	D_2; D_6
nmm	C_{nv}	$2n$	di-n-gonale Pyramide	$mm2$; $6mm$	C_{2v}; C_{6v}
$\bar{n}2m = \frac{1}{2}\,n/m2m$	$D_{(1/2)nh}$	$2n$	di-$\frac{1}{2}n$-gonale Dipyramide	$\bar{6}\bar{2}m$	D_{3h}
$n/mm;\ \frac{n}{m}\,\frac{2}{m}\,\frac{2}{m}$	D_{nh}	$4n$	di-n-gonale Dipyramide	mmm; $6/mmm$	D_{2h}; D_{6h}
kubisches System					
23	T	12	Pentagontritetraeder	23	T
$m\bar{3};\ \frac{2}{m}\,\bar{3}$	T_h	24	Didokaeder	$m\bar{3}$	T_h
432	O	24	Pentagontrioktaeder	432	O
$\bar{4}\bar{3}m$	T_d	24	Hexatetraeder	$\bar{4}\bar{3}m$	T_d
$m\bar{3}m;\ \frac{4}{m}\,\bar{3}\,\frac{2}{m}$	O_h	48	Hexaoktaeder	$m\bar{3}m$	O_h

Anhang X (Fortsetzung)

Symbol nach				Ordnung der Gruppe	Allgemeine Form	Kristallographische Gruppen	
HERMANN-MAUGUIN			SCHOEN-FLIES			HERMANN-MAUGUIN	SCHONFLIES
ikosaedrisches System							
IT	andere Autoren	ZHELUDEV					
235		532	I	60	Pentagonhexakontaeder		
$m\bar{3}\bar{5}$; $\frac{2}{m}\bar{3}\bar{5}$	$\bar{5}\bar{3}m$; $53m$	$m5m$	I_h	120	Hekatonikosaeder		
zylindrisches System							
∞		∞	C_∞	∞	rotierender Kegel		
$\infty/m \equiv \overline{\infty}$		∞/m	$C_{\infty h} \equiv S_\infty \equiv C_{\infty i}$	∞	rotierender Doppelkegel		
$\infty 2$		$\infty 2$	D_∞	∞	„antirotierender" Doppelkegel		
∞m		∞mm	$C_{\infty v}$	∞	ıuhender Kegel		
$\frac{\infty}{m} m \equiv \overline{\infty} m$; $\frac{\infty}{m} \frac{2}{m} \equiv \overline{\infty} \frac{2}{m}$		∞/mmm	$D_{\infty h}$	∞	ruhender Doppelkegel		

sphärisches System

2∞	$\infty\infty$	$\infty/\infty 2$	K	∞	rotierende Kugel [1])		
$m\overline{\infty}$; $\frac{2}{m}\overline{\infty}$	$\infty\infty m$; $\frac{\infty}{m}\frac{\infty}{m} \equiv \overline{\infty\infty}$	$\infty/\infty/mmm$	K_h	∞	ruhende Kugel		

[1]) Um mindestens zwei Radien unterschiedlicher Orientierung (d. h. um sämtliche Radien) gleichzeitig und gleichsinnig rotierende Kugel.

Literaturverzeichnis

Literatur (Angaben im russ. Original)

ZHELUDEV, I. S.: Ehlektricheskie kristally (Elektrische Kristalle). Verlag Nauka, Moskau 1979.

ZHELUDEV, I. S.: Simmetrija i ee prilozhenija (Symmetrie und ihre Anwendungen). Verlag Energoatomisdat, Moskau 1983.

VAJNSHTEJN, B. K.: Simmetrija kristallov, metody strukturnoj kristallografii/Sovremennaja kristallografija (Symmetrie der Kristalle, Methoden der strukturellen Kristallographie/Moderne Kristallographie). Bd. I. Verlag Nauka, Moskau 1979.

SONIN, A. S.: Besedy o kristallofisike (Beiträge zur Kristallphysik). Verlag Atomisdat, Moskau 1976.

SHAFRANOVSKIJ, I. I.: Simmetrija v prirode (Symmetrie in der Natur). Verlag Nedra, Leningrad 1985.

SHUBNIKOV, A. V.: Simmetrija i antisimmetrija konechnykh figur (Symmetrie und Antisymmetrie endlicher Figuren). Akademie-Verlag, Moskau 1951.

Ergänzende Literatur (empfohlen vom Herausgeber)

ALTMANN, S.: Rotations, Quaternions and Double Groups. Clarendon Press, Oxford 1986.

BHAGAVANTAM, S.: Crystal Symmetry and Physical Properties. Academic Press, London/New York 1966.

BIRSS, R. R.: Symmetry and Magnetism. North-Holland, Amsterdam 1966.

BRADLEY, C. J.; CRACKNELL, A. P.: The Mathematical Theory of Symmetry in Solids. Clarendon Press, Oxford 1972.

BRANDMÜLLER, J.; WINTER, F. X.: Influence of symmetry on the static and dynamic properties of crystals. Z. Kristallographie **172** (1985) 191–231.

BUL'BICH, A. A.: Klassifikacija faz pri orientaciannaja uporjadochenii v izotropnoj srede, inducirovannom tenzornymi parametrami porjadka ranga 2, 3, 4. Kristallografija **33** (1988) 1063–1069.

CRACKNELL, A. P.: Magnetism in Crystalline Materials. Pergamon-Press, Oxford/New York/Toronto/Sydney/Braunschweig 1975.

ELLIOT, J. P.; DAWBER, P. G.: Symmetry in Physics. 2 Vol. Mac Millan, London/Basingstoke 1979.

FUMI, F. G.: Matter tensors in symmetrical systems. Nuovo Cimento (IX) 9 (1952) 739–756.

FUMI, F. G.; RIPAMONTI, C.: Tensor properties and rotational symmetry of crystals. Acta Cryst. **A36** (1980) 535–558.

HAMERMESH, M.: Group Theory and its Application to the Physical Problems. Addison-Wesley Reading (Mass.)/Palo Alto/London 1964.

HAUSSÜHL, S.: Kristallphysik. Deutscher Verlag für Grundstoffindustrie, Leipzig 1983 und Physik-Verlag/Verlag Chemie, Weinheim 1983.

International Tables for Crystallography (Ed. TH. HAHN) 2. Aufl. Verlag D. Reidel, Dordrecht/Boston/Lancaster/Tokyo 1987.

JAGODZINSKI, H.: Kristallographie. In: Handbuch der Physik VII/1 (Ed. S. FLÜGGE), S. 40–59. Springer-Verlag, Berlin/Göttingen/Heidelberg 1955.

JANOVEC, V.; DVOŘÁK, V.; PETZELT, J.: Symmetry classification and properties of equi-translation structural phase transitions. Czech. J. Phys. **B25** (1975) 1362–1396.

KOCIŃSKI, J.: Theory of Symmetry Changes at Continous Phase Transitions. Elsevier, Amsterdam/Oxford/New York 1983.

KOPSKY, V.: Tensorial covariants for the 32 crystal point groups. Acta Cryst. **A35** (1979) 83–95.

KOPTSIK, V. A.: Symmetry principle in physics. J. Phys. C. Solid State Phys. **16** (1983) 23–34.

KOVALEV, O. V.: Neprivodimye i inducirovannye predstavlenija i kopredstavlenija Fedorovskikh grupi. Verlag NAUKA, Moskau 1986.

LINES, M. E., GLASS, A. M.: Principles and Application of Ferroelectrics and related Materials. Clarendon Press, Oxford 1977.

LUDWIG, W.; FALTER, C.: Symmetries in Physics-Group Theory Applied to Physical Problems. Springer-Verlag, Berlin 1988.

MÜLLER, K. A.; THOMAS, A.: Structural Phase Transitions. Springer-Verlag, Berlin/Heidelberg/New York 1981.

NIGGLI, A.: Über die Eigensymmetrien von Tensoren. Z. Kristallographie **106** (1955) 401–429.

NYE, J. F.: Physical Properties of Crystals. Clarendon Press, Oxford 1969.

PAUFLER, P.: Physikalische Kristallographie. Akademie-Verlag, Berlin 1986 und VCH Verlagsges., Weinheim 1986.

PRINCE, E.: Mathematical Techniques in Crystallography and Materials Science. Springer-Verlag, New York/Heidelberg/Berlin 1982.

SHUBNIKOV, A. V.; KOPCIK, V. A.: Simmetrija v nauke i iskusstve. 2. Aufl. Verlag Nauka, Moskau 1972.

SIROTIN, JU. I.; SHASKOL'SKAJA, M. P.: Osnovy kristallofiziki. Verlag Nauka, Moskau 1975.

WONDRATSCHEK, H.: Über Tensorsymmetrien in den einzelnen Kristallklassen. N. Jb. Mineral., Monatsh. **8/9** (1952) 217–234.

WONDRATSCHEK, H.: Über Tensorsymmetrien in den Klassen des hexagonalen und rhomboedrischen Systems und in isotropen Medien. N. Jb. Mineral., Monatsh. **2** (1953) 25–34.

Historische Arbeiten (hinzugefügt v. Hrsg.)

CURIE, P.: Sur la symétrie dans les phénomènes physiques, symétrie d'un champ électrique et d'un champ magnétique. J. Phys. (Paris) 3e série, **3** (1894) 393—415.

HERMANN, C.: Tensoren und Kristallsymmetrie. Z. Kristallographie **89** (1934) 32—48.

MINNIGERODE, B.: Untersuchungen über die Symmetrieverhältnisse und die Elastizität der Krystalle. Nachr. Akad. Wiss. Göttingen, Math.-Phys. Kl. 2A **184** (1884) 195—226.

NEUMANN, F.: Vorlesungen über die Theorie der Elastizität. Teubner-Verlag, Leipzig 1885.

VOIGT, W.: Lehrbuch der Kristallphysik. Leipzig und Berlin 1910. Nachdruck: Teubner-Verlag, Stuttgart 1966.

Sachverzeichnis

Edited by
HANS-DIETER KOSWIG

Selected Topics in Liquid Crystal Research

1990. IX, 220 Seiten, 73 Abbildungen, 48 Tabellen,
17,00 cm × 24,00 cm, 58,– DM

ISBN 3-05-500624-0
Bestell-Nr. 763 935 4
Bestellwort: Liquid, Crystal (9184)

In den letzten zwanzig Jahren sind wesentliche Fortschritte im Verständnis der Flüssigkristalle erzielt worden. Der 100. Jahrestag der Entdeckung des flüssigkristallinen Zustandes 1988 zeigte weltweit ein wachsendes Interesse an thermotropen und lyotropen monomeren und polymeren Flüssigkristallen.
In dem Buch wird eine Auswahl von Arbeiten der Flüssigkristallgruppen in Berlin, Halle und Leipzig präsentiert. Sie umfassen Überlegungen zu neuen Synthesekonzepten für thermotrope Verbindungen, zum Zusammenhang zwischen Molekularstruktur und thermodynamischen Eigenschaften, zum Phasenverhalten binärer Mischungen und zur molekularen Dynamik. Neue Ergebnisse zum cholesterinischen Phasenwechsel und zur Charakterisierung der Flüssigkristalle mit optischen Methoden werden dargelegt. Mit einem Überblick über photochemische Reaktionen in Flüssigkristallen wird eine neue Arbeitsrichtung vorgestellt.

Bestellungen richten Sie bitte an eine Buchhandlung.

THEORIA CUM PRAXI

AKADEMIE-VERLAG BERLIN
Leipziger Straße 3–4
Postfach 1233
O-1086 Berlin
Germany
Telefon 2 23 60

Der Autor

- erläutert die Symmetrie von polaren und axialen Tensoren 2. Stufe und legt explizit deren Zusammenhang mit der Kristallsymmetrie dar.

- schließt dabei auch andere kristallphysikalische Größen wie Skalare, Pseudoskalare, Vektoren und Pseudovektoren ein, indem sie gleichfalls als spezielle Tensoren 2. Stufe dargestellt werden.

- betrachtet ausschließlich Punktsymmetriegruppen, wobei stets der Bezug zwischen den kristallographischen Punktgruppen und den CURIE-Gruppen hergestellt wird.

- entwickelt als Kernstück das Konzept der „vollen Symmetrie“ und erreicht dadurch eine einprägsame Vereinheitlichung in der Darstellung der Symmetrie von polaren und axialen Eigenschaften.

- hat besonderen Wert auf eine explizite, in zahlreichen Tabellen ausgeführte Behandlung der Symmetrie von tensoriellen Eigenschaften gelegt, insbesondere auch von axial-tensoriellen Eigenschaften in den einzelnen Kristallklassen und einer darauf basierenden ausführlichen Diskussion der Symmetriebezeichnungen bei Phasenübergängen.

WISSENSCHAFTLICHE TASCHENBÜCHER

MIX
Papier | Fördert
gute Waldnutzung
FSC® C083411

Zeitfracht Medien GmbH
Ferdinand-Jühlke-Straße 7
99095 Erfurt, Deutschland
produktsicherheit@kolibri360.de